模拟移动床色谱技术在功能糖生产中的应用

李良玉　曹龙奎　王维浩　著

中国纺织出版社

内 容 提 要

本书主要论述了模拟移动床色谱技术在葡萄糖、果糖、木糖、阿拉伯糖、低聚木糖、甜叶菊苷、菊粉等功能糖生产中的应用。主要内容包括绪论、模拟移动床色谱纯化葡萄糖母液、分离果葡糖浆、纯化木糖母液、纯化低聚木糖、纯化甜叶菊苷、纯化菊芋多聚果糖、纯化低聚半乳糖等技术。

本书适用于功能糖醇生产加工与废弃物处理、模拟移动床色谱、功能活性成分提纯、食品加工及相关领域的科研人员使用，也可作为高等院校相关专业学生的教学参考书。

图书在版编目（CIP）数据

模拟移动床色谱技术在功能糖生产中的应用 / 李良玉，曹龙奎，王维浩著. --北京：中国纺织出版社，2019.3（2022.8 重印）
ISBN 978-7-5180-5772-6

Ⅰ.①模… Ⅱ.①李…②曹…③王… Ⅲ.①模拟移动床—色谱法—应用—制糖工业 Ⅳ.①TS24

中国版本图书馆 CIP 数据核字（2018）第 275696 号

责任编辑：范雨昕　　责任校对：寇晨晨　　责任印制：何　建

中国纺织出版社出版发行
地址：北京市朝阳区百子湾东里 A407 号楼　邮政编码：100124
销售电话：010—67004422　传真：010—87155801
http://www.c-textilep.com
中国纺织出版社天猫旗舰店
官方微博 http://weibo.com/2119887771
佳兴达印刷（天津）有限公司印刷　各地新华书店经销
2019 年 3 月第 1 版　2022 年 8 月第 6 次印刷
开本：710×1000　1/16　印张：18
字数：320 千字　定价：88.00 元

前　言

本书主要论述了模拟移动床色谱技术在葡萄糖、果糖、木糖、阿拉伯糖、低聚木糖、甜叶菊苷、菊粉等功能糖生产中的应用。希望本书的出版可以让更多的科研人员认识模拟移动床色谱技术，了解模拟移动床色谱技术在功能糖生产中的应用现状与优势，继而与各自的科研相结合，将模拟移动床色谱技术应用到农林副产品、石油化工、医药等领域，显著提高我国农林副产品、化工、医药产品的档次和国际竞争力，促使行业优化升级，促进国家经济与社会发展。

全书共九章：第一章主要对模拟移动床色谱以及部分功能糖的研究现状进行了分析；第二章论述了模拟移动床色谱纯化葡萄糖母液的技术；第三章论述了果葡糖浆的制备技术及模拟移动床色谱分离果葡糖浆的技术；第四章论述了模拟移动床色谱纯化木糖母液技术；第五章论述了模拟移动床色谱纯化低聚木糖技术；第六章论述了多功能模拟移动床色谱纯化甜叶菊苷分离技术；第七章论述了模拟移动床色谱纯化菊芋多聚果糖技术；第八章论述了模拟移动床色谱高效纯化低聚半乳糖的技术；第九章论述了玉米皮渣还原糖的制备技术及模拟移动床色谱分离还原糖的技术；第十章论述了模拟移动床色谱糖酸分离的技术；第十一章对全书进行了总结与展望。本专著的研究结论和理论成果得益于黑龙江八一农垦大学主持和参与的国家科技部农业科技成果转化资金项目、黑龙江省重大科技攻关项目和大庆市科技局科学计划项目的资助，还得益于黑龙江省农垦总局科技攻关项目的强大支撑，并在积累了近年科研成果，产业化转化成果的基础上，参考了相关国内外文献资料总结而成。

全书由黑龙江八一农垦大学的李良玉、曹龙奎、王维浩合著而成，王维浩撰写第一、第二、第九章；李良玉撰写第三、第四、第七章；曹龙奎撰写第五、第六、第八、第十、第十一章。本书的出版得到黑龙江八一农垦大学学术专著论文基金的资助，本书在成书过程中得到黑龙江八一农垦大学张丽萍、吕获柱、王学群等专家学者的大力支持，在此表示由衷的感谢，并对参与研究项目实施的黑龙江八一农垦大学的王立东、李洪飞、孙大庆、刁静静、张桂芳、贾鹏禹、李朝阳等科研人员，表示衷心感谢！限于著者水平，研究方法和条件的局限，书中难免存在疏漏或不足之处，愿各位同仁和广大读者在阅读过程中，能够给予更多的指导和宝贵的意见。我们衷心希望本书编写内容可以给相关科研人员、企业人员和高校师生提供参考。

最后,再次感谢在本书编辑与出版过程中对我们的工作给予倾情支持和帮助的人们!

著者

2018年8月于大庆

目　录

第一章　概述

第一节　模拟移动床色谱的研究进展

1961 年 Broughton 首次提出模拟移动床（Simulated Moving Bed，SMB）概念，是一种连续制备色谱技术，吸取了固定床和移动床工艺各自的优点而设计的工艺。Broughton 在发表的专利技术中，详细介绍了仪器的设计情况，这项技术的原理是利用阀切换技术改变进样、流动相注入点及分离物收集点的位置来实现逆流操作，因此称为模拟移动床技术。该篇专利技术的发表，标志着模拟移动床技术的诞生。但是，在当时能够用于液相色谱制备的物质很少，而 Broughton 系统又非常复杂，让人们很难理解，因此这项设计在当时倍受冷落。

直至 20 世纪 70 年代，美国 UOP 公司（环球石油产品公司）开发了一种基于 SMB 原理的色谱技术，被称为 Sorbex。该装置被应用于化学工业中的几种碳氢化合物的分离，包括从 C_8 芳香烃混合物中分离对二甲苯（*p*-xylene）的 parex 过程，以分子筛作吸附剂从高葡萄糖的玉米浆 HFCS 产品中的葡萄糖/果糖的混合物中回收葡萄糖的 sarex 过程等。20 世纪 70～80 年代 SMB 色谱技术主要应用于石油及食品的分离；到 90 年代以来，SMB 技术开始用于药物尤其是手性药物的分离，并且逐步进入了其他应用领域，例如精细化工、化妆品和香料工业等。在国外工业中，SMB 已经成为一种通用性的操作单元（例如比利时药品公司 UCB Pharma 利用 SMB 来分离旋光异构体，已达 10t 级的规模）。

模拟移动床色谱分离技术是一种高效、先进的分离纯化技术，属于工业高新技术。模拟移动床色谱可以连续、高效、廉价地分离许多用一般方法很难分离的物质，在分离热敏性物质和沸点相近、用精密蒸馏方法难以分离的同分异构体方面该技术展现出了独特的分离特性，尤其在分离手性药物方面更显示出了其超强的提纯能力，同时在中草药提取某种关键活性组分方面均得到了广泛运用。目前，在“精细分离”领域有广泛的应用市场，在国外已遍及石油化工、食品、精细化工、生物发酵和医药等领域应用。

一、模拟移动床技术的分离原理

模拟移动床色谱的操作单元是色谱层析，是利用某种吸附剂对基质吸附性能的差异，通过吸附—洗脱的过程，使性质很相近的几种物质分离。色谱对不同组分进行分离，主要是利用各种组分在色谱柱中的迁移速率不同即各组分在固定相和流动相中吸附和分配系数的不同，来达到分离的目的。假设一个 A 和 B 两组分分离体系，由于 A 和 B 对固体的吸附力是不同的，其中 A 比 B 对固体的吸附力要强，因而 B 在色谱柱中的迁移速率比 A 大。当在色谱柱中脉冲进样后，用适当的溶剂洗脱，选择一个合适的速度（介于 A、B 在色谱中的迁移速率之间），让固体和溶剂做反向运动，从而使得 A 向下游移动，B 向上游移动，从而完成了 A 与 B 的分离。这就是移动床色谱的基本思想。

这与龟兔赛跑情形很相似，两者的距离会越拉越远。假设跑道是会逆向移动的，并且移动速度界于龟与兔之间，这样好像是龟在往后走，兔在往前走，最终龟与兔分别从跑道的两头下来，如图 1-1 所示。

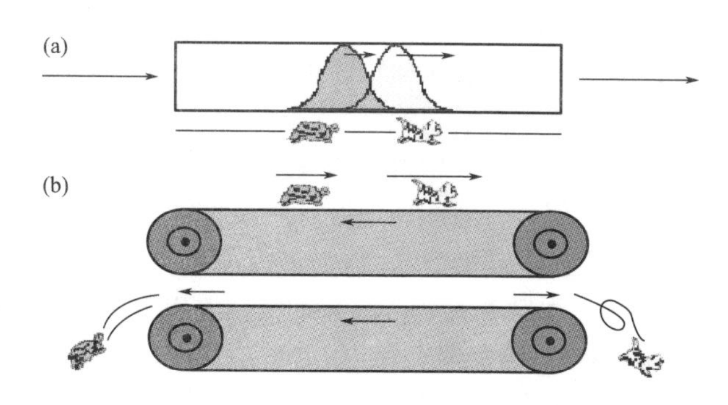

图 1-1　模拟移动床色谱分离原理

在逆流模拟移动床的色谱分离系统中，可将固定相设想为是逆向于流体移动方向运动。待分离混合物在分离工作区中部的某一点被连续输入。选定双向流速比率，料液自入口处就分离成相互双向流动的两部分。以进料入口为参考点，吸附介质似乎吸附了产品向上移动，因此称“模拟移动床”。在进料点以上的位置越高，产品纯度就越高，而副产品却是在相反方向富集。

SMB 系统常可分为四个区，每区都有各自特有的流速。在相对于全程分离系统中，一旦达到稳定的浓度曲线，它将会在再循环流的助动下缓慢流过系统。在系统分离中保持浓度稳定是通过移动料液入口和解吸剂注入进口位置以及产品和副产品的出口位置来实现的。进出料位置的变换是由多孔旋转阀或自控阀来实现的，模拟移动床色谱工作原理如图 1-2 所示。

二、国内外研究进展

在国外，SMB 已经成为一种通用性的操作单元，例如比利时药品公司 UCB Pharma 利用 SMB 分离旋光异构体，已达 10t 级的规模。近年来，国外开发的 SMB 分离技术已成功应用于精细化工领域和医药领域。UPT（Universal Pharma

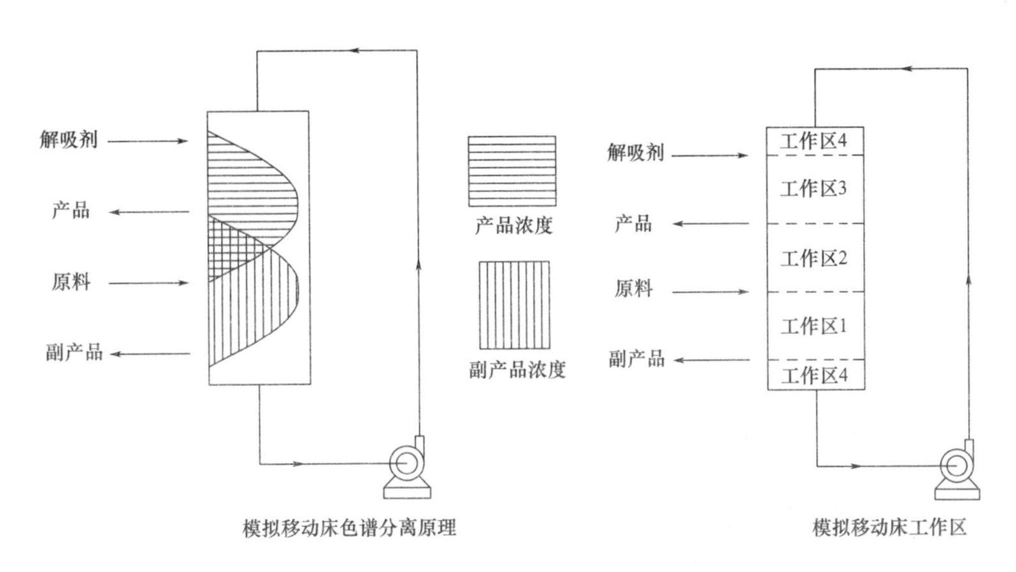

图 1-2　模拟移动床色谱工作原理

Technologies）公司的 SMB 设备及分离技术主要投向制药行业，现在已具有每年 10~20t 的对映体生产能力。法国南希的 NOVASEP 公司（1995 年）研发的色谱分离设备可分离各种不同的物质包括手性和非手性分子，特别适合分离外消旋体药物，是当今世界上 SMB 生产水平较高的公司。近几年，我国部分企业引进了 NOVASEP 公司的 SMB 设备，但是造价昂贵，售后服务成本非常高。

在国内，鞍山科技大学的林炳昌等于 20 世纪 90 年代初自行组装了 SMB，进行了较多的研究，并用于分离紫杉醇、药物 PG05 和替考拉宁等，但停留在实验室阶段。目前我国 SMB 技术主要用于分离糖醇类产品，应用领域较窄，其他领域亟待开发。我国目前能够制造 SMB 的厂家寥寥无几，能够制造 SMB 的企业有上海兆光生物工程设计研究有限公司、三达膜科技（厦门）有限公司、江南大学的江苏省工业色谱分离技术研究中心、南京凯通粮食生化研究设计有限公司及国家杂粮工程技术研究中心。其中有的企业制造技术并不成熟，关键是没有掌握 SMB 的工艺机理，导致设备运行成本仍然很高；有的企业依靠进口核心部件进行组装 SMB。对于 SSMB 装置的制造和分离技术的开发目前只有上海兆光生物工程设计研究有限公司和国家杂粮工程技术研究中心。

模拟移动床色谱分离技术在我国的发展尚处于起步阶段，且研究进展较为缓慢。其原因是涉及这一技术应用的实验型设备极为稀少。黑龙江省八一农垦大学的国家杂粮工程技术研究中心，自主研发了实验室专用 SMB 设备，在外观设计上采用了旋转分配阀进料与洗脱的切换，50T 型多功能 SMB 采用了上下两套传动系统，实现了同步转动。在装置上设计了管路外置连接装置，可根据不同物料的分离要求，能够任意设置料液进出口位置，调整组合分离柱区域，灵活多变，容易操作。这种设计使得层析过程中柱外死体积少，分离精度高，自动化程度高，实现了连续分离操作。设备采用整体活动式结构，占用空间小。实验室专用 SMB 和 SSMB 设备的研制为科研院所提供了国际先进水平的精细分离实验手段，填补了国内这一领域的空白。

黑龙江八一农垦大学国家杂粮工程技术研究中心与大庆科迈特色谱分离技术开发有限公司在 SSMB 产业化装置的设计制造上，与国内同类产品比较更具先进性。第一，装置采用 6 柱 6 位体平面布局，且在料液分配器、树脂装填方法上具有独到的特殊设计：装有上、下封头和上、下分配器的筒体。第二，创新了流量控制关键技术，设备运行采用了变频控制，使设备启动变为软启动，减少了对设备的冲击，且设备可根据负载情况自动调整用电频率，始终使设备处于合理、节省的用电状态，可节省约电量 1/3；流量的控制方式设计为瞬时控压控量法，使进料、进水泵的工作负荷可根据实际负荷状况自动调整运转状态，使设备运行更稳定，运行成本更低，料液泵的寿命能够延长 1 倍。该设备与国内同类设备比较还具有造价低，运行成本低的特点。目前，该单位已掌握了模拟移动床色谱分离的产业化设备制造技术，并开发了低聚木糖、麦芽糖（醇）、甜叶菊苷、山梨醇、玉米蛋白抗氧化肽、木糖与阿拉伯糖、葡萄糖、肝素钠等十余项产品的分离纯化技术，建立了关键的工艺技术，技术水平达到国内领先、国际先进水平。

三、模拟移动床的应用

与传统的制备色谱技术相比，模拟移动床技术采用连续操作，这一点有利于实现自动化操作，制备效率高，制备量大。大型模拟移动床设备每年制备量可在百万吨级水平。同时试剂的消耗量很少，可以节约试剂高达 90%以上，在石油、精细化工、食品工业、药物工业（特别是手性药物工业）等诸多领域必将发挥很大作用，应用前景广阔。

1. 石油化工领域的应用

从模拟移动床色谱的发展历史可知，SMB 技术在 20 世纪 70~80 年代主要应用于石油产品的分离，其本身也是在研究分离石油产品中发展起来的。美国 UOP 公司的 Sorbex 工艺是 SMB 技术最成功的应用之一，并在 1959 年获得了 SMB 方面的专利，是石化工业和气体加工业所用工艺技术、催化剂、分子筛和吸附剂的全球领先的供应商。Sobrex 工艺是一种大规模的液相吸附分离工艺，以其中的 Parex 为例，至 1996 年全世界有 69 套设备在运行，年总产量 13000kt，单套最大年产量可生产 1200kt 对二甲苯。

2. 精细化工领域的应用

近年来，SMB 分离技术已成功地应用于精细化工领域，尤其在医药领域中受到重视。UPT（Universal Pharma Technologies）公司，由 UOP 和 Pharm-Eco 在 1998 年合资组建，其 SMB 产品主要投向制药行业，现在已具有每年 10~20t 的对映体生产能力。法国南希的 NOVASEP 公司（1995）是在原 SEPAREX 公司的色谱部的基础上建立起来的。该公司开发的色谱产品可分离各种不同的物质包括手性和非手性分子，特别适合分离外消旋体药物。LICOSEP 已通过 FDA 的鉴定。Wu 等报道在 SMB 色谱中分离色氨酸和苯丙氨酸，以 PVP 树脂为固定相，以水/CH_3CN 混合溶液为流动相，结果获得很高的产品纯度。Pais 等报道以交联在硅胶上的 3，5-二硝基邻苯甲酰苯基甘氨酸为固定相，以庚烷异丙醇混合溶剂为流动相在 SMB 中分离联萘酚对映体。

国内的 SMB 技术正处于起步阶段，仅有少数院校和科研单位从事这方面的研究工作。如鞍山科技大学的林炳昌等自行组装了三带 SMB，进行了较多的研究，并用其分离紫杉醇、药物 PG05 和替考拉宁等。

3. 制糖工业中的应用

20 世纪 80 年代中期，由美国 UOP 将 SMB 技术并配以含有 Ca^{2+} 的交换树脂或分子筛作为分离介质用于果糖与葡萄糖的分离。经过研究与发展，利用 SMB 分离后，在提取液中果糖浓度为 90%~94%，回收率在 90%以上；提余液中葡萄糖的浓度也大于 80%。SMB 还广泛用于其他糖类的生产中，如木糖和阿拉伯糖以及木糖和葡萄糖的分离。此外，从二糖中分离单糖或是不同二糖之间的分离也是人们感兴趣的研究领域之一。如 Kishihara 研究了帕拉金糖和海藻糖的分离，Niocud 研究了葡萄糖和海藻糖的分离。Marinaa 等利用离子排斥色谱对葡萄糖（主要作为血浆代用品）分离进行了研究。如今在糖醇工业中已经实现工业化色谱分离工艺的，大部分采用了 SMB 分离技术。

4. 其他领域的应用

SMB 色谱不仅可应用于石化产品、精细化工、糖业工业的分离，还可以广泛地应用于其他物质的分离。Mazzotti 等研究了超临界 SMB 色谱分离技术。Gottschlich 等研究了单克隆抗体的 SMB 色谱分离。Howing 等采用梯度 SMB 离子交换色谱分离了蛋白质；国内学者李勃等在高分子树脂柱和 SMB 色谱系统上分离得到了高纯度的紫杉醇。

第二节 部分单糖及低聚糖的研究进展

近年来，功能糖产业在我国发展迅速。随着人们生活水平的提高，对人体有保健功能的功能糖产品越来越受到消费者的青睐，功能糖正逐渐代替部分蔗糖在食品加工中得到普及。

一、结晶葡萄糖研究现状

葡萄糖（Glucose）（化学式 $C_6H_{12}O_6$）是自然界分布最广且最为重要的一种单糖，广泛地存在于植物器官和组织各部分、蜂蜜、动物血液、淋巴液等组织和器官中，它是一种多羟基醛。纯净的葡萄糖为无色晶体，有甜味但甜味不如蔗糖（一般人无法尝到甜味），易溶于水，微溶于乙醇，不溶于乙醚。天然葡萄糖水溶液旋光向右，故属于“右旋糖”。葡萄糖在生物学领域具有重要地位，是活细胞的能量来源和新陈代谢中间产物，即生物的主要供能物质。植物可通过光合作用产生葡萄糖。在糖果制造业和医药领域有着广泛应用。

结晶葡萄糖是以结晶状态下存在的葡萄糖的总称，是相对液体葡萄糖、固体全糖粉而言的，按用途主要分为注射用葡萄糖与口服葡萄糖。结晶葡萄糖按制造工艺的不同可分为一水结晶葡萄糖和无水结晶葡萄糖。一水结晶葡萄糖分为食品级葡萄糖和医药级葡萄糖，食品级葡萄糖主要用于食品加工业及蔬菜保鲜行业，医药级葡萄糖主要应用于口服医药的原（辅）料，可用于各种疾病治疗和营养元素强化剂。一水结晶葡萄糖再继续加工可以制造无水葡萄糖，无水葡萄糖主要用于制造医药针剂和输液，能增加人体能量、耐力，并具有利尿、强心、解毒作用。

目前生产结晶葡萄糖主要以淀粉为原料，工艺有酸法、酸酶法和双酶法等。

1. 酸法工艺

酸法工艺是以酸作为水解淀粉的催化剂，淀粉是由多个葡萄糖分子缩合而成的碳水化合物。酸水解时，随着淀粉分子中糖苷键断裂，逐渐生成葡萄糖、麦芽糖和各种相对分子质量较低的葡萄糖多聚物。该工艺操作简单，糖化速度快，生产周期短，设备投资少。该方法常用纯度较高的玉米淀粉，次之为马铃薯淀粉和甘薯淀粉。通过调浆、糖化、中和、第一次脱色过滤、离子交换、第一次浓缩、第二次脱色、过滤、第二次浓缩、结晶等步骤最终得到结晶葡萄糖成品。

2. 酸酶法工艺

由于酸法工艺在水解程度上不易控制，现许多工厂采用酸酶法，即酸法液化、酶法糖化。在酸法液化时，控制水解反应，使葡萄糖值（*DE* 值）在 20%～25%时即停止水解，迅速进行中和，调节 pH 至 4.5 左右，温度为 55～60℃后加葡萄糖淀粉酶进行糖化，直至所需 *DE* 值，然后升温、灭酶、脱色、离子交换、浓缩、结晶。

3. 双酶法工艺

酸酶法工艺虽能较好地控制糖化液最终 *DE* 值，但和酸法一样，仍存在一些缺点，设备腐蚀严重，使用原料只能局限在淀粉，反应中生成副产物较多，最终糖浆甜味不纯，因此淀粉糖生产厂家大多改用酶法生产工艺。其最大的优点是液化、糖化都采用酶法水解，反应条件温和，对设备几乎无腐蚀；可直接采用原粮如大米（碎米）作为原料，有利于降低生产成本，糖液纯度高，得率也高。通过调浆、液化、糖化、脱色、离子交换、真空浓缩、结晶等步骤最终得到结晶葡萄糖成品。

二、D-果糖研究现状

果糖中文名：D-果糖、左旋糖，其比旋光度为-92.4°，英文名：D-fructose、levulose、fruit sugar。果糖分子式 $C_6H_{12}O_6$，相对分子质量 180.16，结晶果糖是吸水性强的白色结晶或粉末，熔点 103~105℃，密度 1590kg/m^3。果糖吸湿性很强，当水分活性（Water Activity，Aw）$Aw=0.6$ 时结合水量（g/100g 固体）为 18，果葡糖浆为 15，蔗糖为 3。果糖易溶于甲醇、乙醇及丙酮等有机溶剂，极易溶于水，不溶于乙醚。果糖是最甜的天然糖品，甜度一般为蔗糖的 1.2~1.8 倍。温度、pH 和浓度都会影响果糖的甜度，其中温度影响最明显。40℃以下时，温度越低，果糖液的甜度越高，最高可达蔗糖的 1.7 倍。40℃以上时，果糖液的甜度反而低于蔗糖，因此，果糖具有显著的冷甜性。果糖作为甜味剂，具有一般糖品不具备的特性，甜味强而纯正，因其具有营养性并具有一定的生理活性，无毒副作用，而得到广泛应用。

1. D-果糖工业化生产现状

工业果糖除结晶果糖外，还包括三种液体果葡糖浆产品：一代果葡糖浆（F-42），简称 42 糖，果糖含量 42%（干基）；二代果葡糖浆，又称高果糖浆（F-55），简称 55 糖，果糖含量为 55%；三代果葡糖浆，又称高纯果糖（F-90），简称 90 糖，果糖含量在 90%以上。目前生产果糖的方法基本上分为以下四种。

（1）以淀粉为原料生产果糖。利用玉米淀粉为原料生产果糖，主要用酶法先将淀粉水解成葡萄糖，再经固定化葡萄糖异构酶将葡萄糖异构化为果糖含量为 42%的果糖和葡萄糖的果葡糖浆溶液。以果糖含量为 42%的果葡糖浆为原料，经色谱分离纯化，可得到果糖含量为 90%以上的糖浆，最后经过结晶工艺可生产出结晶果糖。

其中葡萄糖异构酶（GI）又称 D-木糖异构酶，能催化 D-葡萄糖转化为 D-果糖，是工业上大规模从淀粉制备果葡糖浆的关键酶，至今已发现 50 多种能产生 GI 的微生物。固定化葡萄糖异构酶早已用于工业化生产，Converti 等研究固定化来源 Streptomycesmurinus 的葡萄糖异构酶，用于连续生产玉米高果糖浆；Illanes 等研究固定化乳糖酶和葡萄糖异构酶反应器，用于以乳清为底物连续生产高果糖浆。佟毅等通过 GI 在中性条件下可代替阴性聚电解质与双极性阳离子在载体上交替沉积而把酶双层固定在载体上，固定葡萄糖异构酶活力回收率可达 68.5%，载体机械强度良好。中国专利公开了一种用大孔强碱性苯乙烯系季铵基阴离子交换树脂将嗜热放线菌所产 GI 固定化的方法，该工艺的优点在于不用进行胞内酶释出处理等工序，且转化率高。

（2）以蔗糖为原料生产果糖。蔗糖是由葡萄糖和果糖以糖苷键连接的双糖，在酸或蔗糖转化酶的作用下，将蔗糖转化为葡萄糖和果糖，然后将果糖和葡萄糖分离就可以得到果糖。早期，这种方法是在转化反应完成后再经过色谱柱分离得到果糖。由于在生产过程中，蔗糖转化反应和果糖色谱分离是分步进行的，操作费用高，而且在反应过程中果糖对反应的抑制作用无法消除，果糖的生产效率低。杨瑞金等研制出了一条以蔗糖为原料生产纯结晶果糖的技术路线。将蔗糖酸水解，采用化学法分离果葡糖，得到可进行果糖结晶的高果糖液。黄玉秀等利用甘蔗汁直接在微酸条件下水解蔗糖成果糖，无须先制成蔗糖。

随着研究的进一步发现，人们发现用酸法制取果糖存在着反应条件剧烈、产物易分解或聚合、精制工序复杂、色泽难去除等弊端，而采用酶法可以克服上述缺点。周中凯等报道了采用紫外诱变、亚硝基胍处理黑曲霉获得蔗糖酶高产菌，经固态发酵培养可获得高活力蔗糖酶。周小华等研究了啤酒酵母蔗糖酶在氧化铝载体上的吸附交联，考查了该固定化蔗糖酶的动力学性质及其稳定性。但将酶直接投入底物中进行酶发转化，不仅酶的利用率低，而且对果糖后续分离带来麻烦。张伟分别对酶和微生物的固定化方法进行了研究，将固定化酶或微生物装入反应柱，连续工作 30d 后，酶的活性仅损失了 8%。江波等将固定化细胞和固定化酶协同作用，使用效果更好。

（3）以菊粉为原料生产果糖。菊粉在菊粉酶的作用下，经一步催化反应即可生产出高纯度的果糖。菊粉，又名菊糖，是由 D-果糖经 B（1→2）糖苷键连接而成的链状多糖，末端为一个葡萄糖残基，相对分子质量为 5000。在自然界中大约有 36000 种植物都含有丰富的菊粉，人们日常食用的洋葱、大蒜、香蕉等都含有菊粉。而菊粉大量存在于菊芋、菊苣、大丽花中。菊粉在菊芋的块茎中含量很高（15%~20%鲜重），菊芋种植适应性强，耐贫瘠，产量极高，是制备果葡糖浆的良好原料。近年来，俄罗斯学者利用多黏芽孢杆菌生产出了菊糖酶，该酶可在 40℃的中性介质内，将 99.6%的菊糖分解转化为果糖，其纯度高于用传统方法制取的果糖。据报道，酶法转化是利用外切菊粉酶或内切菊粉酶与外切菊粉酶协同作用生产果糖，工艺简单，果糖得率高。

（4）以苹果为原料生产果糖。苹果中富含果糖，如鲜苹果中含果糖 59g/kg，苹果原汁中含果糖 45g/kg，浓缩果汁（70Brix）中含果糖 360g/kg。以苹果为原料生产果糖的技术方法，是西北农林科技大学食品科学与工程学院岳田利教授成功研究出来的。他对苹果汁中的蔗糖进行酶解反应，经过果糖分离以及对葡萄糖异构化等反应，最后得到纯度在 97%以上的结晶果糖。

2. D-果糖国外发展情况

20 世纪 20 年代初，美国开始较大规模地用酸法制备葡萄糖和果葡糖浆，至今仍有些地方在沿用。但这种传统的酸法水解工艺存在很多缺点：需要耐酸耐压的设备、需要精制的淀粉为原料、水解后必须中和、色泽较深、精制费用大等。

50年代，发现葡萄糖经碱（NaOH、KOH，pH=10）可转化制成15%~20%的果糖。1959年，酶法生产葡萄糖喜获成功，这不仅是葡萄糖工业的重大进步，也是果葡糖浆生产史上的第一次大飞跃，促进了制糖工业的发展。与传统酸法水解淀粉相比，酶法简化了设备，在常温常压和温和酸度下，即可进行高效的催化反应，并且酶水解具有专一性，制得产品的纯度高。

1960年，美国玉米产品公司的Marshall研究用异构酶使葡萄糖异构成果糖并获得专利。1965年日本津村和高崎等先后发现了适合工业化生产的葡萄糖异构酶的菌种，并在日本、美国和其他国家申请了专利。1967年，技术转让给美国克林顿玉米公司，该公司开始生产果糖含量为15%的果葡糖浆。1969年，该公司开始推出含42%果糖的果葡糖浆（简称42糖）。此后，一些工厂也相继进行了生产。因此，用葡萄糖异构酶将葡萄糖转化为果糖，不仅是近代微生物工业的一项重大成就，也是果葡糖浆生产史上的第二次大飞跃。

1974年，美国首先应用固定化异构酶，使果葡糖浆生产成本大大降低。加之1976年世界市场蔗糖价格的上涨，这期间42糖发展迅速并逐步趋于成熟，其缺点是葡萄糖含量高，不能解决医疗和保健的需要，并且易于析出晶体，不便于储藏。目前，先进国家生产果葡糖浆已采用全酶法生产工艺。固定化葡萄糖异构酶的应用，实现了葡萄糖的连续异构化反应，提高了酶的利用率、生产效率和产品质量，大大推动了果葡糖浆工业的发展，是果葡糖浆生产史上的第三次飞跃。

第二、第三代果葡糖浆的研究工作从60年代开始发展，到1980年左右已开始了大规模的工业化生产。第二、第三代果葡糖浆的生产技术一般是通过第一代果葡糖浆进行分离的，提高糖分组成中的果糖含量。因此，第二、第三代果葡糖浆的发展是联系在一起的。果糖的分离有冷冻结晶分离、硼酸盐分离、分子筛作吸附剂分离、有机溶剂萃取分离、离子交换树脂分离等方法。直到1980年，美国UOP公司发表专利，用一种分子筛来分离果糖，并且与模拟流动床结合，使果糖与葡萄糖的分离实现了工业化。美国Xyrolin公司首先于1981年建厂，用淀粉糖化液生产结晶果糖，年产结晶果糖约1万吨。

3. D-果糖国内发展现状

我国高果糖浆研究工作始于20世纪60年代，工业化开始于70年代中期，比日本、美国等国家的研究工作晚，但工业化基本同步，结果却相差甚远。我国最初生产的是42%的果葡糖浆，但由于生产工艺落后，产品生产成本高，价格远远高于蔗糖，限制了它的发展，因此我国在70年代末建立的几个工厂也逐渐处于停产状态。直到90年代中期，通过制糖工艺、设备的不断改进，使得产品成本大大降低。同时，随着我国2000年糖业政策的调整，蔗糖价格开始上涨，果葡糖浆代替蔗糖应用于食品中的优势才逐渐显露出来，在中国果葡糖浆的发展迎来了一次难得的机遇。

1976年在安徽省蚌埠市建成了第一家果葡糖浆实验性生产厂，年产1000吨。由于受到酶制剂这一关键技术的限制，当时的成本很高。迫于砂糖奇缺，我国又在江苏、安徽、山东、广东等地分别建设了小型实验厂，但均未成功投产。这除了我国自身技术不成熟的原因外，同国际上发达国家对我国实行的技术封锁也有十分重要的关系。

1983年，蚌埠果糖厂开始引进美国道尔公司的果糖设备，1985年扩展到1万吨/年。随后，又相继建起了湖北省的江陵、湖南长沙和江苏淮阴的三个高果糖浆厂。其中长沙高果糖浆厂采用美国技术和设备，生产以自动控制为主，拥有我国唯一一套引进的模拟移动床分离设备，可生产F90、F55、F42等产品，年产10万吨。长沙高果糖厂在停产四年多后，与中国香港某公司合作，成立了新的远东玉米深加工有限公司，但终因产能与市场容量严重脱节，于1998年再次停产。

1992年，大庆石化公司研究院与南宁木薯技术开发中心开发的模拟移动床利用无机分子筛分离制取高纯果糖，在广东湛江1000t/年处理量的结晶果糖工业装置的成功应用。

进入21世纪以后，我国的果葡糖浆发展得较迅速，2001年，安徽建立了10万吨/年的高果糖浆生产线；2002年，长春的大成集团与美国嘉吉公司在上海共同合资投产10万吨级的果糖厂，产品和质量均达到了国际标准，主要应用于国际国内主打饮料和其他食品的生产；目前，国内果糖的生产能力已达百万吨，除湛江外，绝大部分企业以淀粉为原料。

三、木糖研究现状

木糖是一种五碳糖，化学名为五碳醛糖，为白色结晶性粉末，是一种用途广泛的功能性糖。木糖性能和异麦芽低聚糖较为接近，它具有类似蔗糖的甜味，可以和其他糖类一样直接口服，也可用作食品添加剂。由于木糖具有控制甘油、中性脂肪、游离氨基酸合成的功能，因此可控制体重增加，避免肥胖病的发生。木糖可直接作为食品添加剂添加于食品中，最大限度地满足爱吃甜品又担心发胖者的需求。此外，木糖也是一种优良的表面活性剂、助剂、增塑剂，在轻工、化工方面也有一定用途。

木糖加氢可制成木糖醇，是目前应用最为广泛的功能性糖醇之一。它热值低、可防龋齿；具有促进新陈代谢，调节血糖值，促进胃液的分泌，促进肾上腺皮质激素、NADPH2、ATP增加的作用，而且可抑制肠道内腐败产物的生成，净化肠道，促进肠蠕动，提高机体免疫能力，增强人体防御功能。木糖醇是面向

21 世纪元的“未来型”营养、保健糖类新品种。目前木糖醇已经作为医药、保健、饮品、食品生产原料广泛应用。以木糖醇为基料制成的无糖食品是 20 世纪 90 年代以来国际食品消费潮流。随着木糖醇需求的日益增加，作为木糖醇的主要原料，木糖的需求也在逐年递增。

1. 木糖工业化生产现状

天然 D-木糖大分子的木聚糖的形式广泛存在于植物半纤维素中，木糖一般从木聚半纤维中提取，如木屑、稻壳、甘蔗渣和玉米芯等农作物废弃物，常用酸或酶使木聚糖降解获得。木糖最初是从白桦树、橡树、玉米芯、甘蔗渣等植物中提取出来的一种天然植物甜味剂。目前工业化生产中均以木糖为原料加氢获得。在工业上，木糖由玉米芯、甘蔗渣、棉籽壳、桦木等富含多缩戊糖的原料，经水解、净化、浓缩、结晶、分离、烘干包装等一系列加工工序生产。如果原料水解纯化后经过加氢工序，在同一条生产线上增加部分设备可得到结晶木糖醇。以玉米芯为原料生产木糖的工业化装置在我国从 1966 年开始即投入使用，四十多年来从几百吨发展到上万吨的装置，生产技术也不断完善，产品质量不断提高。我国大部分木糖和木糖醇均以玉米芯为原料生产，其生产工艺技术已日益成熟，产品大部分能满足出口要求。

2. 木糖国内外发展情况

（1）木糖国外发展情况。日本对木糖的研究起步较早，但直到进入 20 世纪 90 年代，日本的木糖醇消费才真正普及。由于木糖醇生产的技术进步，成本大幅下降，特别是中国木糖进入日本市场，日本目前年消费木糖上万吨。目前，全球木糖及木糖醇消费量增长迅速，年均增长速度达 20%以上，主要需求来自口香糖生产商和口腔卫生用品的生产商。近来木糖醇的应用范围持续扩大，除了已有的商品，如牙齿保护用品和化妆品外，又新增了很多商品。全球生产木糖、木糖醇的有俄罗斯、芬兰、日本、美国、意大利及中国等，但木糖醇在全球范围内销售和使用。据权威部门的市场调研，全世界对木糖醇的需求量可突破 30 万吨，而目前全球产量不足 10 万吨，市场空间较大。

（2）木糖国内发展情况。我国对木糖和木糖醇的研究、开发和生产相比国外起步较晚。随着世界上发达国家对木糖醇使用范围和应用领域的不断拓宽，对木糖醇开发的力度也在不断加大，我国在开发和应用的力度上也明显加强。木糖近两年在我国主要作木糖醇的原料。20 世纪 70 年代初期，我国开发木糖醇项目主要是将其作为甘油的替代品，并且在当时开展了木糖醇在医学领域方面的研究，由于其具有保肝、护肝、降低酮体和增强糖尿病患者体力的功效，因而作为糖尿病人的辅助代糖品。90 年代后，受国际上对木糖醇的开发热潮的影响，我国的木糖和木糖醇开始有了大的发展。木糖和木糖醇均被列入“中国名牌产品‘十一五’重点培育指导目录”。目前，国内生产木糖和木糖醇的企业约十几家，木糖醇产能约6万吨/年。我国生产的木糖、木糖醇主要向日本、东南亚、美国和西欧出口，国内目前的产量远远不能满足日益增长的市场需求。

随着人们生活水平的提高和饮食结构的逐渐变化，患高血压、动脉硬化、心血管病和糖尿病的危险性也在迅速增加，特别是糖尿病已成为我国的流行病。木糖醇作为一种新型天然无热量甜味剂，其优良的理化特性，是糖尿病人和龋齿患者的理想甜味剂，具有巨大的消费市场。据统计，我国目前有近1亿糖尿病患者，以每人年均消费1kg计算就需10万吨木糖醇；从儿童食品分析，如每名儿童年均消费0.25kg，全国城市儿童约8000万名，则需2万吨；从口香糖一项分析，仅生产箭牌口香糖的一个分公司，每年需2000吨木糖醇。随着人们对木糖醇性能的认识逐渐提高，国内市场对“低热量”、适合糖尿病人、不致龋齿等高档甜味剂的需求量越来越大。另外，高档食品行业、医药加工行业、化工合成行业等对木糖醇的应用也得到推广，使国内市场木糖醇消费需求呈上升态势，其市场前景十分看好。

由于木糖醇产品大量面世，木糖的消耗还会快速增长。随着金融危机的消退，我国及全球市场对木糖醇的需求量呈增加的趋势，我国目前木糖醇产量达6万吨，但是作为原料的木糖供应不足，导致国内市场木糖供应价格上扬。开发生产木糖类产品符合国家当前鼓励的发展方向，而且为玉米芯废弃物提供了很好的再利用途径。研究和开发结晶木糖产品具有广阔的市场空间和较好的经济社会效益。

四、L-阿拉伯糖研究现状

L-阿拉伯糖，又称树胶醛糖、果胶糖，是一种戊醛糖。在自然界中L-阿拉伯糖很少以单糖形式存在，通常与其他单糖结合，以杂多糖的形式存在于胶质、半纤维素、果胶酸、细菌多糖及某些糖苷中。L-阿拉伯糖广泛存在于水果、粗粮皮壳中，人类食用它时间已有几千年历史，只是直到近几年科研才发现这种物质的功能和提纯方法。它是预防“三高一超”（高血压、高血糖、高血脂和超肥胖）的重要功能糖。

经过大量的临床实验表明，L-阿拉伯糖对蔗糖的代谢转化具有阻断作用，蔗糖是通过存在于小肠黏膜砂糖分解酵素把蔗糖分解成葡萄糖和果糖后吸收的。如果在砂糖中配用2%的阿拉伯糖就可以抑制40%的砂糖的吸收，可相应抑制血糖值增高。另外，没有被分解的砂糖到达大肠，与阿拉伯糖一起可以起到抑制乳酸杆菌和增加双歧杆菌，进一步通过阻碍对果糖吸收的抑制和产生肠内细菌的短锁脂肪酸的中性脂肪合成，达到抑制脂肪堆积的效果。阿拉伯糖有类似砂糖的甜味，但甜度只有其一半左右。其溶解度低于砂糖，酸、热度稳定，使得它添加在功能性食品中，在减肥、控制糖尿病等方面的应用前景看好。L-阿拉伯糖作为一种低热量的甜味剂，已被美国食品药品监督局和日本厚生省批准列入健康食品添加剂。美国医疗协会将其列入用作抗肥胖剂的营养补充剂或非处方药，在日本厚生省的特定保健用食品清单中，L-阿拉伯糖被列入用于调节血糖的专用特殊保健食品添加剂。L-阿拉伯糖还可以用作医药中间体、用于生化领域中细菌培养基的制备以及香料合成等。

1. L-阿拉伯糖工业化生产现状

在自然界中，L-阿拉伯糖通常以化合状态存在于纤维素、半纤维素、树脂、阿拉伯胶中。不同植物组织的L-阿拉伯糖含量不同，含量较高的植物有桃胶、玉米皮、甜菜浆、麦糠、落叶松木等。文献中记录的生产方法如下：

（1）水解法。用酸或碱破坏植物的纤维组织，通过水解来获得L-阿拉伯糖，但在此水解的过程中会产生多种糖，如在甜菜浆的水解产物中有L-阿拉伯糖、D-半乳糖和蔗糖等。这些糖的混合液需经进一步分离纯化而得到纯净的L-阿拉伯糖。

以L-阿拉伯糖含量较高的阿拉伯胶水解为例，用盐酸等无机酸进行水解，再用氢氧化钙中和至中性，得到含L-阿拉伯糖的混合液，经质量分数为90%的乙醇萃取，再经工业乙酸沉淀，可得粗L-阿拉伯糖，质量分数约为66.7%。粗混合液经双柱色谱分离提纯得到质量分数为99%的L-阿拉伯糖。但此方法中双柱分离使用的洗脱剂为正丁醇、乙酸乙酯、异丙醇等有机溶剂，难以应用于大规模食品级工业化生产。而且在之前的水解过程会产生大量的酸碱废液，后续工作烦琐。

（2）化学合成法。用3，4-二氢-2H-吡喃经硒的羟基化反应合成了L-阿拉伯糖和D-阿拉伯糖，产物为消旋体，需要拆分，而且所用原料较贵，步骤较多。总体来说化学合成法不适合于工业化生产。

（3）微生物酶解法。日本曾经开发了一种生产L-阿拉伯糖的酶基工艺。在该工艺中，滤糟等沉积物在一台容器内与水和酶在40~80℃下混合24h，然后将溶液过滤，并经活性炭和离子交换处理精制，然后蒸发浓缩，制成L-阿拉伯糖晶体。此外，科学家还用醋酸菌将核糖醇氧化为L-核酮糖，借助L-阿拉伯糖异构酶和耻垢分枝杆菌使L-核酮糖转化为L-阿拉伯糖，无须经色谱柱即可结晶得到L-阿拉伯糖。微生物、酶法可以简化生产工艺，减低生产成本，同时可以减少酸碱和含盐废液的排放，减少环境污染，代表了绿色化学的方向。但此方法有一瓶颈存在，酶的价格较高，而且现有酶的催化效率较低。如何获得高效酶或菌种还需要进一步开发研究。

玉米芯中含有1.8%~2.0%的阿拉伯糖组分，在酸水解得到木糖单体的同时，阿拉伯糖聚合物也同时水解，因此阿拉伯糖单糖在水解液中大量存在。在结晶得到木糖的步骤中，阿拉伯糖存留于结晶母液中。由于木糖水解液中含有多种杂糖及其他成分，因此在结晶分离出木糖后，由于母液中杂糖含量较高，无法继续结晶提取，母液主要以副产品的形式低价出售，用于生产焦糖色素、饲料酵母或某些化工产品，附加值均较低。按目前状况，每生产 1 吨结晶木糖约产生 1.2 吨木糖母液。

木糖母液中含有未提取的 D-木糖以及少量 D-葡萄糖和 D-半乳糖等单糖。其中以木糖含量最多，其次为 L-阿拉伯糖。木糖和 L-阿拉伯糖为同分异构体，用普通的方法难以分离。采用 SMB 模拟移动床分离技术得到纯净的 L-阿拉伯糖液，再经过精制结晶可生产含量大于 99%的结晶 L-阿拉伯糖产品。此工艺技术利用生产木糖的母液为原料生产，不仅解决了母液处理难的问题，也同时得到阿拉伯糖这一稀有糖，提高了原料的利用率。

2. L-阿拉伯糖国内外市场分析

长期以来，日本在阿拉伯糖的研究、应用方面居全球领先地位。但是，日本阿拉伯糖的应用尚不普及，大部分潜在市场尚未能获得开发。在欧美地区，L-阿拉伯糖价格也相当昂贵，但是由于产量较低，其应用也不普及。日本厚生省的特定保健用食品清单中将 L-阿拉伯糖列入调节血糖的专用特殊保健和食品添加剂。美国医疗协会将 L-阿拉伯糖列入抗肥胖剂的营养补充剂或非处方药。日本三井株式会社开发出在蔗糖中添加 3%阿拉伯糖的“健康糖”，并于 2006 年投入市场。日本 Unitika 公司也开发系列添加阿拉伯糖的保健产品，并申请了专利保护。此外，丹麦的丹尼斯克公司已生产多年的 L-阿拉伯糖，但不对外公布产量。根据其从我国购进木糖母液量来计算，预计其有 1000~2000 吨/年的产量。随着技术研发、商业应用的快速发展，阿拉伯糖领域的专利文献也大量增加。目前，阿拉伯糖专利技术已经覆盖基因工程、微生物发酵、蛋白质工程、医药组合物、酿酒、饮料、食品加工等各个技术领域。L-阿拉伯糖作为一种功能性糖，最具代表性的生理作用是有选择性地影响小肠二糖水解酶中消化蔗糖的蔗糖酶，从而抑制蔗糖的吸收，从而降低人体内血糖的水平。但 L-阿拉伯糖作为一种新兴糖，需要一个被世人认识并接受的过程。相信未来二三十年间，在 L-阿拉伯糖在乳制品、糕点、面包、儿童食品、冰淇淋、饮料、甜点、巧克力、家用蔗糖等食品中将得到广泛应用，需求量甚至可突破 1 万吨。而且 L-阿拉伯糖一旦大规模展开生产，其作为医药中间体生产 L-核糖、2-脱氧-L-核糖、脱氧核糖核苷类的需求量也将迅速开展，根据上述药物的需求状况，L-阿拉伯糖作为医药中间体的市场容量也能突破 1 万吨。

木糖的生产过程中产生了大量的母液，其中含有木糖、阿拉伯糖等功能糖，对于木糖母液综合回收利用的研究，美国、日本等发达国家十分重视，已经开发出多种低耗、高效的回收利用方法。而在我国母液主要被用来制备焦糖色素、生产饲料酵母等低级产品，母液利用效率低，会造成资源浪费。在这一大背景下，研究木糖母液中木糖以及功能性副产物阿拉伯糖的回收工艺技术具有重要的意义。

五、低聚木糖的研究现状

低聚木糖是指由木糖分子以 1，4-糖苷键连接而成的聚合性糖，其木糖聚合数为 2~7 个。低聚木糖的主要成分有木糖、木二糖、木三糖、木四糖、木五糖及少量木五糖以上的木聚糖，其中木二糖、木三糖为主要的有效成分，一般情况下木二糖、木三糖的含量直接影响低聚木糖产品的质量（Carole Antoine，2004 年）。

1. 低聚木糖的生产现状

近些年，人们对木聚糖酶和酶法水解低聚木糖的研究已有较多报道。1986 年和 1987 年日本的阿部奎一和入江利夫分别研究了木聚糖分解物的分离方法和木二糖的分离方法；罔崎昌子和 Okazaki 分别于 1987 年和 1990 年报道了有关低聚木糖对双歧杆菌的增殖效果的研究报告；2004 年法国的 Patrice Pellerin 对酶法制备低聚木糖的工艺进行了研究。但是这些研究仍局限于细菌木聚糖酶基因的克隆，而且都是从杆菌上分离出木聚糖酶基因，然后在大肠杆菌上进行表达。近年由日本三得利公司利用木聚糖酶进行低聚木糖的工业化生产，产品有低聚木糖含量为 70%的糖浆和 20%、35%的粉末。1995 年产量约为 200t，1996 年产量约为 400t，1998 年产量约为 1100t（其中 1000t 糖浆，100t 固体粉末）。低聚木糖的研究在我国刚刚起步，正处在初级阶段。蔡静平（2005 年）等报道了利用菌类产酶分解玉米芯中的木聚糖生产低聚木糖的研究。吴克等（1999 年）优化了酶法制备低聚木糖的研究结果。目前我国的低聚木糖生产工业大多以玉米芯为原料，利用酶法生产低聚木糖产品。

2. 低聚木糖的应用现状

低聚木糖具有应用范围广，食品添加量小，增殖双歧杆菌，清理体内肠道，改善肠内环境，抵抗害菌的产生，甜味纯正，对酸、热稳定性高等特点，已被广泛地应用于食品、医药、保健品等领域。

低聚木糖可在乳酸饮料、醋饮料等食品中应用。经过长期储存，食品中的低聚木糖也不会被细菌分解发酵而影响其产品的品质。根据对食品储存的实验表明，在食品中的低聚木糖具有很好的稳定性，可以替代蔗糖添加到食品中。还可以在焙烤食品中添加低聚木糖，不但能很好地保持产品的水分，改变面团的流变特性，还可以在烘焙过程中，产生良好的色泽、特殊的香味、抵抗霉菌的生长；控制食品中的水分含量（周翠英，2006 年）。

在栽培农作物时将低聚木糖当作营养物质，能防止作物生病、促进生长速度和提高果实产量。低聚木糖还能对菜籽的发芽过程起到调节作用，促进蔬菜生长和对土壤中微量元素的吸收起显著的作用。提高蔬菜中微量元素的含量，这对于延长土壤的肥力具有显著意义。

在医药工业中应用时可以根据低聚木糖良好的表面活性，调节和抑制肠道有害细菌，增加机体对致病菌的抵抗力，增强肌体免疫系统的功能。此外，含有低聚木糖等的不被消化性低聚糖类可以防治腹泻等疾病的病发率。

低聚木糖也可作为饲料的添加剂投入饲料的生产中，动物食用后能够提高机体免疫力，增加饲料的吸收率，大大提高动物生产的能力等。据研究表明，低聚木糖能够促进蛋鸡内的双歧杆菌的增殖，在促进蛋鸡的生产性能方面起着显著的作用。在饲料中添加低聚木糖 0.007%时其促生长效果最为明显，蛋鸡的产蛋率可提高二到四个百分点（徐勇，2005 年）。随着研究的不断深入，生物降解研究和分离制备技术迅速发展，低聚木糖的生产成本已经得到了很大的降低，使得其在饲料上应用的可行性逐渐提高（许正宏，2001 年）。

3. 低聚木糖的提取现状

一般分离低聚糖是从天然植物中提取，通过化学作用和酶作用转移糖基，利用多糖进行水解等方法得到。目前低聚木糖的提取方法主要为多糖水解法，其中较为常见的有：酸水解提取法、高温蒸煮提取法及酶水解提取法。

（1）酸水解提取法。所谓酸水解法就是采用稀酸水解植物中的木聚糖，使其糖苷键断裂，是低聚木糖溶出。石波等采用稀硫酸水解在实验室自制的桦木木聚糖，利用炭柱制备，冷冻干燥结晶制备低聚木糖中木二糖、木三糖标准品。研究结果为稀硫酸浓度 0.24mol/L，水解温度 100℃，水解时间 15min，酸解产物以木二糖、木三糖、木四糖、木五糖、木六糖为主。杨书燕研究从玉米芯中提取低聚木糖，其结果为固液比 1：6，稀硫酸液浓度 2%，水解温度 120℃，水解时间 60min，其溶出总糖量 15.01%，低聚木糖平均聚合度 2.16。酸法水解目前还存在许多问题。主要是对设备的要求较高，不但要耐酸的腐蚀，还必须耐高压、高温；技术方面也很难控制，应为木聚糖在酸中水解速度快，在低聚木糖这个水平上控制反应很困难，且反应中会产生许多有害物成分，使产品的质量降低，精制工艺技术较为烦琐，低聚木糖得率较低。因此，工业化产技术研究将具有重要的实际意义。

（2）高温蒸煮提取法。日本研究人员曾研究利用高温蒸煮法直接提取植物中的低聚木糖，但此法制备的低聚木糖溶液颜色较深，很难添加到食品中。2007 年赵光远以玉米芯为原料，利用浓度 0.05%的硫酸浸泡，蒸煮温度 200℃，蒸煮时间 4min。水解液经 3.0%木聚糖酶酶解 12h 后，其还原糖转化量可达 226.6mg/g。

（3）酶水解提取法。目前酶水解法是工业上应用最多的方法之一。此方法可利用霉菌、细菌等生产木聚糖酶，然后用木聚糖酶水解木聚糖制备低聚木糖。研究上大多采用内切型木聚糖酶对木聚糖进行水解，再进一步分离纯化制备低聚木糖产品。韩玉洁利用木聚糖酶水解木聚糖，工艺条件为水解温度40℃，水解时间6h，总糖得率57.12%，低聚木糖的提取率22.52%。

低聚糖具有不被消化而使产生的热量低、有效地促进双歧杆菌的增殖、稳定性强、提高钙的吸收率、改善肠道环境等生理功能而成为一种重要的功能性食品基料。近年对低聚糖生产与应用的研究也逐渐增多，并已有成品应用于食品中，起独特的保健功效。

六、甜叶菊苷的研究概述

1. 甜菊糖苷的结构与性质

甜菊糖苷，又名甜菊糖苷，简称甜菊糖，是从菊科草本植物甜叶菊的叶子中提取的含 8 种成分的双萜糖苷的混合物，按照天然植物化学的划分，属于四环二萜的糖苷类。糖苷一般不具备甜味，多少还带点苦味。具有较高甜味的糖苷在自然界中的数量不多，可作为甜味剂资源加以开发的种类就更少了。而甜叶菊苷作为是一种天然的甜味剂，它以高甜度、低热量、安全无毒等特点逐渐受到人们的青睐。在甜叶菊苷已知的 8 种糖苷中，各种成分的含量、口感和甜度各不相同，其中斯替维苷（St）、莱鲍迪苷 A（RA）、莱鲍迪苷 C（RC）的含量较高，共占90%以上。RA 甜度最高，相当于蔗糖的450倍，甜味特性也与蔗糖相接近，是理想的甜味成分，含量最高的St 甜味相当于蔗糖的300倍，但具有一定的苦味和不愉快的后味，严重影响了甜叶菊苷的味质。从目前国际国内大面积种植的甜叶菊品种分析来看，绝大多数甜菊叶中相对含量占前三位的糖苷顺序都为 St、RA、RC。

甜叶菊苷易溶于水、二噁烷、甲醇、乙醇、四氢呋喃，不溶于苯、醚、氯仿、丙二醇、乙二醇。在空气中吸湿性强，干燥失重为 1.5%~4.0%。与蔗糖混合使用有显著的相乘效果。甜叶菊苷具有良好的耐热性，不易见光分解，在95℃下加热处理2h 甜度不变，即使加热8h 甜度也降低很少。pH 在3~9 内稳定，100℃下热处理也无变化。其耐盐性良好，无美拉德褐变现象，不被微生物同化和发酵，因而可延长甜叶菊苷制品保质期。

2. 甜菊糖苷的应用

甜叶菊苷作为一种新型糖源，其甜度高、热量低，还具有重要的保健功能，如促进新陈代谢、强壮身体和降低血压等，目前在食品、医疗、日用品等领域得到了广泛应用。

（1）在食品行业的应用。人们习惯用白糖、红糖、葡萄糖等作为食品甜味剂，这些糖有营养，热量也高，摄入体内过多对健康有一定影响，例如儿童食入过多，会引起蛀牙，成人摄入过多会引起肥胖病、动脉硬化症，糖尿病患者更要严格禁止吃糖。随着科学的发展，食品行业已用甜叶菊苷来代替白糖、红糖、葡萄糖及人工甜味剂做低热量食品，不但无副作用，而且能治疗某些疾病。

①茶。用甜菊叶直接制茶或与其他原料茶配合制成的茶，使糖尿病患者降低血糖，健胃促进消化，能醒酒和消除疲劳，对肥胖病、高血压及龋齿等患者均有防治作用。目前，国内市场上的降糖茶如乌龙戏珠枣茶、红花茶等，均含有甜叶菊成分，有的已远销国外市场。

②饮料。用甜叶菊苷代替蔗糖制作汽水以及各种果汁、冰淇淋等，具有特殊口味和保健作用。

③点心。用甜叶菊苷加工而成的甜菊益康乐、甜菊月饼、饼干等，成为营养、保健以及儿童、老年人特殊需要的食品。

④罐头。甜叶菊苷可用于水果罐头，如糖水杨梅、橘子、山楂、龙眼等；水产品以及肉类罐头等，甜叶菊苷既可起到调味功能亦发挥防腐延长保质期作用。

⑤腌制品类。用甜叶菊苷腌制萝卜等酱菜以及榨菜，具有保鲜期长、清腌味美、不腐烂的特点。

⑥水产品。加入甜叶菊苷可防止水产品蛋白质腐败变质，在改善水产品风味的同时还可降低成本，如各种鱼罐头、海带等。

⑦酒类。用甜叶菊苷加入刺梨、沙棘、葡萄等果酒以及白酒中，可降低酒的辛辣味以改善风味和口感。还可以增加啤酒泡沫，使泡沫洁白、持久。

⑧肉食品。将甜叶菊苷加入香肠、火腿肠、腊肉等食品中，可改善风味，延长保质期。

⑨口香糖及日化产品。将甜叶菊苷加入口香糖、牙膏中，既可促进产品甜味，又可降低口腔有害细菌增殖，减少龋齿发生的概率。多种牙膏、口香糖以及化妆品中已应用甜叶菊苷。

（2）甜叶菊苷及其衍生物在治疗心血管病方面的应用。2001 年，Lee CN 等发现甜叶菊苷具有一定的抗血压作用。2004 年，Wong K L 等证明异甜叶菊苷醇对小鼠的主动脉肌肉有松弛作用。2004 年，张双捷等证明异甜叶菊苷醇可以有效减轻缺氧复灌引起的左心室舒缩功能下降、心肌纤维和线粒体损伤，异甜叶菊苷醇有抗心肌缺氧修复损伤作用。2003 年，Hsieh MH 等发现甜叶菊苷对患者的心脏收缩压及心脏舒张压有降低作用。因此，高纯度的甜叶菊苷可以应用于临床治疗高血压。

（3）甜叶菊苷及其衍生物在治疗糖尿病方面的应用。2002 年，Jeppesen P B 等证明了甜叶菊苷对分离的胰岛和 beta 细胞具有直接的促胰岛素分泌效应，明显降低血糖水平和抑制高血糖素分泌。2004 年 Gregersen S 等发现服用甜叶菊苷能够明显降低午餐后血糖的提高幅度。2006 年，J Hong L Chen 等发现肥胖症患者服用甜叶菊苷可能有促进减肥的作用。因此，甜叶菊苷可用于临床治疗糖尿病和预防肥胖症。

（4）甜叶菊苷及其衍生物在其他疾病方面的应用。2004 年，Shiozaki Kazuhiri. 等证明甜叶菊苷对组胺伤害胃黏膜引起的上皮细胞脱落、增生等具有保护作用。2002 年，Yasukawa K 等证明了甜叶菊苷有预防肿瘤发生的作用。2002 年 KazuoTakahashi 等发现甜叶菊苷能够抑制轮状病毒吸附到受体上，而具有在细胞外抗 HRV 病毒的活性。因此，甜叶菊苷可以用于治疗胃病、预防肿瘤发生和抗病毒。

（5）甜叶菊干叶残渣在其他方面的应用。甜叶菊叶残渣属于工业废料，却是很好的有机肥料，有机质含量极高，含 Ca^{2+} 和 Fe^{2+}，可改良培肥土壤。另外，腐熟的甜叶菊叶残渣与基础基质配制成蔬菜育苗土，最适合香瓜、西瓜、柑橘、西红柿。可促进幼苗生长发育，增加幼苗干鲜物质重、促进早熟、增加甜度，是很好的育苗基质，且成本低廉。甜叶菊叶残渣添加到栽培菌类培养料中，既可满足食用菌对养分的需要，又可满足食用菌对各种微量元素、维生素及透气性的要求，因而发菌快、出菌早、菌质好、产量高，尤其是银耳，长得又白又大；栽培金针菇，略带甜味，风味独特。甜叶菊叶残渣可以 5%比例做禽类饲料，能起到预防禽类拉稀等疾病作用，调节禽类消化功能，并能提高产蛋率。甜叶菊叶残渣可掺到饲料里，用来喂奶牛、奶羊，可增加奶的甜度，提高奶质量和奶中微量元素、氨基酸等物质，对产奶量有一定促进作用。

3. 甜叶菊苷的市场现状和发展前景

我国是一个缺糖的国家，目前食糖消费人均（年）不到 7kg，距欧美国家人均 40～60kg 差距很大。甜叶菊苷以其高糖度的优势缓解了我国食糖紧缺的问题。用糖苷代替部分蔗糖不会降低产品质量，而且其成本比蔗糖低 50%以上。在东北地区甜叶菊营养生长良好，昼夜温差大，土壤肥力较好，含糖量高，品质较好。甜叶菊宿根有一定的耐寒力，只要表根不裸露出地面可耐 -12℃低温。甜叶菊一般亩产干叶 150～200kg，亩净收入 700 元以上，最高亩产在黑龙江省海林境内可达 300kg，亩收入可达 1200 元以上。1990 年，我国甜叶菊苷出口量已达百吨，1993 年甜叶菊苷出口量已逾 300t。目前，中国已成为全球最大的甜叶菊生产与出口国之一，占据全球甜叶菊市场的 80%以上。从国内市场看，我国每年要消费近 9000t 的人工甜味剂，如果用甜叶菊苷取代 30%的人工甜味剂，则国内市场每年需约 3000t 甜叶菊苷。而我国每年才生产 2000t 左右甜叶菊苷，市场潜力十分巨大。按 15t 甜叶菊叶生产 1t 甜叶菊苷计算，国内每年大约消耗甜叶菊干叶 30000t 左右，加之我国每年有上千吨的甜叶菊叶出口，因此我国每年需生产、储备 40000t 甜叶菊干叶。如果按平均每年亩❶产干叶 250kg（500 斤）计算，需稳定种植面积 16 万亩以上，而目前我国甜叶菊主产区的总种植面积不足 10 万亩。

---

❶ 1 亩 = 666.7m^2。

由此可见甜叶菊苷生产大有发展前途。

七、菊芋多聚果糖的研究概述

菊芋俗称洋姜、鬼子姜，可以食用，煮食或熬粥，腌制咸菜，晒制菊芋干，或作制取淀粉和酒精的原料，地上茎也可加工为饲料。其块茎或茎叶入药具有利水除湿、清热凉血、益胃和中之功效。其地下块茎富含淀粉、菊糖等果糖多聚物，以菊芋为原料制取的菊芋多聚果糖系第三代保健品功能因子，它具有调节肠胃、提高免疫力、排毒养颜、改善脂质代谢、促进矿物质吸收、有利于维生素合成、延缓衰老、降低血糖和抗癌等优越的生理学活性，是预防高血压、高血脂、高血糖、肥胖、便秘等城市富贵病的最佳保健品之一，也可以作为医药中间体原料。

20世纪以来，随着医学研究的深入，人们认识到蔗糖、甜菜糖是肥胖、糖尿病、龋齿和心血管病的重要诱因。因此人们开始寻找它们的替代产品。以菊芋为原料生产的菊粉多聚果糖等产品系优良的功能性食品的基料、功能性甜味剂。很久以来，蔗糖是食品工业的大宗原料之一，具有纯正怡人的甜味刺激及16.7kJ/g的高能量等优良特性，但过多摄入成为一个重要的不健康因子。为调和这个矛盾，以菊粉多聚果糖为主的功能性甜味剂应运而生。它具有特殊的生理功能，可供特殊营养群（如糖尿病患者）使用，可替代蔗糖应用在功能性食品或低能量食品中，其基本特征是低能量或无能量，非龋齿或抗龋齿，部分品种对人体健康能起积极有效的调节功能（属于生理活性物质）。随着人们对自身健康的日益关注，对功能性食品及基料的开发持续升温，市场不断扩大。由菊芋加工的菊粉多聚果糖，产品中只还含有果糖，且原料来源广泛，工艺简单，成本低廉，产品竞争力明显增强。从菊芋中提取的产品菊粉是多聚果糖，其功能与功能性多聚果糖相似，可直接应用，也可进一步加工成菊粉多聚果糖。它们是双歧杆菌的增殖因子，能有效增加双歧杆菌数量；产生短链脂肪酸、抗生素，抑制肠道内腐败菌的生长，减少有害发酵产物及细菌酶的产生，改变大便性状，防止便秘，保护肝脏功能，降低血清胆固醇，降低血压，摄入人体后，不会引起血糖及胰岛素的波动，对糖尿病、高血压、心血管病患者十分适用，能提高机体免疫力，有抗癌作用和很好的保健功能；还能在肠道内促进合成维生素，促进钙的吸收。它们又是一种水溶性膳食纤维，很难被人体吸收利用，能量值很低，不会导致肥胖。它不是口腔微生物的合适作用底物，有防龋齿作用。多种优越的生理功能和理化特性，使其在食品、医药、保健品行业中广泛应用，成为集营养、保健、疗效三位一体的21世纪保健新糖源。菊粉溶液还是一种模拟脂肪，具有与奶油非常相似的感官特性，因此可作脂肪替代品。

欧美发达国家已生产含有菊粉及菊粉多聚果糖的食品，品种多达 500 余种，菊粉及菊粉多聚果糖的年需求量已达 90 万吨。菊芋多聚果糖广泛应用于保健品、乳制品、饮料、糖果等行业中。在饮料行业中，功能性饮料最为突出，如日本较有名气的“LOIGCC”功能饮料，主要含有多聚果糖。当前，菊芋产品在欧、美、日本等国家受到很高的重视。在新型糖的研究开发中，日本位居世界前列，围绕多聚果糖而生产开发的新商品正源源不断投入市场，现上市的品种已达十多种。由于这类新型多聚果糖具有独特的生理功能，在食品、医药方面应用极具潜力，引起了人们的广泛关注。世界其他大国也纷纷投入该领域的研究。在欧洲许多国家如荷兰、比利时、瑞典、英国均有大学和研究机构研究菊芋。欧洲市场使用多聚果糖制造的功能性食品有比利时的 FYOF 饮料，西班牙生产的 SUELTESS。目前在美国多聚果糖作为膳食增补剂、药品及功能食品中的一种成分，在美国市场上销售还刚刚起步，但美国现在已把多聚果糖列入膳食纤维源。

我国的菊粉及菊粉多聚果糖开发起步较晚，目前以蔗糖为原料生产的多聚果糖产量仅为 4000 吨/年，现欲生产菊粉的厂家约有 20 余家，技术来源于国内 10 余家科研院所，但是由于缺乏先进的分离手段，其生产成本高、效率低，产品的纯度只有 70%左右，还存在着葡萄糖、果糖、蔗糖等杂质，低于国外要求的 95%的纯度要求，导致我国的菊芋多聚果糖只能内销而不能出口。再者国内对菊芋多聚果糖的认知度较小，企业效益较差，使得我国菊芋多聚果糖产业陷入困境。目前，国内有几家企业进行了菊芋多聚果糖的生产，据推算，我国目前菊粉及多聚果糖的市场容量约为 15 万吨/年，以菊芋为原料生产菊粉的成本约为 2 万元/吨，现国产菊粉售价 4 万元/吨，有较大的利润空间。

参考文献

[1] KEBLER L C, SEIDEL M A. Theoretical study of multicomponent continuous countercurrent chromatography based on connected 4-zone units [J]. Journal of Chromatography A, 2006, 1126 (1-2): 323-337.

[2] NEGAWA M, SHOJI M. Optical resolution by simulated moving bed adsorption technology [J]. Journal of Chromatography, 1992, 590: 113-117.

[3] NICOLAOS ALEXANDRE, MUHR, LAURENCE, et al. Application of equilibrium theory to ternary moving bed configurations [J]. Journal of Chromatography A, 2001, 908 (1-2): 71-86.

[4] MATA, VERA G, RODRIGUES, et al. Separation of ternary mixtures by pseudo simulated moving bed chromatography [J]. Journal of Chromatography A, 2001, 939 (1-2): 23-40.

[5] BESTE, YORK A, LISSO, et al. Optimization of simulated moving bedplants with low efficient stationary phases: separation of fructose and glucose [J]. Journal of Chromatography A, 2000,

868 (2): 169-188.

[6] NICOLAOS, ALEXANDRE, MUHR, et al. Application of the equilibrium theorytoternary moving bed configurations [J]. Journal of Chromatography A, 2001, 908 (1-2): 87-109.

[7] ANTOS, DOROTA, SEIDEL-MORGENSTERN, et al. Two-step solvent gradients in simulated moving bed chromatography: Numerical study for linear equilibria [J]. Journal of Chromatography A, 2002, 944 (1-2): 77-91.

[8] AZEVEDO D C S, PAIS L S, RODRIGUES A E. Enantiomers separation by simulated moving bed chromatog raphy: Non - instantaneous equilibrium at the solid fluid interface [J]. Journal of Chromatography A, 1999, 865 (1-2): 187-200.

[9] HOUWING, JOUKJE, BILLIET, et al. Optim ization of azeotopic protein separations in gradient and isocratic ion exchange simula ted moving bed chromatography [J]. Journal of Chromatography A, 2002, 944 (1-2): 189-201.

[10] THOMAS, KÜSTERS, ERNST. Optimization strategy for simulated moving bed systems [J]. Journal of Chromatography A, 1998, 800 (2): 135-150.

[11] MAZZOTTI, MARCO, STORTI, et al. Optimal operation of simulated moving bed units for nonlinear chromatographic separations [J]. Journal of Chromatography A, 1997, 769, (1): 3-24.

[12] BIRESSI GIOVANNI, LUDEMANN-HOMBOURGER, OLIVIER, et al. Design and optimisation of a simulated moving bed unit: role of deviations from equilibriumtheory [J]. Journal of Chromatography A, 2000, 876 (1-2): 3-15.

[13] JUPKE, ANDREAS, EPPING, et al. Optimal design of batch and simulated moving bed chromatographic separation processes [J]. Journal of Chromatography A, 2002, 944 (1-2): 93-117.

[14] MIHLBACHLER KATHLEEN, FRICKE JRG, YUN TONG, et al. Effect of the homogeneity of the column set on the performance of a simulated moving bed unit: II [J]. Theory Journal of Chromatography A, 2002, 944 (1-2): 3-22.

[15] WU D J, MAZ, WANG N H L. Optimization of throughput and desorbent consumption in simulated moving bed chromatography for paclitaxel purification [J]. Journal of Chromatography A, 1999, 855 (1): 71-89.

[16] DÜNNEBIER G, KLATT K U. Modelling and simulation of nonlinear chromatographic separation processes: a comparison of different modelling approaches [J]. Chemical Engineering Science, 2000, 55: 373-380.

[17] CRISTIANO MIGLIINI, MICHAEL WENDLINGER, MARCO MAZZOTTI. Temperature gradient operation of a simulated moving bed unitind [J]. Eng. Chem. Res., 2001, 40: 2606-2617.

[18] DÜNNEBIER G, WEIRICH I, KLATT K U. Computationally efficient dynamic modeling and simulation of simulated moving bed chromatographic processes with linear isotherms [J]. Chemical Engineering Science, 1998, 53 (14): 2537-2546.

[19] STRUBE J, SCHMIDT TRAUB H. Dynamic simulation of simulated moving bed chromatographic processes [J]. Computers & Chemical Engineering, 1998, 22 (9): 1309-1317.

[20] HAAG J, WOUW ER A VANDE, LEHOUCQ S SAUCEZ. Modeling and simulation of a SMB chromatographic process designed for enantio separation [J]. Control Engineering Practice, 2001, 9 (8): 921-928

[21] KLATT, KARSTEN-ULRICH, DÜNNEBIER, et al. Optical operation and conrol of simulated moving bed chromatography: amodel- ased approach [J]. Mathematics and Computers in SimulationV, 2000, 53 (4-6): 449-455.

[22] ZHONG GUOMING, GUIOCHON GEORGES. Steady-state analysis of simulated moving bed chromatography using the linear, ideal model [J]. Chemical Engineering Science, 1998, 53 (6): 1121-1130.

[23] STORTI G, MAZZOTTI M, MORBIDELLI M, et al. Robust design of binary countercurrent adsorption separation process [J]. AIChE J, 1993, 39: 471-482.

[24] MAZZOTTI M, STORTI CZ, MORBIDELLI M. Optimal operation of simulated moving bed units for nonlinear chromatographic separations [J]. J. Chromatography A, 1997, 769: 3-24.

[25] MIGLIORINI C, MAZZOTTI M, MORBIDELLI M. Robust design of countercurrent adsorption separation processes: 5. Nonconstant selectivity [J]. AIChE J., 2000, 46 (7): 1384-1399.

[26] 张丽萍. 肝素提取纯化新工艺及降解后的生物活性研究 [D]. 吉林: 吉林大学, 2010.

[27] DUNNEBIER G, WEIRICH I, KLATT K U. Computationally efficient dynamic modeling and simulated moving bed chromatographic processes with linear isotherms [J]. Chemical Engineering Science, 1998, 53 (14): 2537-2546.

[28] MIGLIORINI C, MAZZOTTI M. Simulated moving bed units with extra-column dead volume [J]. AI. ChE. J., 1999, 45 (7): 1411-1421.

[29] AZEVEDO D C, RODRIGUES A E. Design methodology and operation of a simulated moving bed reactor for the inversion of sucrose and glucose-fructose separation [J]. Chemical Engineering Journal, 2001, 82: 95-107.

[30] GIACOBELLO S, STORTI G, TOLA G. Design of a simulated moving bed unit for sucrose-betaine separations [J]. Journal of Chromatography A, 2000, 872: 23-35.

[31] KAWASE M, PILGIM A, ARAKI T, et al. Lactosucrose production using a simulated moving bed reactor [J]. Chemical Engineering Science, 2001, 56 (2): 453-458.

[32] KISHIHARA S, HORIKAWA H, TAMAKI H S, et al. Nishio. Continuous chromatographic separation of palatinose and trehalulose using a simulated moving-bedadsorber [J]. Journal of Chemical Engineering of Japan, 1989, 22 (4): 434.

[33] NICOUD R. M. SMB: some possible applications for biotechnology, subramanian G (ed) in: Bioseparation and Bioprocessing [M]. New York: Wiley-VCH, 1998.

[34] COELHO M S, AZEVEDO D C S, TEIXEIRA J A. Dextran and fructose separation on an SMB continuous chromatographic unit [J]. Biochemical Engineering Journal, 2002 (3): 215-221.

[35] SPRINGFIELD R M, HESTER R D. Development and modeling of a continuous simulated mov-

ing bed in exclusion process for the separation of acid and sugar [J]. Separation Science and Technology, 2001, 36 (6): 911-930.

[36] WOOLEY R, MA Z, WANG N H L. A nine-zone simulated moving bed for therecovery of glucose and xylose from biomass hydrolyzate [J]. Industrial & Engineering Chemistry Research, 1998, 37: 3699-3709.

[37] WU D, XIE Y, MA Z, et al. Design of simulated moving bed Chromatography for amino acid separations [J]. Industrial & Engineering Chemistry Research, 1998, 37: 4023-4035.

[38] GOTTSCHLICH N, KASCHE V. Perfusible and non-perfusible supports with monoclonal antibodies for bioaffinity chromatography of Escherichia coli penicillin amidase within its pH stability range [J]. Chromatogr A. 1994, 660 (1-2): 137-145.

[39] HOU WING J, BILLIET H A H, VANDER WIELEN LAM. Optimization of azeotropic protein separations in gradient and isocratic ion-exchange simulated moving bed chromatography [J]. Journal of Chromatography A, 2002, 944 (1-2): 189-201.

[40] JUZA M, GIOVANNI O D, BIRESSI G, et al. Continuous enantiomer separation of the volatile inhalation anesthetic enflurane with a gas chromatographic simulated moving bed unit [J]. Journal of chromatography A, 1998, 813: 333-347.

[41] ANDREEV B M, KRUGLOV A V, SELIVANENKO Y L. Continuous isotope separationin systems with solid phase: Gas-phase separation of isotopes of the light elements [J]. Seperation Science and Technology, 1995, 30 (3): 3211-3227.

[42] KRUGLOV A V, ANDREEV B M, POJIDAEV YE. Continuous isotope separationin systems with solid phase. II. Separation of nitrogen isotopes with use of ion-exchange resin [J]. Separation Science and Technology, 1996, 31 (4): 471-490.

[43] NAGAMATSU S, MURAZUMI K, MAKINO S. Chiral separation of a pharmaceuticalintermediate by a simulated moving bed process1c [J]. Journal of Chromatography A, 1999, 832: 55.

[44] SCHWAB, LAWRENCE R. Integrated process for producing crystalline fructose and a high fructose, liquid-phase sweetener [P]. US, 5350456. 1994-9-27.

[45] SILVINA B. LOTITO , BALZ FREI. The increase in human plasma antioxidant capacity after apple consumption is due to the metabolic effect of fructose on urate, not apple-derived antioxidant flavonoids [J]. Free Radical Biology and Medicine, 2004, 37 (2): 251-258.

[46] BEYER P L, CAVLAR E M, MCCALLUM R W. Frutose intake at current levels in the United States may cause gastrointestinal distress in normal adults [J]. Journal of the American Dietetic Association. 2005, 105 (10): 1599-66.

[47] JURGENS H, HAASS W, CASTANEDA TR. Consuming frutose-sweetened beverages increases body adiposity in mice [J]. Obesity research, 2005, 12 (7): 1146-56.

[48] MOZ BENADO, CHRISTINE ALCANTARA. Effects of various levels of dietary fructose on blood lipids of rats [J]. Nutrition Research, 2004, 24 (7): 565-571.

[49] CHUNG S F, WEN C Y. Longiutdnial Dispersion of Liquid Flowing through Fixed and Fluidized Beds [J]. American Institute of Chemical Engineers, 14, 857-866 (1968).

[50] CAROLE ANTOINE, STEPHANE PEYRON, VALERIE LULLIEN-PELLERIN, et al. Wheat bran tissue fractionation usingbiochemical markers [J]. Journal of Cereal Science. 2004, 39: 387-393.

[51] CAMPBELL J M, FAHEY G C, WOLF B W. Selected indigestible oligosaccharides affect large bowel mass, cecal and fecal short-chain fatty acids, pH and microflora in rats [J]. J. Nutr., 1997, 127, 130-136.

[52] JASKARI J., et al. 0at-β-glucan and xylan hydrolysates as selective substrates for bifidobacteria and lactobacillus strains [J]. Appl. Mirobiol. Biotech, 1998, 49, 175-181.

[53] RYCROFT C. E., et al. A comparative in vitro evaluation of the fermentation properties of prebiotic oligosaccharides. J Nutr, 2001, 91, 878-887.

[54] IMAIZUMI, K, et al. Effects of xylooligosaccharides on blood glucose, serum and liver lipids and cecum short-chain fatty acids in diabetic rats [J]. Agric. Biol. Chem., 1991, 55 (1): 199-205.

[55] TAKASAKI M, KONOSHIMA T, KOZUKA M, et al. Cancer preventive agents. Part 8: Chemopreventive effects of stevioside and related compounds [J]. Bioorgan. Med. Chem., 2009, 17: 600-605.

[56] STARRATT ALVIN N, KIRBY CHRISTOPHER W, POSE, et al. Rebaudioside F, aditerpene glycoside from Stevia rebaudiana [J]. Phytochemistry, 2002, 59: 367-370.

[57] IRUM SEHAR, ANPURNA KAUL, SARANG BANI. Immune up regulatory response of anon-caloric natural sweetener: stevioside [J]. Chemico-Biological Interactions, 2008, 173 (1): 115-121.

[58] N. KOLB, HERRERA J L, FERREYRA D J, et al. Analysis of Sweet Diterpene Glycosides from Stevia rebaudiana: Improved HPLC Method [J]. Journal of Agricultural and food Chemistry, 2001, 49 (10): 4538-4541.

[59] ANTOMIO S, DACOME, CLEUZA C, et al. Stevia rebaudiana (Bert.) Bertoni: Isolation and quantitative distribution by chromatographic, spectroscopic, and electrophoretic methods [J]. Process Biochemistry, 2005, 40 (11): 3587-3594.

[60] ANDRZEJ W. JOSEPHINE MC, MANUELA B. Simultaneous determination of nine intense sweeteners in food stuffs by high performance liquid chromatography and evaporative light scattering detection-Development and single-laboratory validation [J]. Journal of Chromatography A, 2007, 1157 (1-2): 187-196.

[61] LEE C N, WONG K L, LIU J C, et al. Inhibitory effect of stevioside on calcium Influx to produce antihypertension [J]. Plantamed, 2001, 67: 796-799.

[62] YASUKAWA K, KITANAKA S, SEO S. Inhibitory effect of stevioside on tumor promotion by 12-O-tetradecanoylphorbol-13-acetate in two-stage carcinogenesis in mouse skin [J]. Biol Pharm Bull, 2002, 25 (11): 1488-1490.

[63] TERAI T, REN HF, MORI G. Mutagenicity of steviol and its oxidative derivatiwes in salmonella typhimurium TM [J]. Chem Pharm Bull, 2002, 50 (7): 1007-1010.

[64] JEPPESEN P B, GREGERSEN S., ALSTRUP K K. Stevioside induces ntihyper-glycaemic, insulinotropic and gulcagonostatic effects in vivo: studies in the diabetic Goto-Kakizaki rats [J]. Phytomedicine, 2002, 9 (1): 9-14.

[65] HSIEH MH, CHAN P, SUE YM, et al. Efficacy and tolerability of oral stevioside in patients with mild essential hypertension: a two-year, randomized, placebo-controlled study [J]. Clinical Therapeutics, 2003, 25 (11): 2797-2808.

[66] KAZUHIRO SHIOZAKI, TOSHIKI NAKANNO, TOSHIYASU YAMAGUCHI, et al. The protective effect of stevia extract on the gastric mucosa of rainbow trout Oncorhynchus mykiss fed dietary histaminc [J]. Aquacuture Rescarch, 2004, 35 (15): 1421-1428.

[67] WONG K L, CHAN P, YANG H. Isosteviol acts on potassium channels to relax isolated aortic strips of Wistar rat [J]. Life Sciences, 2004, 74 (19): 2379-2387.

[68] GREGERSEN S, JEPPESEN P B, HOLST J J, et al. Antihyperglycemic effects of stevioside in type 2 diabetic subjects [J]. Metabolism, 2004, 53 (1) 73-76.

[69] J. HONG, L. CHEN, JEPPESEN P B, et al. Stevioside counteracts the α-cell hypersecretion caused by long-term palmitate exposure [J]. Endocrinology and Metabolism, 2006, 290 (3): 416-422.

[70] DELAVAUD, C. C., et al. Net energy value of non-starch polysaccharide isolates (sugarbeet fibre and commercial inulin) and their impact on nutrient digesttive utilization in healthy human subjects [J]. British Journal of Nutrition, 1998, 80: 343-352.

[71] KNUDSEN K, I HESSOV. Recovery of inulin from Jerusalem artichoke in the small intestine of man [J]. Br. J. Nutr, 1995, 74: 101-111.

[72] ELLEGARD L, H ANDERSON, I BOSAEUS. Inulin and oligofructose do not influence the absorption of cholesterol, and the excretion of cholesterol, Fe, Ca, Mg and bile acids but increase energy excretion in man. A blinded controlled cross-over study in ileostomy subjects [J]. Eur. J. of Clin. Nutr., 1996. 51: 1-5.

[73] KLEESSEN B, B SYKURA, B ZUNFT, et al. Efects of inulin and lactose on fecal microflora, m icrobial activity and bowel habit in elderly constipated persons [J]. American Journal of Clinical Nutrition, 1997, 65: 1397-1402.

[74] GIBSON G R, ROBERFROID M B. Dietary modulation of the human colonic microbiota introducing the concept of perbiotics [J]. Journal of Nutrition, 1995, 125: 1401-1402.

[75] REDDY B S, HAMID R, RAO C V. Effect of dietary oligofructose and inufin on colonic preneoplasticaberrant crypt foci inhibition [J]. Carcino Genesis, 1997, 8: 1371-1374.

[76] PEDERSEN A, SANDSTRON B, VAN AMELSVOORT J M, et al. The effect of ingestion of inufin on blood lipids and gastrointestinal symptoms in healthy females [J]. British Journal of Nutrition, 1997, 78: 215-222.

[77] KIM M, SHIN H K. The water-soluble extract of chicory reduces glucose up take from the pefrnsed jejunum in rats [J]. Journal of Nutrition, 1996, 126: 2236-2242.

[78] OHTA A, BABA S, TAKIZAWA T, et al. Effects of furctooligosaccharides on the absorption of

magnesium in the magnesium-deficient rat model [J]. Journal of Nutritional Science and Vitaminology, 1994, 40: 171-180.

[79] ABRAMS S A, HAWTHORNE K M, AFIU O, et al. An inulin-type frnctan enhances calcium absorption primarily via an effect on colonic absorption in humans [J]. American Society for Nutrition, 2007, 137: 2208-2212.

第二章　模拟移动床色谱纯化葡萄糖母液的技术

葡萄糖是最广泛的单糖物质，也是非常重要的基础化学医药品。工业生产结晶葡萄糖一般是以淀粉（玉米、薯类）为原料，采用双酶法水解制糖工艺，经过液化、糖化反应后生产葡萄糖，再经精制净化、结晶、分离、干燥制取。在结晶的过程中，会产生大量的母液难以形成规格化产品，主要制备焦糖色素等低价产品为主，无法进行其他功能糖的转化与生产，造成了资源的浪费，影响了葡萄糖产业的发展。

模拟移动床色谱（SMB）是一种新型的分离技术，可以实现稳态、连续吸附分离，操作连续化，提高吸附剂的利用率，增加原料的处理量，提高产品的纯度。同时在分离热敏性物质和沸点相近、用精密蒸馏方法难以分离的同分异构体方面该技术展现出独特的分离特性，尤其在分离手性药物方面更显示出超强的提纯能力，对现代功能糖与功能糖醇以及中草药的发展具有重要作用。目前国际上最先进的模拟移动床色谱是顺序式模拟移动床色谱（SSMB）。SSMB 比传统 SMB 先进了许多，其特点是分离柱数量减少，比传统的色谱分离减少运行成本 30%～50%，溶剂用量降低 10%～20%。在保证高纯度的基础上，具有高分离性、高收率、高效率、低成本、高稳定性等性能。本研究采用国际上先进的模拟移动床色谱技术纯化葡萄糖母液，旨在探索模拟移动床色谱高效纯化葡萄糖母液的方法，提高淀粉糖行业的生产效率。

一、实验材料与仪器

葡萄糖母液（长春帝豪食品发展有限公司），强酸性阳离子 ZG106Na^+（杭州争光树脂有限公司），制备色谱系统（国家杂粮工程技术研究中心），模拟移动床色谱分离实验设备 SMB-12E1.2L 型（国家杂粮工程技术研究中心），顺序式模拟移动床色谱分离实验设备 SSMB-6Z6L 型（国家杂粮工程技术研究中心），顺序式模拟移动床色谱分离中试设备 SSMB-6Z600L 型（国家杂粮工程技术研究中心），1200s 液相色谱仪（美国安捷伦科技有限公司），WYT 糖度计（成都豪创光电仪器有限公司）。

二、实验方法

1. 检测方法

（1）糖浓度采用 WYT 糖度计测定。

（2）纯度采用高效液相色谱法测定。色谱条件：色谱柱为糖柱，美国环球基因公司 CHO-99-9453；流动相：娃哈哈纯净水；柱温：80℃；流速：0.6mL/min；进样量：10μL；视差检测器：天津兰博 RI2001。

（3）收率按照下式进行计算：

$$收率 = \frac{\rho_1 \times V_1 \times C_1}{\rho_0 \times V_0 \times C_0} \times 100\%$$

式中：C_1 为分离后葡萄糖组分的总糖浓度（mg/mL）；C_0 为原料液总糖浓度（mg/mL）；ρ_1 为分离后葡萄糖组分中葡萄糖的纯度；ρ_0 为原料液中葡萄糖纯度；V_1 为分离后葡萄糖组分溶液体积（mL）；V_0 为原料液的体积（mL）。

（4）分离度（*Rs*）按照下式进行计算：

$$Rs = \frac{2(t_2 - t_1)}{W_2 + W_1}$$

式中：t_2 为葡萄糖的保留时间；t_1 为低聚糖的保留时间；W_1 为低聚糖色谱峰峰宽；W_2 为葡萄糖色谱峰峰宽。

2. 制备色谱评价实验

用去离子水将制备色谱柱冲洗干净，在柱温 60℃，进料浓度 50%，进料 9mL，流速 1.6mL mg/min 条件下进行实验，以纯净水为解吸剂，每 2min 收集一个样品，采用 WYT 糖度计测定浓度，采用高效液相色谱测定样品中葡萄糖的纯度。以管数为横坐标，干物质含量为纵坐标绘制葡萄糖母液单柱洗脱曲线。

3. 初始工艺参数的转换方法

在使用 SMB 设备进行分离工艺参数优化之前，首先要根据制备色谱评价实验的最佳条件确定 SMB 分离工艺的初始参数；利用 SMB 和 TMB 之间具有的等效性，根据几何学和运动学转换规则，利用相对较为简单的 TMB 模型来预测 SMB 单元的稳态分离性能。SMB 和 TMB 之间的转换关系由下列等式联系：

（1）SMB 中各区流量与切换时间的转换关系：

$$m_j = \frac{Q_j^{SMB} \times t_s - V\varepsilon}{V \times (1 - \varepsilon)}$$

式中：m_j 为四区流量化（j = Ⅰ，Ⅱ，Ⅲ，Ⅳ）；Q_j^{SMB} 为 SMB 中 j 区的流量（j = Ⅰ，Ⅱ，Ⅲ，Ⅳ）；t_s 为切换时间；V 为体积；ε 为孔隙率。

（2）TMB 中流量比公式：

$$m_j = \frac{Q_j^{TMB}}{Q_S}$$

式中：Q_j^{TMB} 为 TMB 中 j 区的流量（j = Ⅰ，Ⅱ，Ⅲ，Ⅳ）；Q_S 为固定相流量。

（3）SMB 中流量比与 TMB 中流量比间的转换关系：

$$\frac{Q_j^{SMB}}{Q_S} = \frac{Q_j^{TMB}}{Q_S} + \frac{\varepsilon}{1-\varepsilon}$$

4. SMB 纯化葡萄糖母液的工艺研究

实验采用 SMB-12E1.2L 传统旋转阀式模拟移动床色谱分离设备（12 根色谱柱，16mm×500mm），进行模拟移动床色谱（SMB）分离实验，在制备色谱单柱评价实验的基础上设计分区，并根据 SMB 与 TMB 的转化方法进行初始条件的确定。最后，在初始条件的基础上进行优化，得到最佳的 SMB 纯化葡萄糖的工艺参数，SMB 分离工艺流程如图 2-1 所示。

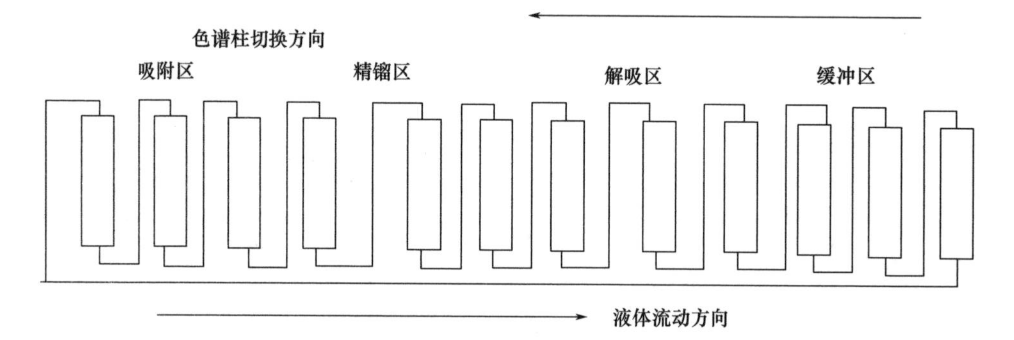

图 2-1　SMB 分离工艺流程图

5. SSMB 纯化葡萄糖母液的小试工艺研究

实验采用 SSMB-6E6L 模拟移动床色谱分离设备（6 根色谱柱，35mm×1000mm），进行模拟移动床色谱（SSMB）分离实验。SSMB 技术在纯化葡萄糖的工艺流程中，每根色谱柱要经过三个步骤即大循环（S_1）、小循环（S_2）、全进全出（S_3），设备运转一个周期就要经过 18 个步骤。从 1 号柱开始，在 1 号柱时第一步为大循环，物料在体系中不进不出，只是进行循环；第二步为小循环，在 1 号柱上端进解吸剂 D，在 5 号柱下端放出 BD（低聚糖组分）；第三步为全进全出，1 号柱上端进解吸剂 D，在 1 号柱下端放出 AD（葡萄糖组分），在 4 号柱上端进 F（原料），在 5 号柱下端放出 BD（低聚糖组分），然后切换到 2 号柱，所有进料与出料口也都向下移动一根柱子，依次循环下去，SSMB 工艺流程如图 2-2 所示。

在制备色谱单柱评价实验的基础上，根据物料平衡原理和 SSMB 基本原理进行 SSMB 小试纯化葡萄糖工艺参数的实验设计，以纯化葡萄糖的纯度和收率为指标进行优化，以达到最佳的纯化效果。

6. SSMB 纯化葡萄糖母液的中试工艺研究

采用 SSMB-6E600L 模拟移动床色谱分离设备（6 根色谱柱，265mm×

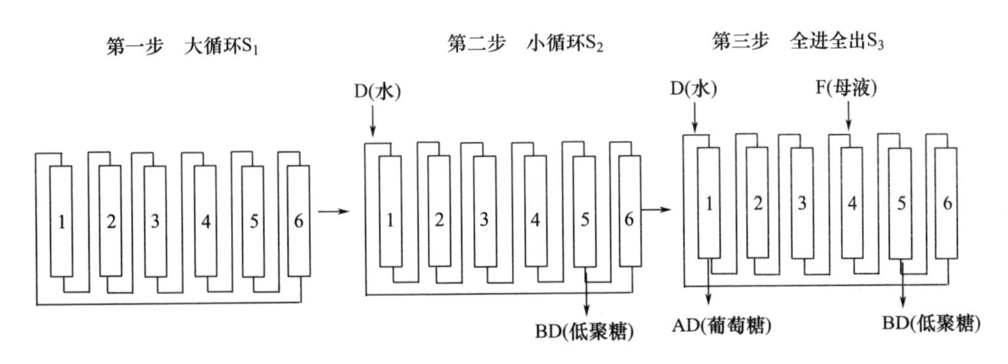

图 2-2　SSMB 工艺流程图

1800mm)，于长春大成实业集团帝豪食品发展有限公司进行模拟移动床色谱（SSMB）分离葡萄糖母液的中试分离实验。中试实验的工艺流程与小试的一致，每根色谱柱也要经过三个步骤即大循环（S_1）、小循环（S_2）、全进全出（S_3），运转一个周期需要经过 18 步。在 SSMB 小试实验研究结果的基础上对中试模拟移动床纯化葡萄糖母液的工艺参数进行优化。

7. 数据分析方法

采用 SAS8. 2 统计系统对实验数据进行分析。

三、结果与分析

1. 原料液分析结果

采用高效液相色谱对原料液进行分析，分析结果如图 2-3 和表 2-1 所示。

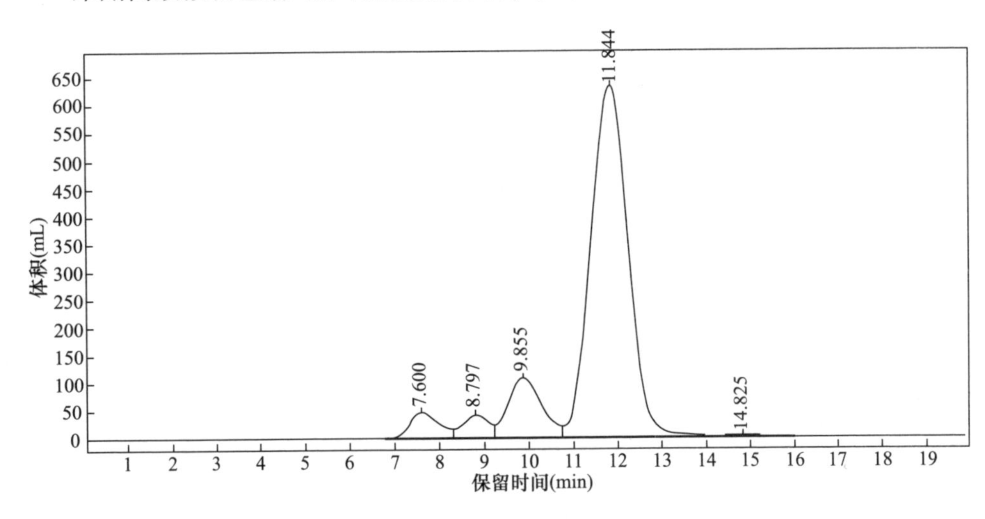

图 2-3　葡萄糖母液原料分析图谱

表 2-1　葡萄糖母液原料分析结果

出峰次序	保留时间（min）	含量（%）	组分名
1	7. 600	4. 17	杂糖（Miscellaneous sugar）
2	8. 797	3. 25	麦芽三糖（Maltotriose）
3	9. 855	10. 96	麦芽糖（Maltose）
5	11. 844	81. 34	葡萄糖（Glucose）
6	14. 825	0. 28	果糖（Fructose）

2. 制备色谱单柱评价实验结果

葡萄糖母液单柱评价实验结果如表 2-2 所示，洗脱曲线图如图 2-4 所示。

表 2-2　制备色谱实验结果

管数	体积（mL）	浓度（%）	低聚糖纯度（%）	葡萄糖纯度（%）	低聚糖干物质（mg）	葡萄糖干物质（mg）
16	51. 2	1. 0	89. 21	10. 79	28. 5472	3. 4528
17	54. 4	4. 0	38. 71	61. 29	49. 5488	78. 4512
18	57. 6	9. 0	17. 73	82. 27	51. 0624	236. 9376
19	60. 8	14. 5	9. 97	90. 03	46. 2608	417. 7392
20	64	19. 0	5. 59	94. 41	33. 9872	574. 0128
21	67. 2	21. 0	4. 29	95. 71	28. 8288	643. 1712
22	70. 4	19. 0	3. 10	96. 90	18. 848	589. 152
23	73. 6	12. 5	3. 06	96. 94	12. 24	387. 76
24	76. 8	5. 0	1. 34	98. 66	2. 144	157. 856

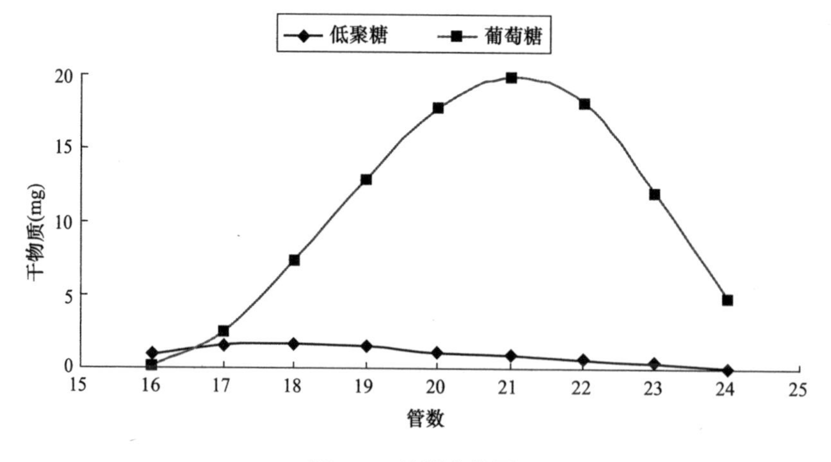

图 2-4　洗脱曲线图

从表 2-2 和图 2-4 可以看出，葡萄糖和低聚糖的保留时间相差较大，通过计算，分离度达到0.38，没有完全分离，但低聚糖组分与葡萄糖组分有分离的趋势。由于葡萄糖母液中葡萄糖含量较高，因此应该加长分离距离和时间，增加洗脱进水量，并进一步优化工艺参数，以达到良好的分离效果。

3. SMB 纯化葡萄糖的实验结果

（1）SMB 初始条件的确定。考虑树脂对葡萄糖和低聚糖吸附强弱的不同，水洗的流速和水洗的效果，以及树脂柱和设备的实际操作性能，确定模拟移动床色谱分离区各区的分配方式，如表 2-3 所示。根据制备色谱单柱评价实验结果，以及 SMB 与 TMB 间的等效性，初步确定 SMB 纯化葡萄糖的初始理论工作参数，如表 2-4 所示。

表 2-3　SMB 区域分配方式

区域代号	区域名称	分配方式
Ⅰ区	吸附区	4 根制备柱（串联）
Ⅱ区	精馏区	3 根制备柱（串联）
Ⅲ区	解吸区	3 根制备柱（串联）
Ⅳ区	缓冲区	2 根制备柱（串联）

表 2-4　SMB 理论工作参数

参数	数值
操作温度（℃）	60
进料浓度（%）	50
切换时间（s）	362
进料液流量 Q_F（mL/h）	177
洗脱液流量 Q_{Elu}（mL/h）	531
萃取液流量 Q_{Eex}（mL/h）	328
萃余液流量 Q_{Raf}（mL/h）	353

（2）SMB 条件的优化设计。延长切换时间导致各区的保留体积增加，会提高区 2 内的纯度和区 3 内的得率，但同样降低了区 4 内的纯度和区 1 内的得率。当改变切换时间进行调整不再有效时，应通过改变区内流速进行调整，这是 SMB 系统中一种微调的方法。即改变 Z_3/Z_{avg}（Z_{avg} 为区 1 和区 2 流速的平均值）的比率和 Z_4/Z_{avg} 的比率，也可单独改变其中一种。因此，人们要得到高纯度葡萄糖，可以通过切换时间和各个区域流速微调来实现。如图 2-5 所示，提高切换时间提高了葡萄糖的纯度，相反，降低切换时间提高了葡萄糖的收率。如图 2-6 所示，降低 Z_3/Z_{avg} 提高了葡萄糖的收率，提高 Z_4/Z_{avg} 比率也可以提高葡萄糖的纯度。

因此，人们要得到高纯度高收率的葡萄糖纯化工艺参数，可以通过切换时间和各个区域流速微调来实现。

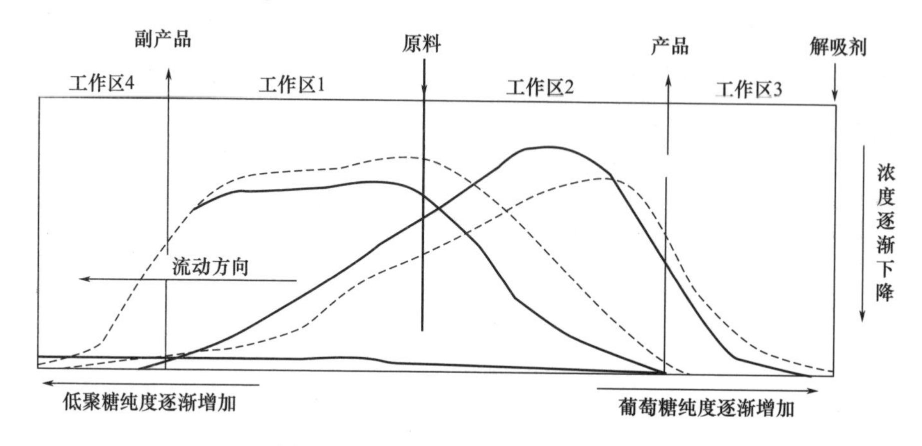

图 2-5　切换时间对分离效果的影响

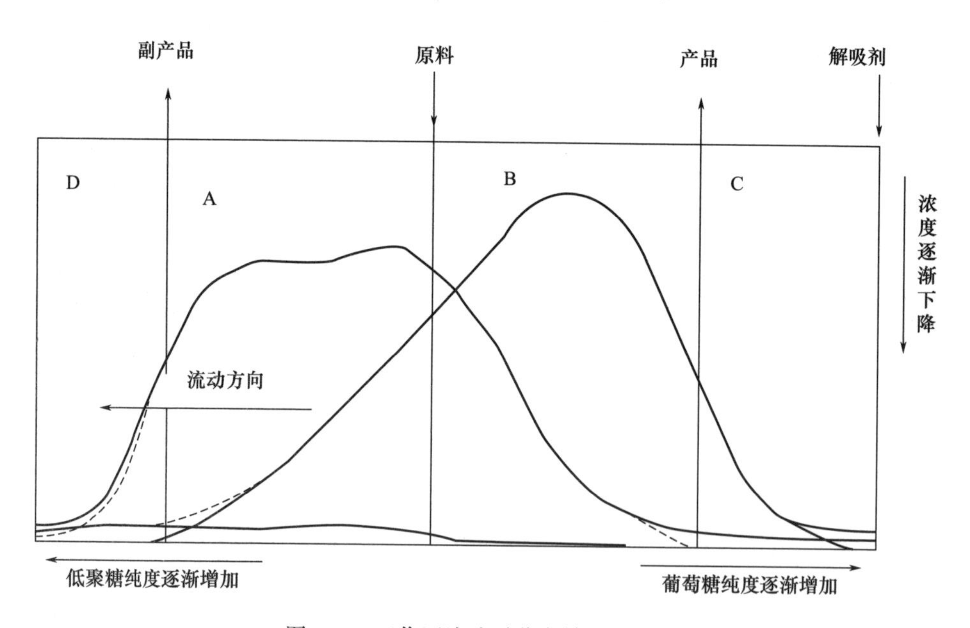

图 2-6　工作区流速对分离效果的影响

经过微调得到了最佳的操作条件，如表 2-5 所示。

表 2-5　SMB 最佳工作参数

参数	数值
操作温度（℃）	60
进料浓度（%）	50

续表

参数	数值
切换时间 t（s）	358
进料液流量 Q_F（mL/h）	176
洗脱液流量 Q_{Elu}（mL/h）	532
萃取液流量 Q_{Eex}（mL/h）	331
萃余液流量 Q_{Raf}（mL/h）	342

在该条件下，葡萄糖组分的浓度为24.5%，纯度为90.2%，收率为85.32%；低聚糖组分的浓度为15.6%，纯度为33.6%。

4. SSMB小试分离工艺参数优化结果

SSMB小试实验纯化葡萄糖母液的工艺参数及实验结果，如表2-6所示。

表2-6　SSMB分离操作条件和实验结果

序号	进料量（g/h）	进水量（g/h）	循环量（mL）	浓度（%）	葡萄糖纯度（%）	葡萄糖收率（%）
1	327.6	556.9	385	38.80 ± 0.10^{d}	96.07 ± 0.05^{a}	91.13 ± 0.25^{a}
2	491.4	737.1	392	40.37 ± 0.12^{c}	95.57 ± 0.06^{b}	91.10 ± 0.21^{a}
3	655.2	982.8	389	41.77 ± 0.15^{a}	95.49 ± 0.04^{b}	90.80 ± 0.10^{b}
4	436.8	655.2	390	38.60 ± 0.36^{d}	95.29 ± 0.03^{c}	90.37 ± 0.36^{c}
5	546	819	386	41.33 ± 0.25^{b}	93.47 ± 0.05^{e}	90.30 ± 0.15^{c}
6	546	819	392	37.67 ± 0.32^{e}	94.52 ± 0.08^{d}	89.57 ± 0.32^{d}

注　a~e为组间差异，$P<0.05$。

由表2-6可看出，综合考虑处理量、料水比、出口浓度、纯度和收率等指标，第3组实验的效果优于其他5组，因此确定小试的最佳分离工艺参数为：进料量为655.2g/h、进水量为982.8g/h，此时出口浓度为41.77%，纯度达到95.49%，收率达到90.80%。

5. SMB与SSMB纯化葡萄糖母液效果的对比分析

将SSMB与SMB两种分离工艺的主要指标进行对比分析，以确定SSMB与SMB分离工艺的优劣，分析结果如表2-7所示。

表2-7　SMB与SSMB实验结果比较

项目	SMB	SSMB
色谱分离柱数量（根）	12	6
树脂添加量（L）	1.2	6
水料比	3.0 : 1	1.5 : 1

续表

项目	SMB	SSMB
进料浓度（%）	50	50
处理量（kg/d）	5.2	15.7
葡萄糖组分浓度（%）	24.5	41.8
葡萄糖纯度（%）	90.2	95.45
葡萄糖收率（%）	85.3	90.7

由表 2-7 可看出，SSMB 分离工艺的各项指标均优于 SMB 分离工艺，SSMB 的色谱柱数量比 SMB 的色谱柱少了 6 根，其设备投资相对减少；SSMB 工艺的用水量较 SMB 的用水量减少了 1.5 倍，降低了运行成本；SSMB 工艺的进料浓度和出口浓度均高于 SMB 工艺的进料浓度和出口浓度，增大了处理量，降低了物料浓缩成本，整体上降低了运行成本；此外，SSMB 工艺的葡萄糖纯度 95.45%及收率 90.7%均显著高于 SMB 工艺的 90.2%和 85.3%。

6. SSMB 中试分离实验

SSMB 中试实验采用自制的中试型顺序式模拟移动床色谱装置，采用质量流量计实时测定床层中各组分及循环量的浓度变化，通过浓度的变化趋势分析实验情况，并进行相应的调整，SSMB 中试实验部分浓度趋势曲线如图 2-7 所示，工艺参数及实验结果如表 2-8 所示。

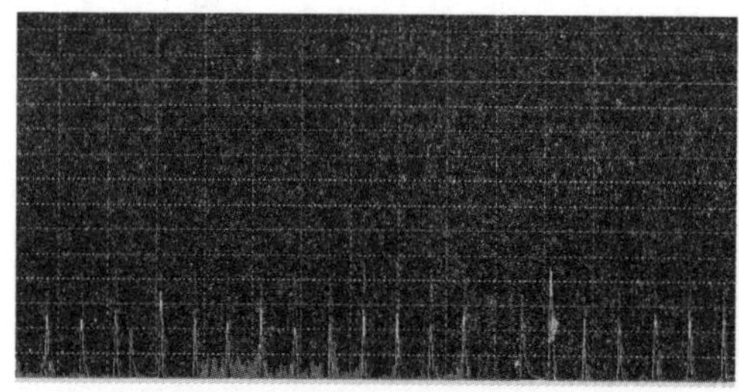

(a) 进料2h后质量流量计采集的浓度趋势曲线

(b) 进料4h后质量流量计采集的浓度趋势曲线

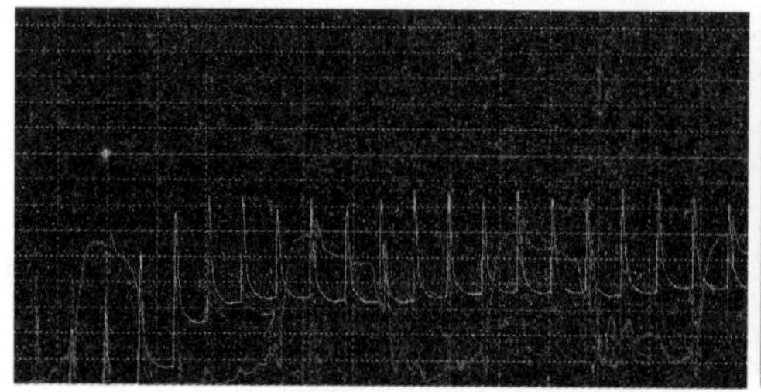

(c) 进料8h后质量流量计采集的浓度趋势曲线

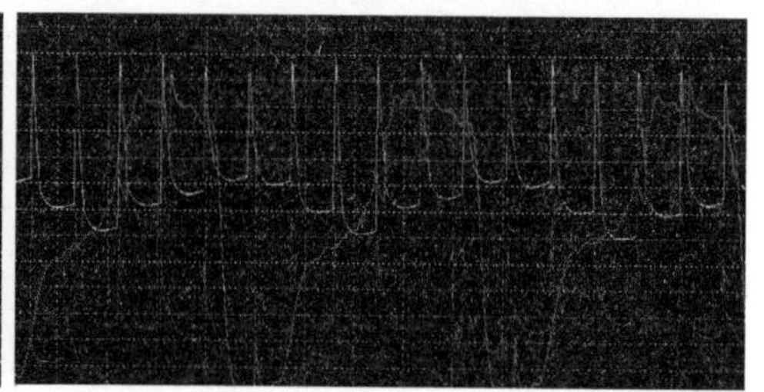

(d) 趋于平衡时质量流量计采集的浓度趋势曲线

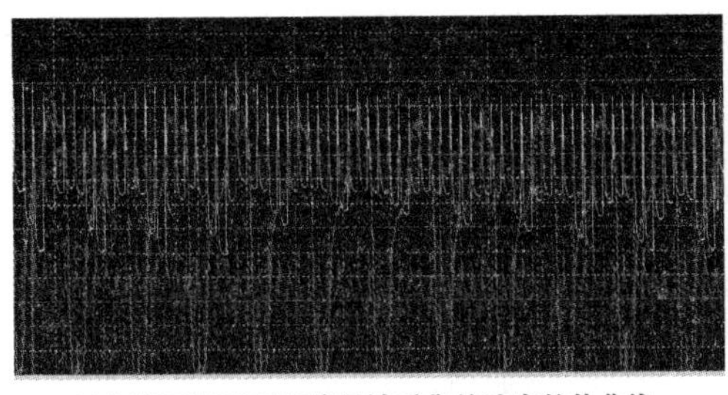
(e) 运行平衡后质量流量计采集的浓度趋势曲线

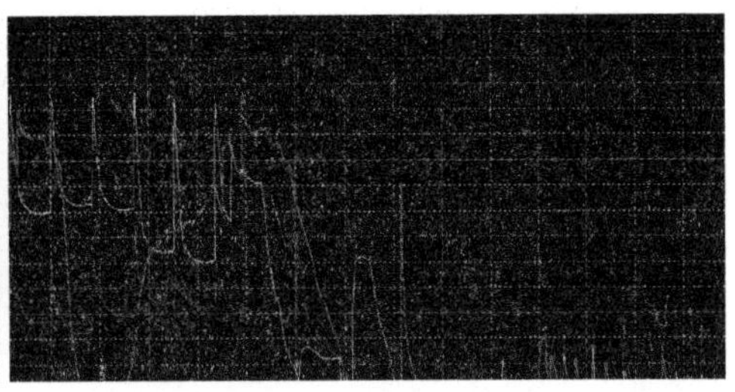
(f) 试验结束后冲洗装置时质量流量计采集的浓度趋势曲线

图 2-7　SSMB 中试实验浓度趋势曲线

如图 2-7（a）所示，在进料后的 2h 内各组分出口及循环的浓度均较低，这是由于进料前色谱分离柱中为去离子水，进料后原料液被稀释，导致浓度降低，再加上运行时间较短，其他色谱分离柱中的浓度也较低，导致各组分出口的浓度均较低；如图 2-7（b）和图 2-7（c）所示，在进料 4h 和 8h 内，各组分出口及循环的浓度呈不断上升的趋势，各组分的峰宽也不断增大，随着时间的增加，总体进料数量增加，导致装置内总体浓度增大，此外，随着装置的运行，葡萄糖组分得到了一定量的富集，导致葡萄糖组分的浓度增大；如图 2-7（d）和图 2-7（e）所示，当进料 12h 后，工艺参数运行趋于平衡达到稳态，此时葡萄糖组分和低聚糖组分都形成富集层，各组分出口及循环的浓度达到最大值并达到平衡状态，再经过 10 个周期的运转保证实验数据的可靠性；如图 2-7（f）所示，当实验结束后，用大量的去离子水冲洗装置，导致色谱分离柱中糖浓度急速下降，冲洗干净后用，加入适量 NaCl 溶液以避免长菌。

表 2-8　SSMB 分离操作条件和实验结果

序号	进料量（kg/h）	进水量（kg/h）	循环量（L）	浓度（%）	葡萄糖纯度（%）	葡萄糖收率（%）
1	66.4	99.6	39.5	42.30±0.20[b]	95.77±0.04[c]	91.23±0.31[a]
2	55.0	72.0	38.9	42.33±0.15[b]	94.61±0.07[c]	91.03±0.32[a]
3	21.1	32.1	39.2	41.53±0.25[c]	95.74±0.13[d]	89.57±0.42[b]
4	16.6	28.3	39.2	42.37±0.21[b]	95.83±0.10[c]	87.53±0.35[c]
5	16.8	28.6	38.9	43.50±0.20[a]	96.7±0.08[b]	86.87±0.45[c]
6	55.0	94.0	39.2	41.46±0.15[c]	97.36±0.09[a]	84.23±0.91[d]

注　a～d 为组间差异，$P<0.05$。

由表 2-8 可看出，综合考虑进样量、料水比、出口浓度、纯度和收率等指标，第 1 组实验的效果优于其他 5 组，因此确定最佳的分离条件为：进料量为 66.4kg/h、进水量为 99.6kg/h，此时出口浓度为 42.3%，纯度达到 95.77%，收率达到 91.23%。最佳条件下所得葡萄糖组分的液相色谱图如图 2-8 所示，葡萄糖组分液相色谱分析结果如表 2-9 所示。

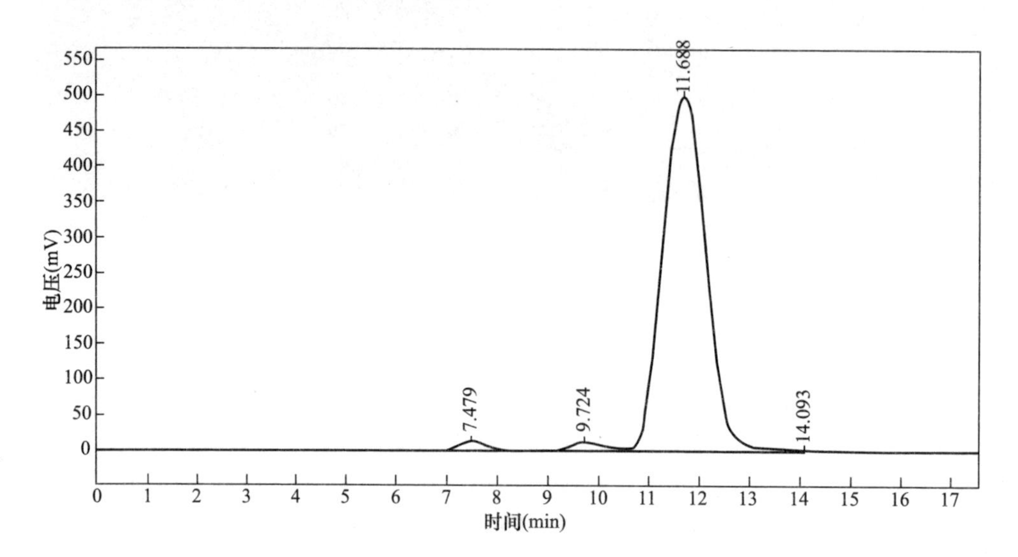

图 2-8　葡萄糖组分液相色谱分析图谱

表 2-9　葡萄糖组分液相色谱分析结果

出峰次序	保留时间（min）	含量（%）	组分名
1	7.479	2.09	杂糖
2	9.724	2.13	麦芽糖
3	11.688	95.77	葡萄糖
4	14.093	0.01	果糖

四、讨论

在我国，模拟移动床色谱分离技术是近几年才开始应用于淀粉糖行业，目前关于该技术处理葡萄糖母液的工业应用还不多，现有的技术多为传统的模拟移动床色谱技术，纯度达到 92%，但是回收率只有 84%，回收的成本较高，不能实现产业化生产。本研究采用的 SSMB 技术纯化葡萄糖母液，纯度达到 95.77%，收率达到 91.23%，均明显高于现有水平。其主要原因是 SMB 分离工艺采取连续进料、进解吸剂，在保证产品纯度的前提下必将降低进料量，增加解吸剂用量，致使溶剂消耗率上升，固定相生产率下降，相应的日处理量也有所降低。而 SSMB 分离工艺采取间歇式进料、进解吸剂，不仅解吸剂的利用率升高，出料的浓度与纯度也相对增加，同时 SSMB 分离设备在日处理量、运行成本、自动化程度等方面也更具优势。

五、结论

以葡萄糖母液为原料，采用模拟移动床色谱技术纯化葡萄糖母液。在单柱制备色谱研究的基础上，研究模拟移动床（SMB）技术与顺序式模拟移动床（SSMB）技术纯化葡萄糖母液的最佳工艺参数。结果表明：SSMB 技术是纯化葡萄糖母液的最优技术，最佳工艺参数为：进料浓度 50%，柱温 60℃，进料量为 66. 4kg/h、进水量为 99. 6kg/h，在此条件下葡萄糖出口浓度为 42. 3%，纯度达到 95. 77%，收率达到 91. 23%，较葡萄糖母液提高 14. 43%，为葡萄糖母液产业化利用奠定基础。

参考文献

[1] 张力田，高群玉. 淀粉糖 [M]. 3 版. 北京：中国轻工业出版社，2011.

[2] 尤新. 淀粉糖品生产与应用手册 [M]. 北京：中国轻工业出版社，2002.

[3] 万福义. 结晶葡萄糖母液在果葡糖浆生产中的应用和工艺控制 [D]. 济南：齐鲁工业大学，2014.

[4] 王树清，高崇，朱石生. 由葡萄糖母液合成焦糖色素的工艺研究 [J]. 化学世界，2005，3：158-160.

[5] 章朝晖. 葡萄糖母液的综合利用 [J]. 化工生产与技术，2000，7（6）：32-35.

[6] 周素梅，王强，张晓娜. 小麦中功能性多糖——阿拉伯木聚糖研究进展 [J]. 核农学报，2009，23（2）：297-301.

[7] 晁正，冉玉梅，杨霞，等. 麦麸中低聚木糖的制备及抗氧化活性研究 [J]. 核农学报，2014. 28（4）：0655-0661.

[8] 杨荣玉. 结晶葡萄糖母液综合利用技术研究 [D]. 济南：齐鲁工业大学，2014.

[9] 蔡宇杰，丁彦蕊，张大兵. 模拟移动床色谱技术及其应用 [J]. 色谱，2004，22（2）：111-115.

[10] 吕裕斌. 模拟移动分离天然产物的研究 [D]. 杭州：浙江大学，2006.

[11] 林炳昌. 模拟移动床色谱技术 [M]. 北京：化学工业出版社，2008.

[12] AZEVEDO D C，RODRIGUES A E. Design methodology and operation of a simulated moving bed reactor for the inversion of sucrose and glucose-fructose separation [J]. Chemical Engineering Journal，2001，82：95-107.

[13] GIACOBELLO S，STORTI G，TOLA G. Design of a simulated moving bed unit for sucrose-betaine separations [J]. Journal of Chromatography A，2000，872：23-35.

[14] KAWASE M，PILGIM A，ARAKI T，et al. Lactosucrose production using a simulated moving bed reactor [J]. Chemical Engineering Science，2001，56（2）：453-458.

[15] 王成福，王星云，田强. 色谱分离技术在糖醇生产中的应用 [J]. 中国食品添加剂，2007（6）：142-145.

[16] 刘宗利，王乃强，王明珠. 模拟移动床色谱分离技术在功能糖生产中的应用 [J]. 农产品

加工，2012，03：70-77.

[17] 冯咏梅，常秀莲，王文华. 离子交换层析快速高效分离低聚糖 [J]. 食品与发酵工业，2009，03 ：32-36.

[18] 孟娜，冯兴元，王成福，等. 低聚木糖的模拟移动床色谱分离研究 [J]. 食品工业科技，2011，10：310-313.

[19] 潘百明，韦志园. 马蹄皮果酒制作的工艺研究 [J]. 酿酒科技，2012，11：98-101.

[20] 蔡宇杰. 模拟移动床色谱分离木糖母液的研究 [D]. 无锡：江南大学，2002.

[21] 雷华杰. 从木糖母液中回收L-阿拉伯糖的工艺研究 [D]. 杭州：浙江大学，2010.

[22] 信成夫，景文利，于丽，等. 层析法制备高纯度乳果糖浆 [J]. 食品研究与开发，2012，10（33）：127-130.

[23] VERA G. MATA，ALIRIO E. Rodrigues. Separation of ternary mixtures by pseudo-simulated moving bed chromatography [J]. Journal of Chromatography A，2001，939：23-40.

[24] R. L. HHLLINGSWORTH，M. I. HASLETT. Proeess for the preparation and separation of arabinose and xylose from a mixture of saccharides [P]. US 20060100423A1. 2006-05-11.

[25] E. SJOMAN，M. MANTTARI，M. NYSTROM，et al. Separation of xylose from glueose by nanofiltration from concentrated monosaeeharide solutions [J]. Journal of Membrane Seience，2007，292：106-115.

[26] 李良玉，李洪飞，王学群，等. 模拟移动分离高纯果糖的研究 [J]. 食品工业科技，2012，33（3）：302-304.

[27] 曹龙奎，王菲菲，于宁. 模拟移动利用安全因子法分离第三代高纯果糖 [J]. 食品科学，2011，32（14）：34-39.

[28] 李良玉. 模拟移动色谱法纯化葡萄糖母液的技术研究 [J]. 核农学报，2015，29（10）：1970-1978.

第三章　模拟移动床色谱分离果葡糖浆的技术

第一节　玉米淀粉为原料制备葡萄糖工艺条件的研究

葡萄糖是一种最常用的医用药剂，也是精细化工、食品工业、发酵工业等工业原料之一。众所周知，葡萄糖是淀粉最重要的下游产品之一，同时也是玉米的重要深加工产品。尤其在美国，以玉米为原料生产的淀粉糖已全面代替了蔗糖，广泛进入工业加工及家庭食用等各个领域。我国有着非常丰富的玉米资源，同时，由于玉米易于运输和储藏，不受季节限制，淀粉含量高，副产品种类多，利用价值高，所以玉米已逐渐成了我国制造淀粉的主要原料，玉米淀粉已占我国淀粉总产量的90%左右。因此，也就成了制造葡萄糖的理想选择。并且葡萄糖和果糖是同分异构体，葡萄糖是醛己糖，果糖是酮己糖。在一定条件下，葡萄糖可异构为果糖，使葡萄糖 C_2 原子上氢原子转移到 C_1 原子上，是生产果葡糖浆的主要方法之一。

一、实验材料

1. 原料

玉米淀粉（黑龙江龙凤玉米有限公司），α-淀粉酶、糖化酶（北京奥博星公司），701 型强酸性苯乙烯系阳离子交换树脂（上海慧运实业有限公司），D311 型大孔丙烯酸系弱碱阴离子交换树脂（国药集团化学试剂有限公司）。

2. 试剂

柠檬酸（AR，天津市北方化玻购销中心），葡萄糖标准液（AR，天津市北方天医化学试剂厂），醋酸（AR，天津市光复精细化工研究所），醋酸钠（AR，沈阳市新兴试剂厂），硫酸铜（AR，天津市光复精细化工研究所），酒石酸钾钠（AR，天津市光复精细化工研究所），氢氧化钠（AR，沈阳市新兴试剂厂），次甲基蓝（AR，沈阳市试剂三厂），柠檬酸钠（AR，沈阳市新兴试剂厂）。

3. 仪器设备

电子分析天平 AR2140（沈阳龙腾电子有限公司），阿贝折射仪 2-WAJ（上海光学仪器五厂），电动搅拌器 JJ-1（江苏省金坛荣华仪器制造有限公司），电热恒温水浴锅 DK-S24（上海森信实验仪器有限公司），旋转蒸发仪 RE52-98（上海亚荣生化仪器厂），真空泵 SHZ-D（Ⅲ）（巩义市英峪予华仪器厂）。

二、实验方法

1. 淀粉液化与糖化单因素及正交实验

本实验先对玉米淀粉进行液化，然后对液化淀粉进行糖化，以 *DE* 值为指标，考查淀粉乳浓度、液化加酶量、液化时间、糖化加酶量和糖化时间这五个因素对制取葡萄糖工艺的影响。首先进行单因素实验，在此基础上，通过五因素四水平的正交实验确定最佳工艺条件。

（1）树脂的预处理。阳离子交换树脂，先用 3 倍于自身体积的 5%HCl 溶液浸泡 12h，用蒸馏水洗涤至中性，然后用 3 倍于自身体积的 5%NaOH 溶液浸泡 12h，用蒸馏水洗涤至中性，这样反复作用 3 次，最后再用 3 倍于自身体积的 5%HCl 溶液浸泡 12h，蒸馏水洗涤至中性，备用。

阴离子交换树脂，先用 3 倍于自身体积的 5%NaOH 溶液浸泡 12h，蒸馏水洗涤至中性，然后用 3 倍于自身体积的 5%HCl 溶液浸泡 12h，蒸馏水洗涤至中性，这样反复作用 3 次，最后再用 3 倍于自身体积的 5%NaOH 溶液浸泡 12h，蒸馏水洗涤至中性，备用。

（2）脱色过滤。糖化液经抽滤后用活性炭进行脱色，去除糖液中有色物质与减少灰分含量。在 65℃、pH=4.5~4.8 下加入 3%新粉末活性炭（对糖液干物质计）对糖液脱色 40min 后抽滤。

（3）糖化液的精制处理。用抽虑泵对糖化液抽虑三遍，将糖化液以 2.8BV/h（BV 为树脂床容积）的流速连续两遍通过阳离子交换树脂和阴离子交换树脂柱，以除去糖液中的灰分、有机杂质和有色物质等。测定糖液精制前后的 pH、色值和 *DE* 值。

2. 检测方法

（1）*DE* 值的测定。*DE* 值是指糖液中还原糖（以葡萄糖计）占干物质的质量百分率。以费林试剂法测定样品中还原糖的含量，用阿贝折射仪测定样品的固形物含量。

$$DE=\frac{\text{葡萄糖含量}}{\text{固形物含量}}$$

（2）色值的测定。配制固形物含量为 50%的糖液，调 pH 为 7.0±0.2，经 0.45μm 滤膜过滤，用蒸馏水作参比，在 420nm 波长下比色，测量吸光度。

$$\text{色值}=\frac{A}{bc}\times 1000$$

式中：A 为吸光度；b 为比色皿厚度（cm）；c 为糖液浓度（g/mL）。

三、实验结果与分析

1. 单因素结果与分析

由于在淀粉的糖化反应中，糖化酶是先与淀粉的分子生成络合结构而后发生水解催化作用，这就需要淀粉的分子大小具有一定的范围才有利于生成这种络合结构，因此液化过程中 *DE* 值为 15～20 对糖化最有利。当 *DE*<15 时，液化淀粉的凝沉性强，易于重新结合，黏度也较大，不利于糖化时搅拌；当 *DE*>15 时，不利于生成络合结构，影响糖化酶的催化效率。

（1）淀粉乳浓度对液化效果的影响。取玉米淀粉 500g 分为 5 份，每份 100g，分别调制成浓度为 30%、32%、35%、38%、40%的淀粉乳，在 pH＝6.5，反应温度 90℃，α-淀粉酶加入量为 15U/g 淀粉的条件下反应，反应时间 30min，100℃、10min 灭酶，取出一部分液化好的淀粉抽滤出去杂质，测定 *DE* 值。淀粉乳浓度对液化效果的影响如图 3-1 所示。

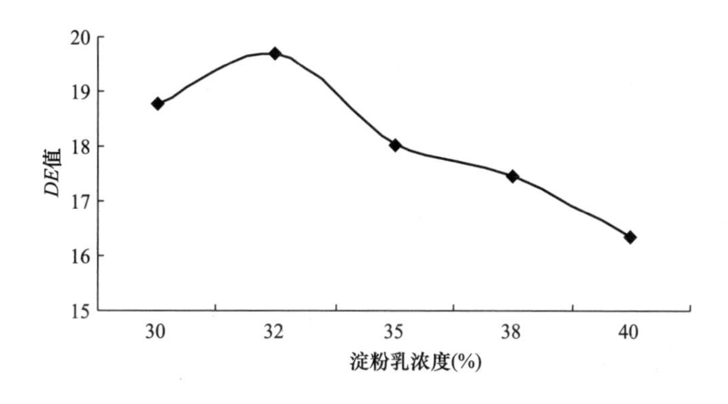

图 3-1　淀粉乳浓度的影响

由图 3-1 可知，淀粉乳浓度在 30%～40%，*DE* 值随着淀粉乳浓度的升高，先增大后减少，增大是由于淀粉的含量增多产生的还原糖增多，减少是因为随着淀粉乳浓度增大，液化越来越困难，需要提高用酶量，而且不利于实验操作。因此选择淀粉乳浓度 32%、35%、38%、40% 四个水平为正交实验范围值。

（2）α-淀粉酶加酶量的影响。取玉米淀粉 100g 7 份，调制成淀粉乳浓度为 35%，在 pH＝6.5，反应温度 90℃，反应时间 30min，按每克淀粉加入 α-淀粉酶 8U、10U、12U、15U、18U、20U、22U 条件下反应，100℃、10min 灭酶，取出一部分液化好的淀粉抽滤出去杂质，测 *DE* 值。α-淀粉酶加酶量对液化效果的影响如图 3-2 所示。

由图 3-2 可知，随着 α-淀粉酶加酶量的增加淀粉被水解的程度逐渐增大，

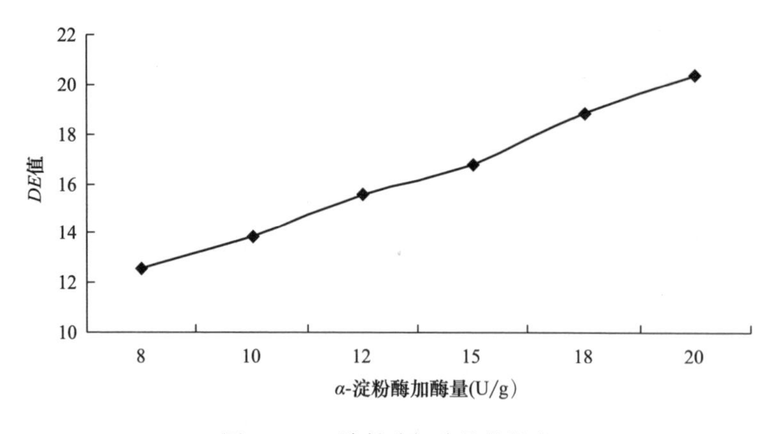

图 3-2　α-淀粉酶加酶量的影响

DE 值呈不断上升趋势。当加酶量为 20U/g 淀粉时，*DE* 值已经超过了 20，兼顾节约成本和实验效果，选择液化加酶量为 8U/g 淀粉、10U/g 淀粉、12U/g 淀粉、15U/g 淀粉四个水平为正交实验范围值。

（3）液化时间的影响。取玉米淀粉 5 份，调制成淀粉乳浓度为 35%，在 pH=6.5，反应温度 90℃，α-淀粉酶加入量为 15U/g 淀粉条件下反应，反应时间分别为 25min、30min、35min、40min、45min，100℃、10min 灭酶，取出一部分液化好的淀粉抽滤出去杂质，测定 *DE* 值。液化时间对液化效果的影响如图 3-3 所示。

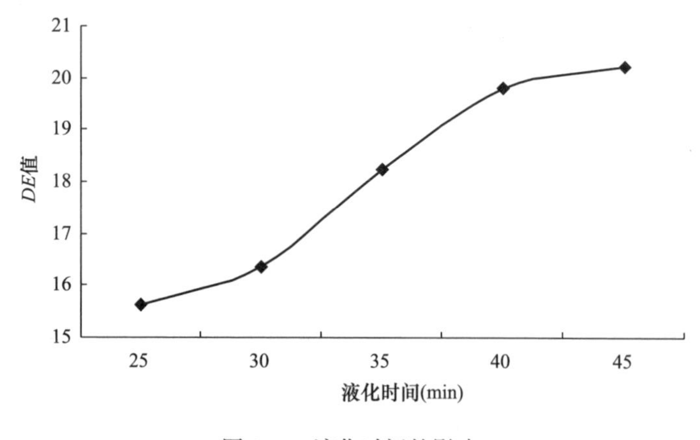

图 3-3　液化时间的影响

由图 3-3 可知，随液化时间的延长，α-淀粉酶水解淀粉的量增多，*DE* 值呈上升趋势，液化时间在 45min 时，*DE* 值超过 20，不符合糖化要求，因此，选择液化时间 30min、35min、40min、45min 四个水平为正交实验范围值。

（4）糖化酶加酶量的影响。取液化好的溶液 7 份，将 pH 调节到 4.5，反应温度迅速调温至 60℃，加入糖化酶 80U/g 淀粉、90U/g 淀粉、100U/g 淀粉、110U/g 淀粉、120U/g 淀粉、125U/g 淀粉、130U/g 淀粉，反应时间 51h，反应结束后 100℃灭酶 10min，取部分糖化液抽滤除去杂质，测定 *DE* 值。液化酶加酶量对液化效果的影响如图 3-4 所示。

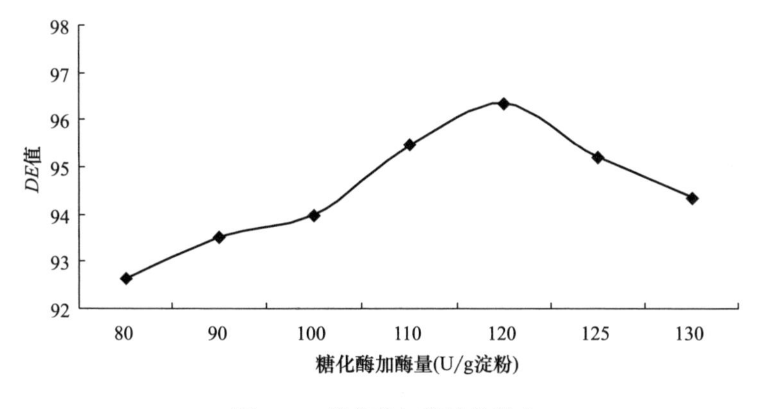

图 3-4　糖化酶加酶量的影响

由图 3-4 可知，随加酶量的增大，*DE* 值先增大再减小，用酶量增多在相同时间里 *DE* 值能更快达到最大值，但葡萄糖酶对于葡萄糖的复合反应具有催化作用。因此，加酶量不是越多越好，选择糖化酶加酶量 90U/g 淀粉、100U/g 淀粉、120U/g 淀粉、125U/g 淀粉四个水平为正交实验范围值。

（5）糖化时间的影响。取液化好的溶液 7 份，将 pH 调节到 4.5，反应温度迅速调温至 60℃，加入糖化酶 120U/g 淀粉，糖化时间 48h、50h、51h、51.5h、52h、53h、54h 条件下反应，反应结束后 100℃灭酶 10min，取部分糖化液抽滤除去杂质，测定 *DE* 值。糖化时间的影响如图 3-5 所示。

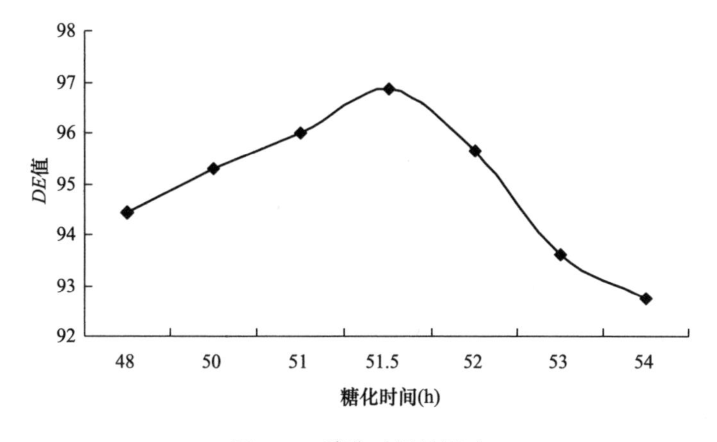

图 3-5　糖化时间的影响

由图3-5可知，随糖化时间的延长，*DE*值先增大再减小，增大是由于糖化酶逐步作用产生的葡萄糖越来越多，达到最大*DE*值以后，葡萄糖会发生复合反应，已得到的葡萄糖又会有一部分重新结合生成异麦芽糖等复合糖类，使*DE*值减小。因此，选择糖化时间48h、51h、51.5h、52h四个水平为正交实验范围值。

2. 液化和糖化正交实验结果

正交实验的因素水平表如表3-1所示，正交实验安排以及实验结果，如表3-2所示。

表3-1 因素水平表

水平	因素				
	α-淀粉酶加酶量（U/g淀粉）	液化时间（min）	淀粉乳浓度（%）	糖化时间（h）	糖化酶加酶量（U/g淀粉）
1	8	30	32	48	90
2	10	35	35	51	100
3	12	40	38	51.5	120
4	15	45	40	52	125

表3-2 正交实验安排以及实验结果

实验编号	α-淀粉酶加酶量（A）（U/g淀粉）	液化时间（B）（h）	淀粉乳浓度（C）（%）	糖化时间（D）（h）	糖化加酶量（E）（U/g淀粉）	*DE*值
1	1	1	1	1	1	89.6
2	1	2	2	2	2	88.32
3	1	3	3	3	3	97.32
4	1	4	4	4	4	90.36
5	2	1	2	3	4	92.8
6	2	2	1	4	3	93.48
7	2	3	4	1	2	96.79
8	2	4	3	2	1	94.22
9	3	1	3	4	2	90.23
10	3	2	4	3	1	91.15
11	3	3	1	2	4	95.14
12	3	4	2	1	3	92.38
13	4	1	4	2	3	93.72
14	4	2	3	1	4	94.25
15	4	3	2	4	1	96.23

续表

实验编号	α-淀粉酶加酶量（A）（U/g淀粉）	液化时间（B）（h）	淀粉乳浓度（C）（%）	糖化时间（D）（h）	糖化加酶量（E）（U/g淀粉）	*DE* 值
16	4	4	1	3	2	93.76
K1	365.60	366.35	373.03	373.02	371.20	
K2	377.29	367.20	369.73	371.4	369.10	
K3	368.90	385.48	376.02	375.03	376.90	
K4	377.96	370.72	374.02	370.30	372.55	
X1	91.40	91.59	91.76	93.26	92.80	
X2	94.32	91.80	92.43	92.85	92.28	
X3	92.22	96.37	94.00	93.76	94.23	
X4	94.49	92.68	93.00	92.56	93.13	
R	3.09	4.78	2.24	1.20	1.95	

根据表 3-2 中 5 个因素的主次顺序是液化时间（B）>液化加酶量（A）>淀粉乳浓度（C）>糖化加酶量（E）>糖化时间（D），各因素的最好水平是 B3A4C3E3D3，即液化时间 40min，加 α-淀粉酶 15U/g 淀粉，淀粉乳浓度 38%，糖化加酶量 120U/g 淀粉，糖化时间 51.5h，正交实验的方差分析表如表 3-3 所示。

表 3-3　方差分析表

变异来源 S^2	平方和 *SS*	自由度 *DF*	均方 *MS*	*F* 值	F_α
第 1 列	28.3290	3	9.443	5.8774	
第 2 列	53.3878	3	16.4626	11.0763*	
第 3 列	6.3129	3	2.1043	1.3097	
第 4 列	3.1778	3	1.5093	<1	$F_{0.05}$（3，3）= 9.28
第 5 列	8.1506	3	2.7169		
误差	4.82	3	2.7169		
总和	104.1781				

注　* 为差异显著，$P<0.05$。

由表 3-3 实验结果，通过方差分析，结果显示：位于第 2 列的因素液化时间的 $F>9.28$，即液化时间对糖化效果有显著影响，其他四个因素未对糖化效果造成显著影响。因此，控制好液化时间有助于得到较好的糖化效果。用正交实验得出的最佳工艺参数作验证实验，设平行样三组，以 *DE* 值为指标，结果显示 *DE* 值为 97.32%，且重复实验相对偏差不超过 2%，说明实验条件重现性良好。

3. 糖化液的精制研究

糖化后的糖浆中含有大量蛋白质、氨基酸和羧甲基糠醛等有色物质和能产生颜色的物质以及一些灰分等杂质，所以有必要对糖浆进行精制以除去杂质。

将抽滤后的糖化液以2.8BV/h（BV为树脂床容积）的流速，连续两遍通过阴阳离子串联树脂组柱，过柱后测定pH为7.0、*DE*为97.03%、色值为0（IU），糖液为无色，且离子交换树脂对*DE*影响很小，即对糖液质量几乎没有影响，这将有利于后面葡萄糖异构实验的进行。

四、小结

本实验以玉米淀粉为原料制取葡萄糖，通过研究对α-淀粉酶加酶量、液化时间、淀粉乳浓度、糖化时间、糖化酶加酶量等五个因素对液化和糖化效果的影响，确定了各单因素的变化范围，在单因素数据的基础上，应用正交组合实验和SAS统计分析法对液化和糖化制取葡萄糖的工艺条件进行优化，优化后的最佳工艺参数为：α-淀粉酶加酶量15U/g、液化时间40min、淀粉乳浓度38%、糖化时间51.5h、糖化酶加入量120U/g。将糖化液进一步精制研究，经过两遍阴阳离子交换柱后，pH为7.0，*DE*为97.32%，色值为0（IU），因此精制后的糖液为无色，且糖浆质量几乎不受影响。

第二节　固定化葡萄糖异构酶的工艺条件的研究

葡萄糖异构酶（GI）主要是胞内酶，它能将葡萄糖转化为果糖，从而制备果葡糖浆，其应用价值很大。与游离酶相比，固定化酶可以在较长时间内反复分批反应和装柱连续反应，从而能提高酶的使用效率，增加产物的收率，降低生产成本；在反应完成后，固定化酶极易与底物、产物分开，简化了提纯工艺，提高了产物的质量。

至今已发展了多种固定化葡萄糖异构酶的方法，工业上实际应用的有载体吸附法、包埋法、分子沉积法以及细胞凝聚法等。本实验选用了磁性壳聚糖复合微球固定化法对固定化葡萄糖异构酶进行新的研究探索。磁性微球是将磁性粒子分散、包裹与高分子材料中或者包覆在高分子材料表面形成的具有特殊功能团的微球。磁性微球作为固定酶载体有很多优点：

（1）可以很好地保持酶的活性和稳定性，在重力作用下不发生凝聚和沉淀。

（2）通过磁分离使体系中酶的回收更加方便，提高了酶的使用效率。

（3）磁性载体固定化酶放入磁场稳定的流化床反应器中，可以减少反应体系中的操作，适合大规模连续化生产。

（4）利用外部磁场可以控制磁性材料固定酶的运动方式和方向，替代传统的机械搅拌，提高固定化酶的催化效率。因而，磁性微球在生物医学、生物工程等领域有巨大的应用前景和潜力，成为生物医学材料领域中的热门课题。

一、实验材料

1. 原料

葡萄糖异构酶（武汉银河化工有限公司）。

2. 试剂

葡萄糖（AR，天津市北方天医化学试剂厂），咔唑、壳聚糖（AR，国药集团化学试剂有限公司），L-半胱氨酸盐酸盐、磷酸二氢钠、磷酸氢二钠、硫酸镁、高氯酸、硫酸钴、PEG-4000、浓硫酸、无水酒精、果糖、氯化亚铁、三氯化铁、氨水、乙酸、液状石蜡、Span-80、Tween-60、正丁醇、石油醚、丙酮、戊二醛（AR，沈阳市华东试剂公司）。

3. 仪器设备

超声波药品处理机 JBT（济宁金百特电子有限责任公司），紫外可见分光光度计 T6 新世纪（北京普析通用仪器有限责任公司），电子天平 AR2140［梅特勒—托利多仪器（上海）有限公司制造］，电热恒温水浴锅 DK-S24（上海森信实验仪器有限公司），电动搅拌器 DJIC-60W（江苏省金坛市大地自动化仪器厂），傅立叶红外变换光谱仪（FT—IR）Spotlight400（上海翰特机电科技有限公司），扫描电镜 XL-3（Philips），激光粒度仪 Easysizer20（珠海欧美克科技有限公司）。

二、实验方法

1. 磁性壳聚糖复合微球固定葡萄糖异构酶制备方法

首先通过化学共沉淀法合成了 Fe_3O_4 粒子（$Fe^{2+}+2Fe^{3+}+8OH^{-}$ ══ $Fe_3O_4\downarrow+H_2O$），并将其作为磁核利用乳化交联法制备出磁性壳聚糖复合微球。

（1）合成 Fe_3O_4 粒子。将 $FeCl_2$ 和 $FeCl_3$ 混合均匀，再加入 PEG-4000，充分溶解后，在磁力搅拌下快速滴加到稀氨水中，溶液迅速变为浓稠的亮黑色，表明水解产生了大量的 Fe_3O_4。再用氨水调节 pH 为 9 时停止加入，继续搅拌 30min，接着超声 10min 使小颗粒溶解，然后于 80℃ 熟化 30min 后，再超声 10min，此时溶液水解液趋于完全，变得均匀细腻。用磁铁吸住底部去除上清液，重蒸水冲洗至中性，洗去表面活性剂和有机溶剂，抽滤，真空冷冻干燥备用。

（2）磁性壳聚糖复合微球的制备。准确称取 1.0g 壳聚糖粉末，在乙酸中溶解，加入制备好的 Fe_3O_4，超声分散，在缓慢搅拌下逐滴滴入由液状石蜡、Span-80、Tween-60 及正丁醇组成的混合液中，超声并电动搅拌，使之形成微乳体系，停止超声后迅速加入戊二醛溶液，在 2000r/min 下继续搅拌，反应结束后用磁铁将产物分离，再次用石油醚、丙酮、重蒸水反复洗涤，抽滤，真空冷冻干燥备用。

2. 磁性壳聚糖复合微球的结构表征

（1）SEM 观察磁性微球粒子的形貌及表面形态。将真空干燥过的磁性微球用无水乙醇溶解成悬浮液，然后滴于铜网上，待挥发后，将干燥的磁性微球均匀撒在电镜样品平台上，用导电胶固定后溅金，喷金条件为：40mA，80s，用扫描电子显微镜观察微球的表面形态。

（2）激光粒度仪分析磁性微球的粒度分布。将干燥过的磁核及微球分别用蒸馏水溶解，加入数滴 0.3%六偏磷酸钠助分散剂，并超声 10～15min，用 MS-2000 激光粒度仪测定其粒度分布。

（3）FT-IR 测试磁性微球的官能团结构。将经过真空干燥过的壳聚糖、Fe_3O_4 及磁性壳聚糖复合微球粉末与 KBr 混合均匀后压片，一般粉体质量浓度为 KBr 的 1%左右，用傅立叶红外变换光谱仪测定其官能团结构。吸收扫描的波数范围为 400～4000cm^{-1}。

3. 磁性壳聚糖复合微球固定葡萄糖异构酶实验

（1）酶的固定化。取用戊二醛交联后的磁性微球 100mg，先用缓冲液充分溶胀，抽滤后加入 100mL 锥形瓶中，加入一定浓度酶液 15mL，室温下在摇床上振荡一定时间后取出，放入 4℃ 的环境中静置过夜，取出洗涤抽滤，即得固定化酶。

（2）固定化葡萄糖异构酶工艺参数的确定。根据实验中不同物质对实验的影响，选取不同的戊二醛浓度、不同的交联时间、不同的振荡时间以及不同的加酶量，考察不同条件对酶活力回收率的影响。

4. 葡萄糖异构酶活力测定方法

定义每分钟生成 1μmol 果糖所需要的酶量为 1 个酶活力单位，采用咔唑法测定酶活力。

（1）果糖标准曲线的测定。取 25mL 比色管分别加 50μg/mg 的果糖标准溶液 0、0.2mL、0.4mL、0.6mL、0.8mL，再用蒸馏水分别补充至 1mL，然后每管加入 0.2mL 半胱氨酸盐酸盐溶液，6mL 硫酸溶液，摇匀后立即加入 0.2mL 咔唑酒精溶液，摇匀，于 60℃ 水浴中保温 10min 取出，用水冷却呈紫红色，用 10mm 光径呈红紫色，在 560nm 波长下比色，以吸光度对果糖作图，即得标准曲线，如图 3-6 所示。样品酶活力的测定，样品稀释后使果糖含量在 10～40μg 范围内，然后按果糖标准曲线操作进行。

（2）样品测定。将反应终止，适当稀释后，准确吸取 1.0mL，使其中果糖含量在 10～40μg 范围内，然后按（1）步骤操作进行，根据获得的吸光度在标准曲线图上查得相应的果糖量。

（3）酶活力的计算。

$$酶活力回收率=\frac{固定化后酶活力}{加入游离酶的总酶活力}\times 100\%$$

$$相对酶活=\frac{各条件下的酶活力}{同组实验中最高酶活力}\times 100\%$$

5. 固定化酶的稳定性测定

从游离状态的酶，到固定化酶的“局限”状态，是一个很大的转变。不仅酶分子本身，而且酶反应的环境也有所不同。在此通过对固定化后葡萄糖异构酶的最适 pH、最适温度以及 Mg^{2+} 对其酶活力的影响进行测定，并计算磁性壳聚糖复合微球的半衰期。

6. 动力学参数的测定

配制不同浓度的葡萄糖溶液 2~10mg/mL，分别取 1g 固定化酶和 1mL 游离酶液，在适当温度和 pH 下反应 10min，测定固定化酶和溶液酶的吸光度值 *OD*。根据标准曲线查出生成产物的浓度，求出酶反应初速度，然后以底物浓度和反应速度的双倒数曲线作图，求得米氏常数及最大反应速度。

三、实验结果与分析

1. 果糖标准曲线

果糖标准曲线测定结果，如表 3-4 所示。

表 3-4　测定的标准曲线

名称		1	2	3	4	5
果糖（μg/mL）		0	10	20	30	40
吸光度值	(OD_1)	0	0.254	0.483	0.635	0.857
	(OD_2)	0	0.255	0.482	0.636	0.857
	(OD_3)	0	0.253	0.483	0.637	0.856

由表 3-4 可得拟合后胆红素标准曲线的回归方程：$y=0.021x+0.0266$，$R^2=0.9937$，所做曲线相关性良好，以 *OD* 值为纵坐标，果糖含量为横坐标，绘制标准曲线，果糖测定标准曲线如图 3-6 所示。

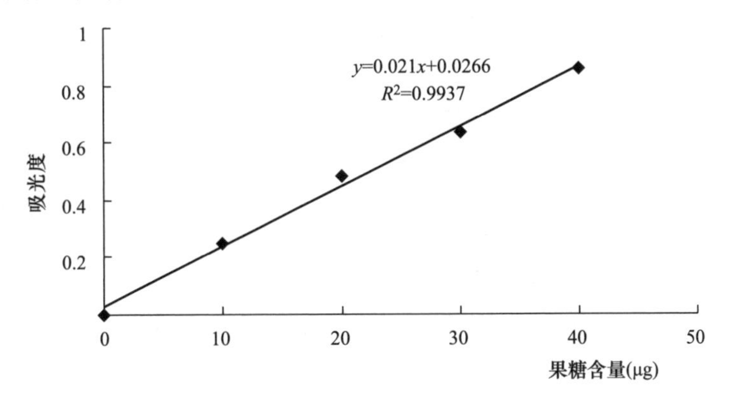

图 3-6　果糖测定标准曲线

2. 磁性微球粒子的形貌及表面形态

磁性微球粒子的形貌及表面形态，如图3-7所示，磁性微球粒子基本呈圆形，有团聚现象，并可以看出磁性微球表面有凹陷，可有效增大其比表面积，是固定化酶的优良载体。

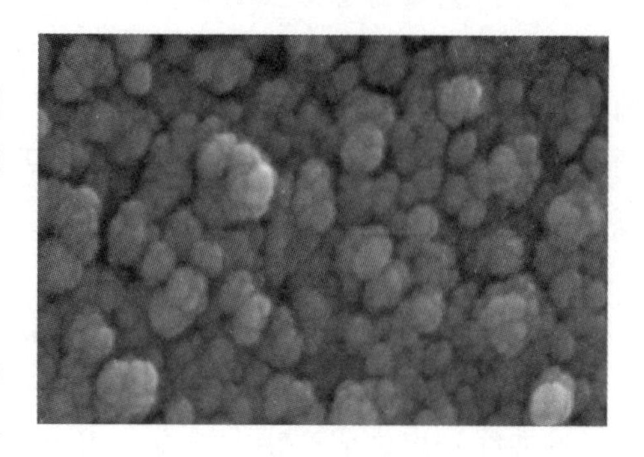

图3-7　磁性微球的SEM图

3. 磁性微球的粒度分布

磁性微球的粒度分布如图3-8所示，磁性微球粒度分布大部分处于4.0~10.0μm之间，平均粒径8.34μm，粒径基本呈正态分布。研究表明，当磁性微球粒径为0.03~10μm时，应用价值比较大，既具有较大的比表面积，又具有良好的磁响应性和良好的固定化酶效果。因此，磁性壳聚糖微球用于固定化酶载体是可行的。

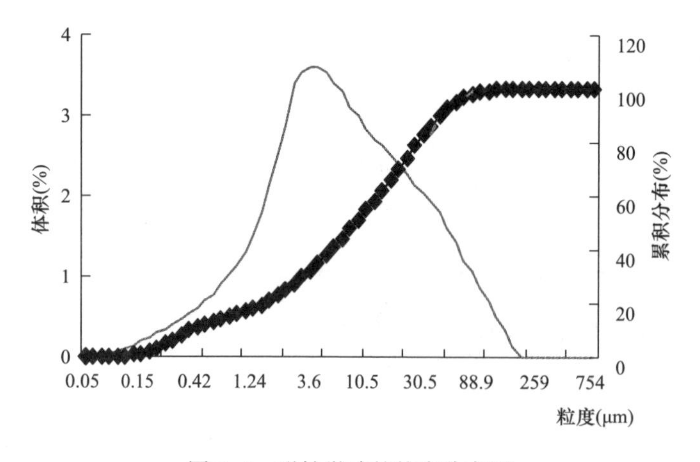

图3-8　磁性微球的粒度分布图

4. 磁核及磁性微球的红外线图谱（FT-IR）分析

磁核及磁性微球的红外线图谱，如图3-9所示，a和c都具有壳聚糖的特征吸收峰。在a谱线中，壳聚糖在3446.66cm^{-1}处有红外吸收，为壳聚糖的特征峰，这是—OH和—NH_2的伸缩振动峰，3089.33cm^{-1}处是脂肪族C—H的伸缩振动吸收，1376.19cm^{-1}是CH_3的C—H的变形振动吸收，这是壳聚糖没有完全脱乙酰基所致；在b图谱中，在560.20cm^{-1}处有Fe_3O_4的特征峰；在c图谱中，在1635.84cm^{-1}处出现了Schiff碱键C═N的特征吸收峰，说明交联剂戊二醛和壳聚糖发生了交联反应，并且有Fe_3O_4的吸收峰，说明壳聚糖成功包覆了Fe_3O_4粒子。

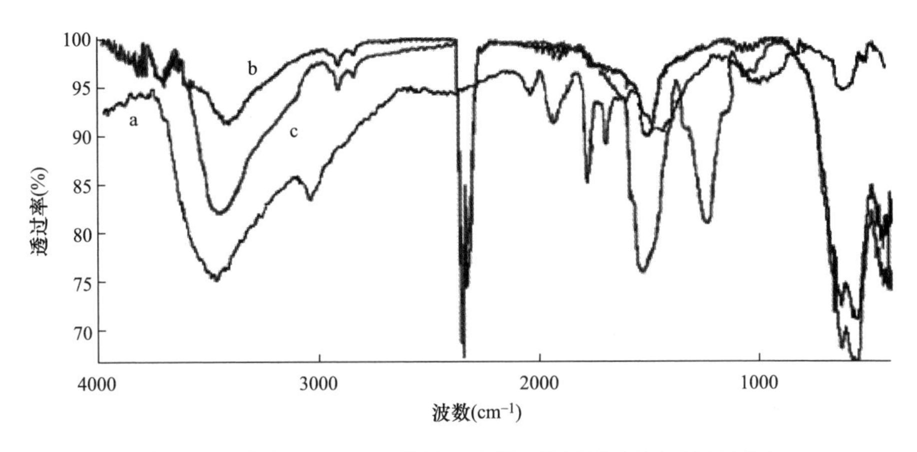

图 3-9　壳聚糖、Fe_3O_4 粒子、磁性壳聚糖微球的红外光谱图

a—壳聚糖　b—Fe_3O_4 粒子　c—磁性壳聚糖微球

5. 不同条件对磁性壳聚糖复合微球固定化的影响

（1）戊二醛浓度对固定化的影响。其他步骤不变，当壳聚糖与各溶液形成微乳体系后，迅速滴入浓度分别为 0.5%、1%、1.5%、2%、2.5%、3%、3.5% 的戊二醛溶液，交联 2h，加入 12mg/mL 酶液 15mL，振荡 6h，制备固定化酶并计算酶活回收率，实验结果分别用 y^1、y^2、y^3 表示，平均酶活回收率用 Y 表示，如表 3-5 所示。采用 SAS8.2 统计软件对实验结果进行 One-Way-ANOVA 以及 Duncan 分析，研究不同戊二醛浓度对酶活回收率的影响，确定最适的戊二醛浓度。根据所得数据绘制出戊二醛浓度与酶活回收率的关系曲线，如图 3-10 所示。

表 3-5　不同戊二醛浓度的方差分析及 Duncan 多重比较标记结果

戊二醛浓度（%）	y^1	y^2	y^3	Y	变异来源	SS	df	MS	F	$Pr>F$
0.5	61.7	61.5	60.9	61.4	处理间	1484.03	6	247.34	2610.11	<0.0001
1	66.1	65.9	66.3	66.1	处理内	1.33	14	0.09		
1.5	77.8	77.6	77.4	77.6	总变异	1485.36	20			
2	84.4	84.1	84.2	84.2						
2.5	76.2	75.8	75.9	76.0						
3	65.3	65.0	65.6	65.3						
3.5	60.2	61.2	60.6	60.7						

由表 3-5 可以看出，在戊二醛浓度的七点三次重复的因素分析中，F 值为 2610.11，$P<0.0001$，说明不同戊二醛浓度对酶活回收率有显著差异。采用

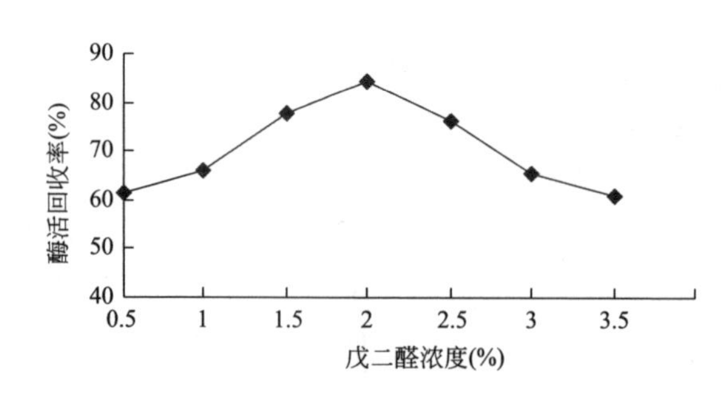

图 3-10　戊二醛浓度对酶活回收率的影响

SAS8.2 统计软件对其进行处理，相关系数为 0.999107。由图 3-10 可知，酶活回收率随戊二醛浓度的增加先增大后降低，当戊二醛浓度达到 2%时，酶活回收率达到最高。这是由于，磁性微球固定化酶是通过共价交联的方式，壳聚糖具有很多游离的氨基，戊二醛是具有两个功能基团的双官能团试剂，可使酶蛋白中赖氨酸的 ε-氨基、N 端的 α-氨基、酪氨酸的酚基或半胱氨酸的-SH 基与壳聚糖上氨基发生 Schiff 反应，引入了新的官能团，从而形成固相酶。当戊二醛浓度较低时；使膜上产生的活性基团较少，固定的酶的数量也较少，因而固定化酶的活力较低；但当戊二醛浓度过大时，会使固定化载体交联度过大，结合位点紧密，产生空间结构障碍，且酶分子的活性中心有可能受到多余醛基的束缚，使酶的活性中心结构发生改变，从而使得酶活性降低。经 SAS8.2 统计软件分析后可以看出，戊二醛浓度 2%时有显著差异，因此确定戊二醛浓度为 2%。

（2）酶加入量对固定化的影响。其他步骤不变，取戊二醛浓度为 2%交联 2h，分别加入 2mg/mL，6mg/mL、10mg/mL、12mg/mL、14mg/mL、16mg/mL、18mg/mL 酶液 15mL，振荡 6h，制备固定化酶并计算酶活回收率，实验结果分别用 y^1、y^2、y^3 表示，平均酶活回收率用 Y 表示，如表 3-6 所示。采用 SAS8.2 统计软件对实验结果进行 One-Way-ANOVA 以及 Duncan 分析，研究不同酶加入量对酶活回收率的影响，确定最适的酶加入量。根据所得数据绘制出酶加入量与酶活回收率的关系曲线，如图 3-11 所示。

表 3-6　不同酶加入量的方差分析及 Duncan 多重比较标记结果

酶加入量（mg/mL）	y^1	y^2	y^3	Y	变异来源	SS	df	MS	F	$Pr>F$
2	62.2	62.5	62.1	62.3	处理间	1159.55	6	193.26	3051.46	<0.0001
6	70.8	70.3	70.9	70.7	处理内	0.89	14	0.06		
10	78.6	78.3	78.1	78.3	总变异	1160.44	20			

续表

酶加入量（mg/mL）	y^1	y^2	y^3	Y	变异来源	SS	df	MS	F	$Pr>F$
12	83.7	83.2	83.5	83.5						
14	83.2	83.0	82.9	83.0						
16	82.4	82.5	81.9	82.3						
18	81.6	81.7	82.0	81.8						

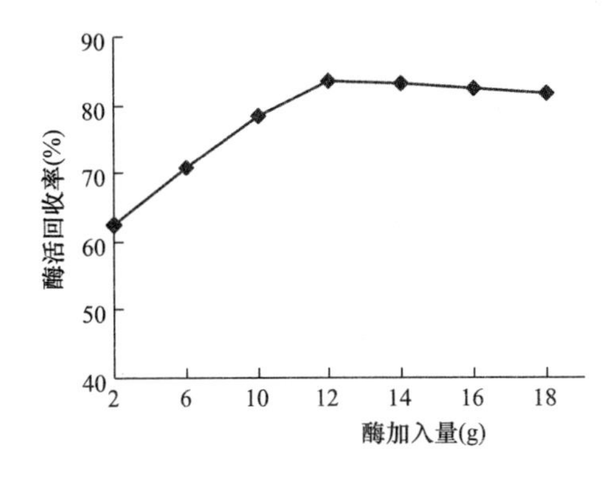

图 3-11　加酶量对酶活回收率的影响

由表 3-6 可以看出，在加酶量的七点三次重复的因素分析中，F 值为 3051.46，$P<0.0001$，说明加酶量对酶活回收率有显著差异。采用 SAS8.2 统计软件对其进行处理，相关系数为 0.999236。由图 3-11 可知，酶活回收率随着加酶量的增加而增大，呈上升趋势，当到达 12mg/mL 时，活力回收率达到最高而后开始下降。这是因为一定量载体其结合容量是固定的，随加酶量的增加其活性不断增大，但当达到饱和载量后，过多结合的酶使空间位阻增加、扩散限制增大，底物和酶、产物不能充分接触与转移，从而影响酶活力，同时过多的结合酶也易使酶活性中心改变影响酶活力。经 SAS8.2 统计软件分析后可以看出，当酶加入量为 12mg/mL 时，有显著差异，因此确定酶加入量为 12mg/mL。

（3）交联时间对固定化的影响。其他步骤不变，迅速滴入浓度为 2%的戊二醛溶液，在电动搅拌器下交联 0.5h、1h、1.5h、2h、2.5h、3h、3.5h，加入 12mg/mL 酶液 15mL，振荡 6h，制备固定化酶并计算酶活回收率，实验结果分别用 y^1、y^2、y^3 表示，平均酶活回收率用 Y 表示，如表 3-7 所示。采用 SAS8.2 统计软件对实验结果进行 One-Way-ANOVA 以及 Duncan 分析，研究不同酶加入量对酶活回收率的影响，确定最适的酶加入量。根据所得数据绘制出酶加入量与酶活回收率的关系曲线，如图 3-12 所示。

表 3-7 不同交联时间的方差分析及 Duncan 多重比较标记结果

交联时间（h）	y^1	y^2	y^3	Y	变异来源	SS	df	MS	F	$Pr>F$
0.5	62.3	62.0	61.7	62.0	处理间	1205.48	6	200.91	1444.92	<0.0001
1	70.3	69.4	70.5	70.1	处理内	1.95	14	0.14		
1.5	77.2	77.6	77.4	77.4	总变异	1207.42	20			
2	84.7	84.1	84.3	84.4						
2.5	83.0	83.2	82.9	83.0						
3	82.5	81.9	82.9	82.4						
3.5	80.3	79.8	79.6	80.0						

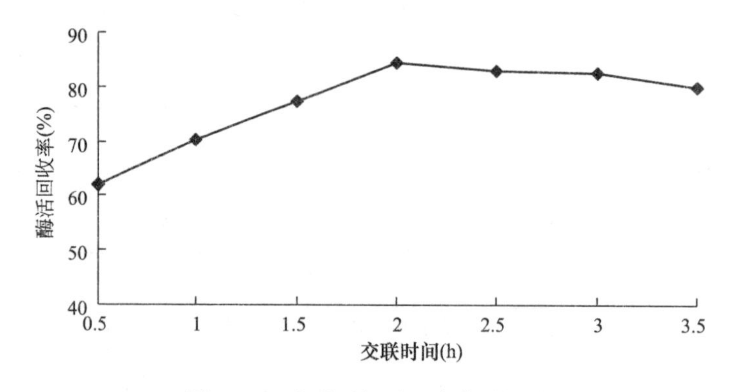

图 3-12 交联时间对固定化的影响

由表 3-7 可以看出，在交联时间的七点三次重复的因素分析中，F 为 1444.92，$P<0.0001$，说明不同交联时间对酶活回收率有显著差异。采用 SAS8.2 统计软件对其进行处理，相关系数为 0.998388。由图 3-12 可知，随着交联时间的增加，酶活回收率逐渐增大后趋于平稳，当交联时间达到 2h 时，酶活回收率最大。这可能是因为随着时间的增加，戊二醛与壳聚糖上的氨基充分交联，使壳聚糖能够提供更多的氨基与酶结合；到达一定时间后，与氨基交联量达到最大，趋于稳定。经 SAS8.2 统计软件分析后可以看出，交联时间在 2h 时有显著差异，因此确定交联时间为 2h。

（4）振荡（固定）时间对固定化的影响。其他步骤不变，取浓度为 2%的戊二醛交联 2h，加入 12mg/mL 酶液 15mL，在摇床上振荡 1h、2h、4h、6h、8h、10h、12h，制备固定化酶，计算酶活回收率，实验结果分别用 y^1、y^2、y^3 表示，平均酶活回收率用 Y 表示，如表 3-8 所示。采用 SAS8.2 统计软件对实验结果进行 One-Way-ANOVA 以及 Duncan 分析，研究不同戊二醛浓度对酶活回收率的影响，确定最适的戊二醛浓度。根据所得数据绘制出戊二醛浓度与酶活回收率的关系曲线，如图 3-13 所示。

表 3-8　不同振荡时间的方差分析及 Duncan 多重比较标记结果

振荡时间（h）	y^1	y^2	y^3	Y	变异来源	SS	df	MS	F	$Pr>F$
1	60.1	59.9	60.8	60.3	处理间	1066.32	6	177.72	1045.41	<0.0001
2	73.2	72.8	73.5	73.2	处理内	2.38	14	0.17		
4	80.2	80.6	79.9	80.2	总变异	1068.70	20			
6	84.3	83.5	84.7	84.2						
8	79.9	79.3	79.2	79.5						
10	77.4	77.0	77.8	77.4						
12	74.2	74.6	74.5	74.4						

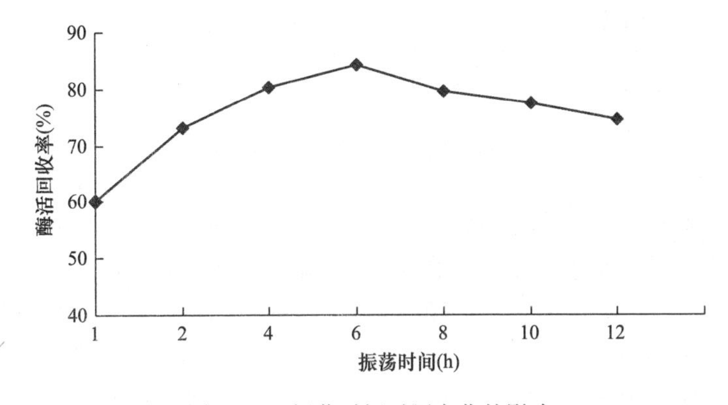

图 3-13　振荡时间对固定化的影响

由表 3-8 可以看出，在振荡时间的七点三次重复的因素分析中，F 为 1045.41，$P<0.0001$，说明不同振荡时间对酶活回收率有显著差异。采用 SAS8.2 统计软件对其进行处理，相关系数为 0.997773。由图 3-13 可知，随着振荡时间的增长，酶活回收率逐渐增大，当振荡时间为 6h 时达到最高，而后随着时间的增大，酶回收率略有所下降。这可能是因为延长固定化时间有利于酶分子与载体充分接触，从而与载体上的活性基团发生共价偶联，而当载体偶联的酶量逐渐增大时，载体网络上的酶分子之间较为拥挤，于是在酶促反应过程中，底物不易与酶充分接触，故使酶整体的活力略有所下降。经 SAS8.2 统计软件分析后可以看出，振荡时间 6h 时有显著差异，因此确定振荡时间为 6h。

用最佳工艺参数作验证实验，设平行样三组，以酶活回收率为指标，结果显示平均酶活回收率为 84.8%，且重复实验相对偏差不超过 2%，说明实验条件重现性良好。

4. 磁性壳聚糖复合微球固定化酶性质的测定

(1) Mg^{2+} ($MgSO_4$) 对固定化酶性质的影响。将固定化酶用0.2mol/L，pH=7.2的磷酸缓冲液1mL在3~7℃浸泡16h，加磷酸缓冲液1.5mL，葡萄糖溶液1.5mL，分别加入0、1×10^{-4}mol/L、1×10^{-3}mol/L、1×10^{-2}mol/L、1×10^{-1}mol/L、$MgSO_4$溶液0.5mL，0.003mol/L $CoSO_4$溶液0.5mL，在70℃反应1h，结束后加0.5mol/L高氯酸终止反应，测相对酶活，结果如图3-14所示。

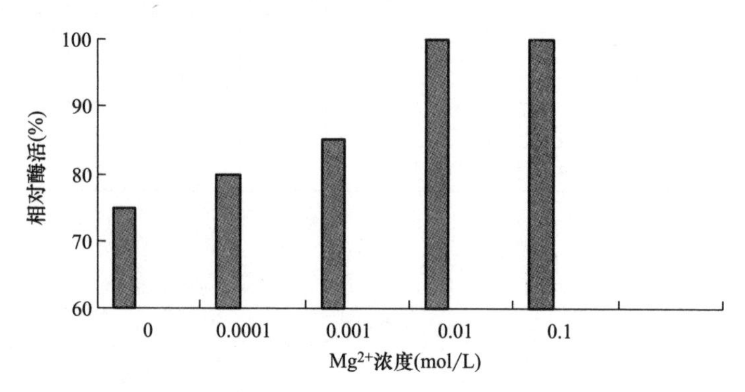

图3-14 Mg^{2+}浓度对固定化的影响

如图3-14所示，相对酶活随着Mg^{2+}浓度的增大而提高，当Mg^{2+}达到10^{-2}时相对酶活达到最高，并趋于稳定，因此最适Mg^{2+}浓度应选为10^{-2}mol/L。

(2) Co^{2+}浓度对固定化性质的影响。其他步骤不变，分别加入0、3×10^{-4}mol/L、3×10^{-3}mol/L、3×10^{-2}mol/L、3×10^{-1}mol/L $CoSO_4$溶液0.5mL，在70℃下反应1h，结束后加0.5mol/L高氯酸终止反应，测相对酶活，结果见图3-15。

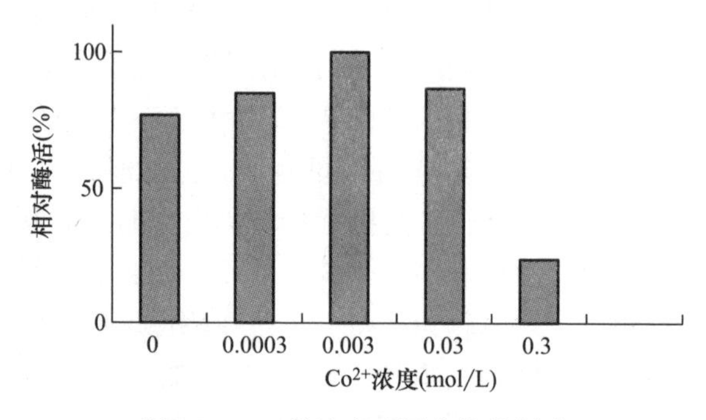

图3-15 Co^{2+}浓度对固定化的影响

如图3-15所示，Co^{2+}浓度在3×10^{-4}~3×10^{-2}mol/L内对固定化葡萄糖异构酶有激活作用，其中在10^{-3}mol/L时最大，但其效果不是很明显，当浓度大于3×

10^{-2}mol/L 时，相对酶活力开始急剧下降。因此，选择 3×10^{-3}mol/L 为最适 Co^{2+} 浓度。

（3）pH 对固定化性质的影响。其他步骤不变，将固定化酶用 0.2mol/L，pH 分别为 6.0、6.8、7.2、7.6、8.0 磷酸缓冲液 1mL，在 70℃ 反应 1h，结束后加 0.5mol/L 高氯酸终止反应，测相对酶活，结果如图 3-16 所示。

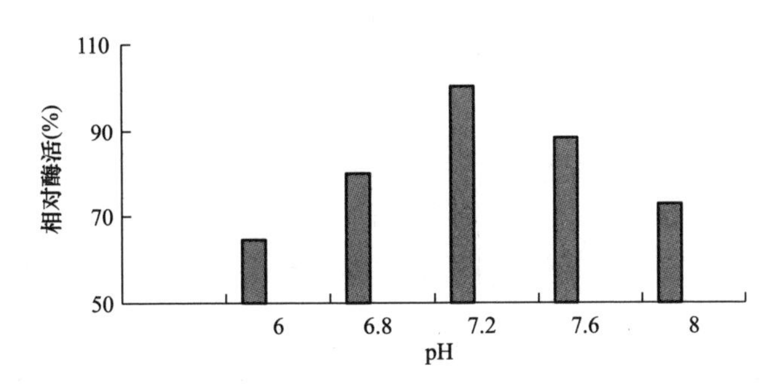

图 3-16　pH 对固定化的影响

如图 3-16 所示，相对酶活随 pH 升高而增大，当 pH 为 7.2 时，酶活最高。随着 pH 的升高，酶活逐渐下降。因此，选择最适 pH 为 7.2。

（4）温度对固定化酶稳定性的影响。将固定化酶用 0.2mol/L，pH=7.2 的磷酸缓冲液 1mL，在 3～7℃ 浸泡 16h，加磷酸缓冲液 1.5mL，葡萄糖溶液 2.5mL，加入 $MgSO_4$ 溶液 0.5mL，0.003mol/L $CoSO_4$ 溶液 0.5mL，分别在 50℃、60℃、65℃、70℃、75℃、80℃、90℃ 下反应 1h，结束后加 0.5mol/L 高氯酸终止反应，测相对酶活，结果如图 3-17 所示。

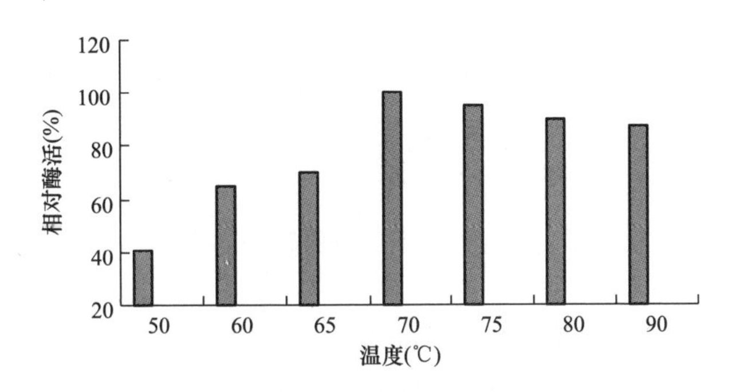

图 3-17　温度对固定化的影响

由图 3-17 可知，酶活性和稳定性与温度有关，在一定范围内温度升高则活性高，由图可知，最适反应温度为 70℃。

5. 磁性壳聚糖微球固定化酶半衰期的计算

固定化酶在操作中可以长时间保留活力，半衰期在一个月以上即有工业应用价值。

其操作半衰期按下式计算：

$$t_{1/2}=0.693/K_d$$

$$K_d=(2.303/t)\times\lg(E_0/E)$$

式中：$t_{1/2}$ 为半衰期；K_d 为衰减常数；t 为反应时间（d）；E_0 为装柱前酶活；E 为装柱后酶活。

经计算，磁性壳聚糖微球的衰减常数为 0.01733，其半衰期为 40d。

6. 动力学参数的测定

根据最佳条件所求得的数值，如表 3-9 所示。

表 3-9　K_m 与 V_{max} 计算结果

底物浓度［S］（mg/mL）	2	4	6	8	10
1/［S］	0.5	0.25	0.167	0.125	0.1
固定酶 *OD* 值	0.333	0.509	0.623	0.741	0.847
固定酶 *OD* 值对应产物浓度（mg/mL）	0.681	1.132	1.424	1.723	1.990
固定酶反应速度 V	0.0681	0.113	0.142	0.172	0.199
固定酶 1/V	14.68	8.85	7.042	5.814	5.025
游离酶 *OD* 值	0.387	0.599	0.741	0.874	0.992
游离酶 *OD* 值对应产物浓度（mg/mL）	0.82	1.36	1.72	2.06	2.36
游离酶反应速度 V	0.082	0.136	0.172	0.206	0.236
游离酶 1/V	12.195	7.353	5.814	4.854	4.237

$$V_0=\frac{V_{max}[S]}{[S]+K_m} \tag{3-1}$$

$$\frac{1}{V_0}=\frac{K_m}{V_{max}}\frac{1}{[S_0]}+\frac{1}{V_{max}} \tag{3-2}$$

式中：V_0 为反应初始速度；［S_0］为初始底物浓度；V_{max} 为最大反应速度；K_m 为米氏常数。

式（3-1）为酶促反应方程（米氏方程），式（3-2）为 Lineweaver 和 Burk 将米氏方程化为倒数形式，以 $1/V_0$ 对 1/［S_0］作图可得到 Lineweaver-Burk 曲线，如图 3-18 所示。

由图 3-18 可知，得到的固定化酶方程为 $y=23.764x+2.8546$，所以固定化葡萄糖异构酶的 $K_m=9.72$，$V_{max}=0.35$；游离酶的回归方程为 $y=19.662x+2.3998$，那么得到游离酶的 $K'_m=8.19$，$V'_m=0.42$。

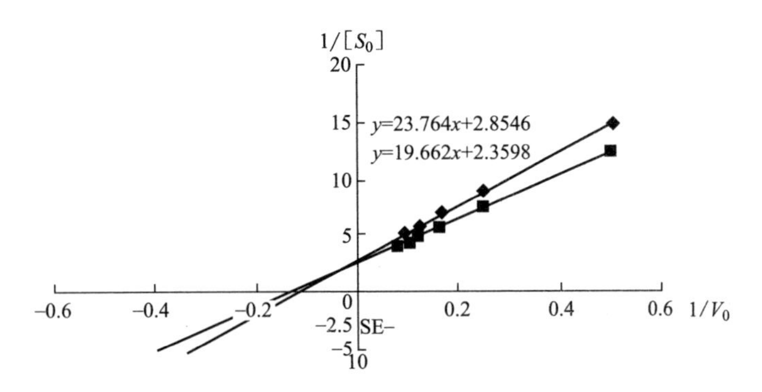

图 3-18　葡萄糖异构酶的 Lineweaver-Burk 曲线

四、小结

（1）本实验中，通过 SEM、粒度分布和 FT-IR 对磁性壳聚糖的粒径、形貌结构等进行了表征，结果表明，磁性微球呈规则圆形，粒度分布较窄。红外光谱测定了微球的特征官能团结构，且表明已包覆了 Fe_3O_4 粒子，证明磁性壳聚糖复合微球是固定化的良好载体。

（2）固定化葡萄糖异构酶的最适条件是戊二醛浓度为 2%，加酶量为 12mg/mL，交联时间选择为 2h，振荡时间为 6h 最佳。用最佳工艺参数作验证实验，以酶活回收率为指标，结果显示平均酶活回收率为 84.8%。

（3）测定固定化酶的性质，得到固定化葡萄糖异构酶的最适 Mg^{2+} 浓度为 0.01mol/L，最适 Co^{2+} 浓度为 0.003mol/L，最适温度为 70℃，最适 pH 为 7.2。在催化性能方面，与游离酶相比，磁性微球固定化酶米氏常数较大，亲和力变小，这可能与固定化载体壳聚糖的空间障碍和扩散限制影响有关。

第三节　葡萄糖异构为 42%果糖的最佳工艺条件的研究

果糖和葡萄糖虽然在分子式上相同，但是它们在分子结构上却不同。果糖的结构特点使它的甜度是葡萄糖的 2～3 倍。并且，果糖是一种公认的有利于人类健康的糖类，各国对果糖的需要量与日俱增。

目前，酶法已成为国际上果糖生产的主要方法。本实验使用的是磁性微球固定化葡萄糖异构酶，以酶柱法连续生产效果最好，因此将酶装入色谱柱中进行异构，使葡萄糖转化为果糖。葡萄糖异构是可逆反应，异构反应的平衡为 50%，即达到平衡时葡萄糖和果糖为 1∶1，实际生产中一般达不到这种平衡程度，因此控制好实验条件以接近这种平衡。

一、实验材料

1. 原料

固定化葡萄糖异构酶、葡萄糖浆（自制）。

2. 试剂

硫酸镁、硫代硫酸钠（AR，沈阳市华东试剂厂），硫酸钴（AR，汕头市化学试剂厂），氢氧化钠（AR，沈阳市新兴试剂厂）。

3. 实验仪器

电子分析天平 AR2140（沈阳龙腾电子有限公司），紫外可见分光光度计 T6 新世纪（北京普析通用仪器有限责任公司），电子天平 AR2140［梅特勒-托利多仪器（上海）有限公司制造］，电热恒温水浴锅 DK-S24（上海森信实验仪器有限公司），旋转蒸发仪 RE52-98（上海亚荣生化仪器厂），真空泵 SHZ-D（Ⅲ）（巩义市英峪予华仪器厂）。

二、实验方法

本实验以酶装柱法将葡萄糖异构为果糖，将葡萄糖浆以一定的流速，流经保温到 60℃的装有固定化葡萄糖异构酶的分离柱中。以转化率为指标，考察流速、糖化液浓度、异构酶用量这三个因素对葡萄糖异构效果的影响。首先进行单因素实验，在此基础上，通过三因素三水平的正交实验确定最佳工艺条件。

1. 固定化葡萄糖异构酶的前处理

将糖化液调制成浓度为 32%的葡萄糖液，加入 $MgSO_4$ 和 $CoSO_4$ 使之在溶液中的浓度分别达到 0.01mol/L 和 0.003mol/L，以 NaOH 溶液调节 pH 到 7.2，取 100g 固定化葡萄糖异构酶，按酶重量与糖体积比为 1 ∶ 5 的比例加入葡萄糖液中，浸泡 5h，适当搅拌。过滤出糖液，加入浓度为 45%的葡萄糖液，以刚刚没过酶的体积为好，在 56℃下漂洗 3h，使用前将固定化异构酶装入带有保温装置的分离柱中，用样品糖液洗脱分离柱，以洗去残留在酶柱中的预处理糖液，待用。

2. 异构糖液的精制

将异构后的糖液以 2BV/h 的流速连续两遍通过阴阳离子交换树脂柱，以除去糖液中的灰分、有机杂质和有色物质等。测定 pH、色值。旋转蒸发浓缩异构糖液得到 45%的果葡糖浆，储存备用。

三、实验结果与分析

1. 单因素结果与分析

（1）糖液浆流速对葡萄糖异构效果的影响。将处理过的固定化葡萄糖异构酶装入分离柱中，将柱保温到 70℃。将糖化液浓缩到 45%，加入 $MgSO_4$ 和 $CoSO_4$ 使之在溶液中的浓度分别达到 0.01mol/L 和 0.003mol/L，以 NaOH 调节 pH

到 7.2。将 7 份 200mL 糖浆分别以 1.0mL/min、1.5mL/min、2.0mL/min、2.5mL/min、3.0mL/min、3.5mL/min、4.0mL/min 的流速通过异构酶反应柱，固定化葡萄糖异构酶用量为 0.8mL/mL 糖液。收集流出液，测定葡萄糖异构为果糖的转化率，结果如图 3-19 所示。

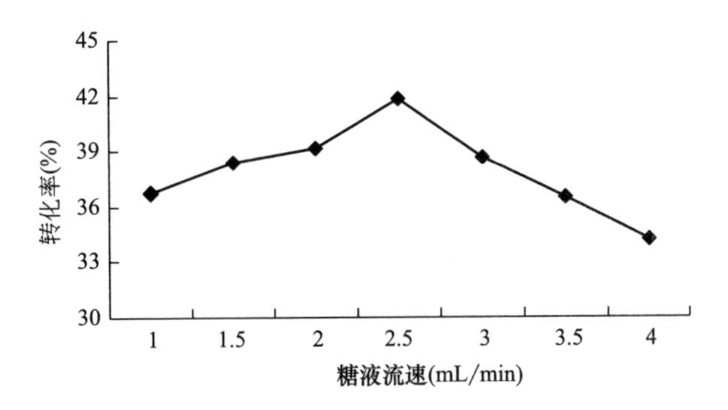

图 3-19　糖化液流速对转化率的影响

由图 3-19 可知，随着糖液流速的增大，葡萄糖异构为果糖的转化率先增加后减小，当流速达到 2.5mL/min 时，转化率达最高。这是因为，流速越大，糖液与酶接触的时间越短，异构越不充分，导致转化率降低。因此，选择糖液流速 2.0mL/min、2.5mL/min、3.0mL/min 进行正交实验。

（2）糖化液浓度对转化率的影响。其他步骤不变，将浓度分别为 30%、35%、40%、45%、50%、55%、60%的 200mL 糖液，以 2.5mL/min 的流速通过异构酶反应柱，固定化葡萄糖异构酶用量为 0.8mL/mL 糖液。收集流出液，测定葡萄糖异构为果糖的转化率，结果如图 3-20 所示。

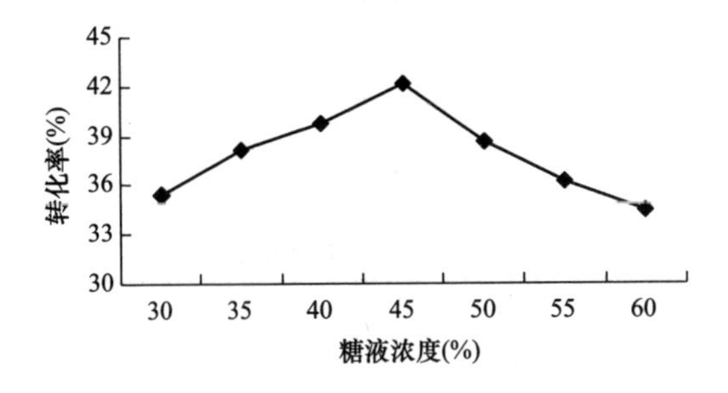

图 3-20　糖液浓度对转化率的影响

由图 3-20 可知，随着糖化液浓度的增大，转化率先增大后减小，当糖化液浓度为 45%时转化率达到最高。当浓度低于 45%时，底物浓度偏低，会影响与酶接触的比例，酶的催化效率低，导致转化率低；当浓度高于 45%时，糖液的黏度增大，糖液渗到酶颗粒内部较困难，也加重了酶反应柱的负担，从而转化率反而降低。因此，选择糖液浓度40%、45%、50%进行正交实验。

（3）异构酶用量对葡萄糖异构效果的影响。其他步骤不变，将浓度为45%的200mL糖液7份，以2.5mL/min的流速分别通过装有不同体积异构酶的反应柱，使固定化葡萄糖异构酶用量分别为0.1mL/mL糖液、0.2mL/mL糖液、0.4mL/mL糖液、0.6mL/mL糖液、0.8mL/mL糖液、1.0mL/mL糖液、1.2mL/mL糖液。收集流出液，测定葡萄糖异构为果糖的转化率，结果如图3-21所示。

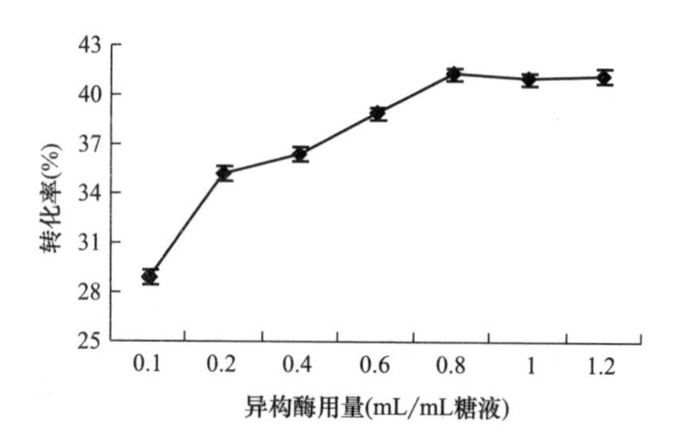

图3-21　异构酶用量对转化率的影响

由图3-21可知，随着异构酶用量的增大，转化率也随之增大。这是由于酶量增大，酶柱长度增大，糖液与酶接触时间也随之增加，所以异构反应更充分。当酶量大于0.8mL/mL时，转化率增大的趋势变缓，说明再增大异构酶用量对反应的影响较小。兼顾节约成本，选择固定化葡萄糖异构酶用量0.6mL/mL、0.8mL/mL、1.0mL/mL糖液进行正交实验。

2. 葡萄糖异构的正交实验研究

葡萄糖异构的正交实验因素水平如表3-10所示；实验安排以及实验结果如表3-11所示；方差分析如表3-12所示。

表3-10　因素水平表

水平	因素		
	糖浆流速（A）（mL/min）	糖浆浓度（B）（%）	异构酶用量（C）（mL/mL）
1	2.0	40	0.6
2	2.5	45	0.8
3	3.0	50	1.0

表 3-11　实验安排以及实验结果

实验号	实验条件			
	A 糖浆流速（mL/min）	B 糖浆浓度（%）	C 酶与糖液体积比（mL/mL）	转化率（%）
1	1	1	1	40.5
2	1	2	2	42.3
3	1	3	3	41.7
4	2	1	2	42.5
5	2	2	3	43.6
6	2	3	1	42.8
7	3	1	3	39.6
8	3	2	1	40.8
9	3	3	2	41.0
K_1	124.500	122.601	124.101	
K_2	128.901	126.699	125.799	
K_3	121.401	125.499	83.266	
k_1	41.500	40.867	41.367	
k_2	42.967	42.233	41.933	
k_3	40.467	41.833	41.633	
R	2.500	1.366	0.566	

根据表 3-11 极差 R 值的大小，进行因素影响程度的比较，发现 A、B、C 三个因素对实验的影响顺序为：A 糖浆流速>B 糖浆浓度>C 酶与糖液体积比。

根据表 3-12 实验结果，通过方差分析，结果显示：因素 A P 为 0.0030，小于 0.01，因此因素 A（糖浆流速）对实验的影响极显著；因素 B P 为 0.0097，小于 0.01，因此因素 B（糖浆浓度）对实验的影响极显著；因素 C P 为 0.0565，大于 0.05，因此因素 C（异构酶用量与糖液体积比）对实验的影响不显著。为确定最佳的工艺参数对因素 A、B 进行多重比较，结果如表 3-13～表 3-15。

表 3-12　方差分析表

方差来源	*SS*	*Df*	*MS*	*F*	*P*
模型	12.91333	6	2.1522222	149.00	0.0067
A	9.468889	2	4.734444	327.77	0.0030**
B	2.962222	2	1.481111	102.54	0.0097**
C	0.482222	2	0.241111	16.69	0.0565
误差	0.0288889	2	0.1444445		
总和	12.942222	8			

注　* 为差异极显著。

表 3-13　SSR 及 LSR 值多重比较

秩次矩 K		2	3
SSR	0.05	6.090	6.090
	0.01	14.00	14.00
LSR	0.05	0.42	0.42
	0.01	0.971	0.971

表 3-14　因素 A 多重比较

因素 A	A_2	A_1	A_3
平均值	42.967	41.500	40.467
显著性（0.05）	a	b	c
显著性（0.01）	A	B	C

由表 3-14 可以看出，因素 A $K_2-K_1=1.467>LSR_{0.01}=0.971$，所以 A_2，A_1 差异极显著，因此 A_2 最好。

表 3-15　因素 B 多重比较

因素 B	B_2	B_3	B_1
平均值	42.233	41.833	40.867
显著性（0.05）	a	a	b
显著性（0.01）	A	AB	B

由表 3-15 可以看出，因素 B $K_2-K_3=0.4<LSR0.05$，差异不显著，但 $K_2-K_1=1.366>LSR0.01=0.971$，所以 B_2，B_1 差异极显著，因此 B_2 最好。

由于因素 C 对实验影响较小，兼顾柱效及转化率，选择异构酶用量与糖液体积比为 0.8mL/mL。经多重比较分析后，最佳的工艺参数为 $A_2B_2C_2$，即为糖浆流速为 2.5mL/min，糖浆浓度为 45%，异构酶用量与糖液体积比为 0.8mL/mL。用正交实验得出的最佳工艺参数 $A_2B_2C_2$ 作验证实验，设平行样三组，以转化率为指标，结果显示，葡萄糖异构果糖的转化率为 43.80%，且重复实验相对偏差不超过 2%，说明实验条件重现性良好。

3. 异构糖液的精制研究

异构后的糖浆中含有一些有色物质和在储存期间能产生颜色的物质以及一些灰分等杂质，由于这些杂质不利于后面果糖与葡萄糖的分离。因此，有必要对糖浆进行精制以除去杂质。

将异构的糖液以 2BV/h 的流速，连续两遍通过阴阳离子串联的树脂柱，精制后糖液 pH 为 7.0，色值为 0（IU），糖液为无色，证明糖液中的色素除去的效果好。将精制后的糖液 pH 调节至 4.0~4.5，经旋转蒸发至 60%左右，即为果葡糖浆，可长期存放。果葡糖浆各成分如表 3-16 所示。

表 3-16　果葡糖浆各成分含量

固形物（%）	果糖（%）	葡萄糖（%）	低聚糖（%）
63.4	44.62	54.58	0.80

四、小结

本实验利用酶柱法，将葡萄糖异构为果糖，通过研究对糖浆流速、糖浆浓度、异构酶用量等三个因素对转化率的影响，确定了各单因素的变化范围，在单因素数据的基础上，应用正交组合实验和 SAS 统计分析法对葡萄糖异构为果糖的工艺条件进行优化，优化后的最佳工艺参数为：糖浆流速为 2.5mL/min，糖浆浓度为 45%，异构酶用量与糖液体积比为 0.8mL/mL。异构后糖液精制后，得到色值为 0（IU），pH 为 7.0 的果葡糖浆，其中果糖含量为 43.80%。

第四节　ZG106Ca^{2+} 树脂分离果葡糖浆的吸附热力学与动力学研究

目前，在我国模拟移动床色谱应用极为广泛的就是果葡糖浆的高效分离，产业化设备有 30 余套，年生产果糖近百万吨。虽然，模拟移动床色谱分离果葡糖浆的技术已经非常成熟，钙型凝胶色谱分离树脂为主要分离介质，但是在钙型树脂分离果葡糖浆的吸附热力学与动力学研究方面鲜有报道。本章在模拟移动床色谱分离技术研究的基础上，探讨了 ZG106Ca^{2+} 树脂分离果葡糖浆的吸附热力学与动力学，以期通过本章的研究为模拟移动床色谱在其他方面的应用奠定理论基础。

一、实验材料和设备

ZG106Ca^{2+} 树脂由浙江争光实业股份有限公司友情提供；果葡糖浆市购。制备色谱系统（10mm×1200mm 带夹层）由国家杂粮工程技术研究中心制造；1200s 液相色谱仪，美国安捷伦科技有限公司；WYT 糖度计，成都豪创光电仪器有限公司；分析天平（精确至 0.0001g），AR2140，奥豪斯中国；恒温摇床 HZQ-QX，哈尔滨东联电子技术开发有限公司。

二、实验方法

1. ZG106Ca^{2+}树脂的预处理

先用95%乙醇浸泡ZG106Ca^{2+}树脂24h，后用去离子水溶液冲洗，洗至无醇味备用。

2. ZG106Ca^{2+}树脂分离果葡糖浆的静态吸附等温线

称取处理好的ZG106Ca^{2+}树脂各50.000g共12份，分别置于具塞三角瓶中（平均分为3组），向每组瓶中依次加入40g/L、60g/L、80g/L、10g/L四种不同浓度果葡糖浆溶液100.00mL，盖塞后分别将3组样品置于恒温摇床中在30℃、40℃、50℃条件下振荡吸附4h，过滤后测定滤液中葡萄糖和果糖的含量，计算吸附量并绘制静态吸附等温线，并用经验吸附方程Freundlich模型对实验数据进行拟和分析。

$$\ln Q_e = 1/n \ \ln C_e + \ln K_f$$

式中：Q_e、C_e分别为平衡吸附量（g/g树脂）和平衡浓度（g/L）；K_f为平衡吸附常数，n为特征常数。

3. ZG106Ca^{2+}树脂分离果葡糖浆的吸附热力学性质研究

分别根据Clausius—Clapeyron方程、Garcia—Delgado公式、Gibbs—Helmholz方程计算ΔH、ΔG和ΔS，并对结果进行分析。

（1）ZG106Ca^{2+}树脂吸附焓变ΔH的计算。焓是状态函数，通过计算ΔH的大小可以推知吸附是吸热过程还是放热过程。ΔH可根据Clausius—Clapeyron（克劳修斯—克拉贝龙）方程进行计算：

$$\ln C_e = \Delta H/RT + K$$

式中：C_e为是吸附量为Q_e时的平衡浓度；T为热力学温度（K）；R为理想气体常数［8.314J/（mol·K）］；ΔH为等量吸附焓（kJ/mol）；K为常数。

（2）ZG106Ca^{2+}树脂吸附自由能ΔG的计算。ΔG的计算可按Garcia—Delgado等提出的方程并结合适用于本吸附体系的弗伦德利希（Freundlich）吸附等温方程式所导出的相关参数进行：

$$\Delta G = -nRT$$

式中：n为Freundlich方程指数；T为热力学温度（K）；R为理想气体常数［8.314J/mol·K］。

（3）ZG106Ca^{2+}树脂吸附熵变ΔS的计算。ΔS按Gibbs—Helmholtz（吉布斯—亥姆霍兹）方程计算。

$$\Delta S = (\Delta H - \Delta G)/T$$

4. ZG106Ca^{2+}树脂分离果葡糖浆的动态吸附研究

（1）柱温对ZG106Ca^{2+}树脂分离果葡糖浆效果的影响。用去离子水将装有ZG106Ca^{2+}树脂的制备色谱柱冲洗干净，上样浓度60%，进料10mL，流速

1.5mL/min，以去离子水为解吸剂，分别在30℃、40℃、50℃、60℃、70℃五个水平进行实验，每分钟收集一个样品，分别采用糖度计和高效液相色谱测定样品中葡萄糖、果糖的浓度和纯度，以容量因子 k'、平衡吸附常数 K、分离因子 α、分离度 R_s 为指标，绘制柱温与容量因子 k'、平衡吸附常数 K、分离因子 α、分离度 R_s 的关系曲线图，研究柱温对 $ZG106Ca^{2+}$ 树脂分离果葡糖浆效果的影响。

（2）上样浓度对 $ZG106Ca^{2+}$ 树脂分离果葡糖浆效果的影响。用去离子水将装有 $ZG106Ca^{2+}$ 树脂的制备色谱柱冲洗干净，进料10mL，流速1.5mL/min，柱温60℃，以去离子水为解吸剂，上样浓度分别在30%、40%、50%、60%、70%五个水平进行实验，每分钟收集一个样品。分别采用糖度计和高效液相色谱测定样品中葡萄糖、果糖的浓度和纯度，以容量因子 k'、平衡吸附常数 K、分离因子 α、分离度 R_s 为指标，绘制上样浓度与容量因子 k'、平衡吸附常数 K、分离因子 α、分离度 R_s 的关系曲线图，研究上样浓度对 $ZG106Ca^{2+}$ 树脂分离果葡糖浆效果的影响。

（3）洗脱速度对 $ZG106Ca^{2+}$ 树脂分离果葡糖浆效果的影响。用去离子水将装有 $ZG106Ca^{2+}$ 树脂的制备色谱柱冲洗干净，上样浓度60%，柱温60℃，进料10mL，以去离子水为解吸剂，洗脱流速分别为0.5mL/min、1.0mL/min、1.5mL/min、2.0mL/min、2.5mL/min五个水平进行实验，每分钟收集一个样品。分别采用糖度计和高效液相色谱测定样品中葡萄糖、果糖的浓度和纯度，以容量因子 k'、平衡吸附常数 K、分离因子 α、分离度 R_s 为指标，绘制洗脱流速与容量因子 k'、平衡吸附常数 K、分离因子 α、分离度 R_s 的关系曲线图，研究洗脱流速对 $ZG106Ca^{2+}$ 树脂分离果葡糖浆效果的影响。

5. 洗脱曲线测定方法

在上述实验的基础上，每2min收集一个样品，采用高效液相色谱测定样品中果糖及葡萄糖的纯度，绘制果葡糖浆的洗脱曲线。

6. 检测方法

（1）糖浓度的测定方法：采用WYT糖度计测定。

（2）纯度测定方法：高效液相色谱法测定。色谱条件：色谱柱为钙柱；流动相：纯净水；柱温：82℃；流速：0.6mL/min；进样量：10μL；视差检测器。

（3）容量因子 k' 的计算方法如下。

$$k'=(V_R-V_0)/V_0$$

式中：V_R 为溶质保留体积；V_0 为色谱柱死体积。

（4）平衡吸附常数 K 的计算方法如下。

$$K=(V_R-V_0)/(V_C-V_0)$$

式中：V_R 为溶质保留体积；V_0 为色谱柱死体积；V_C 为色谱柱总体积。

（5）分离因子 α 的计算方法如下。

$$\alpha=k_1'/k_2'$$

式中：k_1'、k_2'分别为按系统顺序第一个溶质和第二个溶质的容量因子。

（6）分离度（R_s）计算方法如下。

$$R_s = 2(t_2 - t_1)/(W_2 + W_1)$$

式中：t_2 为果糖的保留时间；t_1 为葡萄糖的保留时间；W_1 为葡萄糖色谱峰峰宽；W_2 为果糖色谱峰峰宽。

三、结果与分析

1. 静态吸附等温线研究结果

ZG106Ca^{2+}树脂分离果葡糖浆的静态吸附等温线如图 3-22 所示。

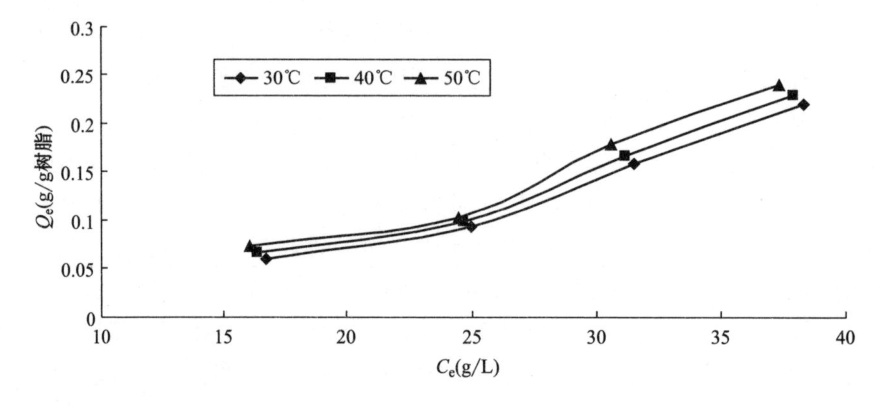

图 3-22　ZG106Ca^{2+}树脂对果葡糖浆中果糖的吸附等温线

由图 3-22 可以看出，在相同的平衡浓度下，随着温度的升高吸附量也随之增大，表明 ZG106Ca^{2+}树脂对果葡糖浆中果糖的吸附是一个吸热过程。$\ln Q_e$ 与 $\ln C_e$ 的线性关系如图 3-23 所示，Freundlich 拟合方程及参数如表 3-17 所示。

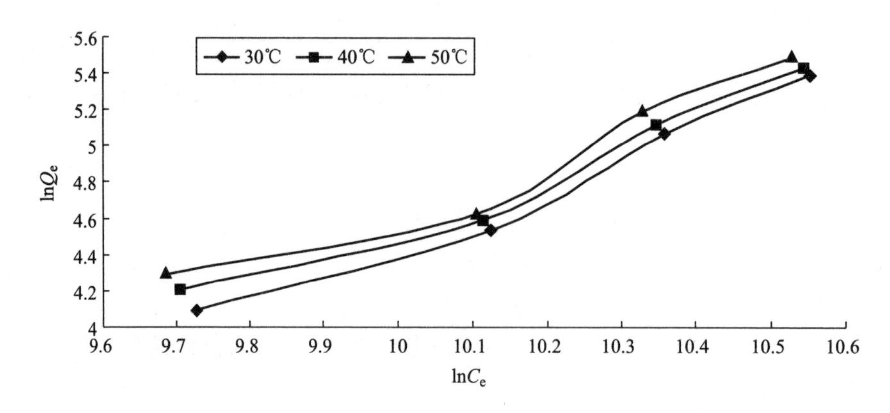

图 3-23　$\ln Q_e$ 与 $\ln C_e$ 的线性关系图

表 3-17　Freundlich 拟合方程及参数

T (K)	拟合方程	$\ln K_f$	n	R^2
303	$\ln Q_e = 1.5966 \quad \ln C_e - 11.497$	-11.497	0.626	0.9744
313	$\ln Q_e = 1.4811 \quad \ln C_e - 10.235$	-10.235	0.675	0.9645
323	$\ln Q_e = 1.4327 \quad \ln C_e - 9.6365$	-9.6365	0.698	0.9793

由表 3-17 看到，回归方程相关系数均大于 0.95，表明可以应用 Freundlich 方程对相关数据进行拟和，结果是可靠的。ZG106Ca^{2+}树脂对果葡糖浆中果糖吸附中的 K_f 较小，说明其吸附能力较弱，但是可以看出 K_f 具有随着温度的升高而增大的趋势，说明升温更有利于树脂对果糖的吸附。在不同温度下，n 均小于 1 表明在研究范围内 ZG106Ca^{2+}树脂对果葡糖浆中果糖的吸附能力较弱，正是这种相对较弱的吸附性能，为 ZG106Ca^{2+}树脂应用到模拟移动床色谱分离果葡糖浆的实现奠定了理论基础。

2. ZG106Ca^{2+}树脂对果葡糖浆中果糖的吸附热力学性质研究结果

根据图 3-22 中不同温度下的吸附等温线做不同吸附量时的吸附等量线（$\ln C_e$—$1/T$ 关系图），结果如图 3-24 所示，并根据公式计算焓变 ΔH、计算自由能 ΔG、计算熵变 ΔS，计算结果如表 3-18 所示。

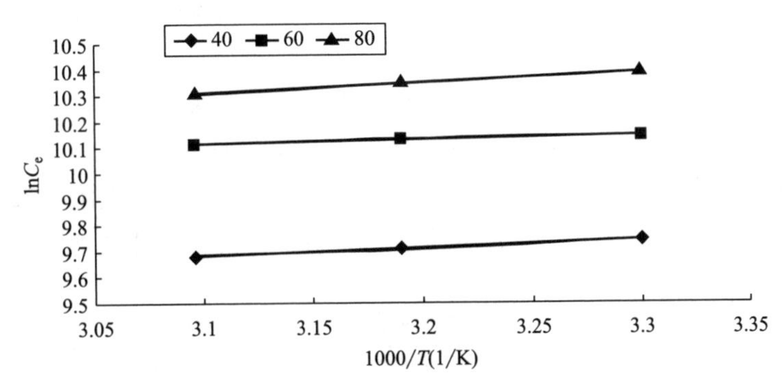

图 3-24　$\ln C_e$ 与 $1/T$ 的线性关系图

表 3-18　ZG106Ca^{2+}树脂对果葡糖浆中果糖的吸附热力学参数

C_0 (g/L)	ΔH (kJ/mol)	ΔG (kJ/mol)			ΔS [J/(mol·K)]		
		303K	313K	323K	303K	313K	323K
40	2.449	-1.577	-1.757	-1.874	13.29	13.44	13.38
60	1.98	-1.577	-1.757	-1.874	11.74	11.94	11.93
80	1.649	-1.577	-1.757	-1.874	10.65	10.88	10.91

（1）焓变 ΔH。由表 3-18 数据可以看出，$\Delta H>0$，表明 ZG106Ca^{2+}树脂对果葡糖浆中果糖的吸附过程为吸热反应，从热力学角度反映了提高温度有利于果糖的吸附，同时吸附焓随着吸附量的增加逐渐降低，这可能与已吸附分子偶极矩的存在以及 ZG106Ca^{2+}树脂吸附中心的能量不同有关。从本质上讲，树脂的吸附是一个放热过程，但由于 ZG106Ca^{2+}树脂要吸附果糖就必须先解吸很多结构远比自己小的分子，因此导致吸附过程所放出的热量小于解吸过程所需要的热，从而使整个过程表现为吸热。从数值上来看，随着浓度的增加 ΔH 逐渐变小，说明低浓度有利于树脂的吸附，而且吸附焓（1~3kJ/mol）远小于氢键的键能范围（10~40kJ/mol），因此可以判断 ZG106Ca^{2+}树脂对果葡糖浆中果糖的吸附不是通过氢键作用进行的，可能是通过范德瓦尔斯力进行的。

（2）自由能 ΔG。由表 3-18 结果可知各个温度下的吸附自由能变都为负值，说明吸附过程是自发进行的不可逆过程，而且随着温度的升高，ΔG 的绝对值越大、吸附过程的自发趋势也越大。从数值上来看，随着温度的升高 ΔG 的绝对值越大，这与 ZG106Ca^{2+}树脂吸附果糖为吸热的结论吻合。

（3）熵变 ΔS。由表 3-18 结果可知，$\Delta S>0$，说明吸附过程固相/液相界面上分子运动更为混乱，可能原因是吸附果糖的同时又有大量紧密有序排列的水分子被解吸下来，从而造成体系整体混乱，导致熵增加。从表中数据可以看出，温度对 ΔS 的影响小于浓度对 ΔS 的影响，这体现了树脂吸附位点分布可能具有不均匀性。

3. ZG106Ca^{2+}树脂分离果葡糖浆的动态吸附研究结果

（1）柱温对 ZG106Ca^{2+}树脂分离果葡糖浆效果影响的实验结果如表 3-19 所示；柱温与容量因子 k'关系曲线如图 3-25 所示；柱温与平衡吸附常数 K 的关系曲线如图 3-26 所示；柱温与分离因子 α、分离度 R_s 的关系曲线如图 3-27 所示。

表 3-19　柱温对果葡糖浆分离效果的影响

柱温（℃）	保留体积（min）		半峰宽（min）		容量因子		吸附平衡常数		分离因子	分离度
	V_1	V_2	W_1	W_2	k'_1	k'_2	K_1	K_2	α	R_s
30	40.3	49.6	17.5	18.3	0.574	0.938	0.358	0.584	0.613	0.260
40	41.7	51.8	16.2	17.8	0.629	1.023	0.392	0.638	0.615	0.297
50	43.1	56.9	13.2	14.6	0.684	1.223	0.426	0.762	0.559	0.496
60	43.6	58.3	10.3	13.1	0.703	1.277	0.438	0.796	0.550	0.628
70	43.8	59.5	12.7	15.2	0.711	1.324	0.443	0.825	0.537	0.563

如图 3-25 可以看出，柱温小于 50℃时葡萄糖与果糖的容量因子较小，果糖上升幅度较大，当柱温超过 50℃后，果糖容量因子较大但是上升趋势减缓，说

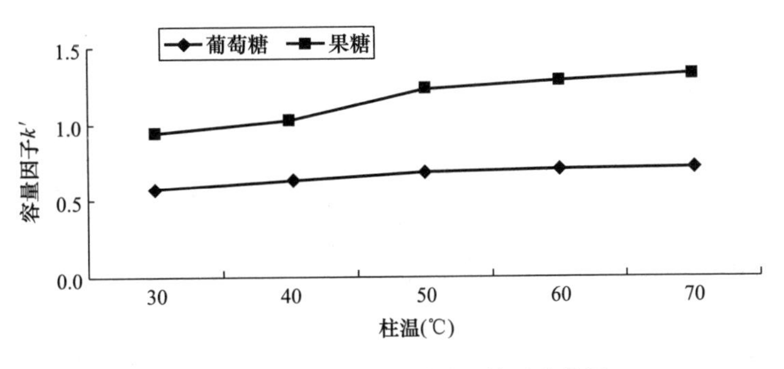

图 3-25　柱温与容量因子 k' 关系曲线图

明柱温对果葡糖浆中果糖的容量因子影响较大，容量因子随着温度的升高而不断增大。同时由数据可以看出，无论在何种温度下果糖的容量因子均大于葡萄糖的容量因子，可以认为在一定温度和压力下，果糖组分在两相（固定相和流动相）分配达平衡时，分配在固定相和流动相中的质量比大于葡萄糖分配在固定相和流动相中的质量比，在不同柱温时树脂对果糖的吸附能力均大于葡萄糖的吸附能力。

由图 3-26 可以看出，柱温小于 50℃时葡萄糖与果糖的平衡吸附常数较小，果糖上升幅度较大，当柱温超过 50℃后，果糖平衡吸附常数相对较大但上升趋势减缓，说明柱温对果葡糖浆中果糖的平衡吸附常数影响较大，平衡吸附常数在低温时随着温度的升高而迅速上升，当超过 50℃后平衡吸附常数趋于平衡。同时由数据可以看出，无论在何种温度下果糖的平衡吸附常数均显著大于葡萄糖的平衡吸附常数，平衡吸附常数与吸附剂和吸附质的性质以及温度有关，其值越大，表示吸附剂的吸附性能越强。因此，可以看出在不同柱温时树脂对果糖的吸附性能均大于葡萄糖的吸附性能。

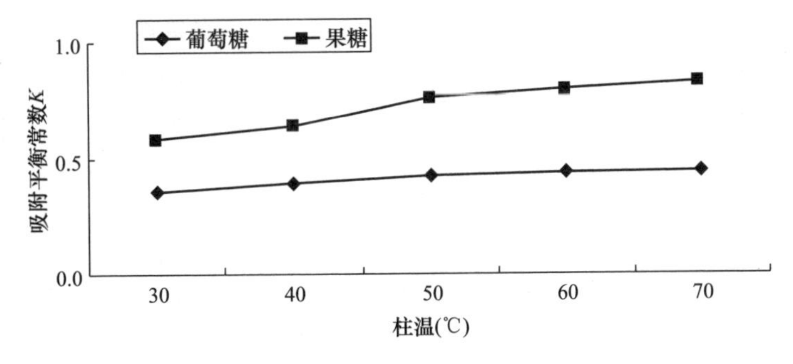

图 3-26　柱温与平衡吸附常数 K 关系曲线图

由图 3-27 可以看出，在 30~50℃之间，分离因子较高，但随着温度的不断升高，分离因子逐渐下降，这可能是由于随着温度的升高，果糖与葡萄糖的容量因子不断上升，但是果糖容量因子的上升速度大于葡萄糖的容量因子上升速度，因此导致分离因子逐渐下降。当温度超过 60℃后，由于温度过高果糖的吸附能力略有下降导致分离因子下降。在 30~50℃之间，分离度随柱温的升高而逐渐增大，这是由于随着柱温的提高可以提高扩散速率，使传质速率加快，降低糖液的黏稠度和比重，使物料通过树脂层的压降减少，有利于物料的分离。当柱温达到 60℃时，分离度最高，超过 60℃后分离度下降，这主要是由于柱温过高会导致吸附剂的绝对选择性降低，导致分离度下降。通过上述实验及实际应用情况得到最佳的柱温为 60℃。

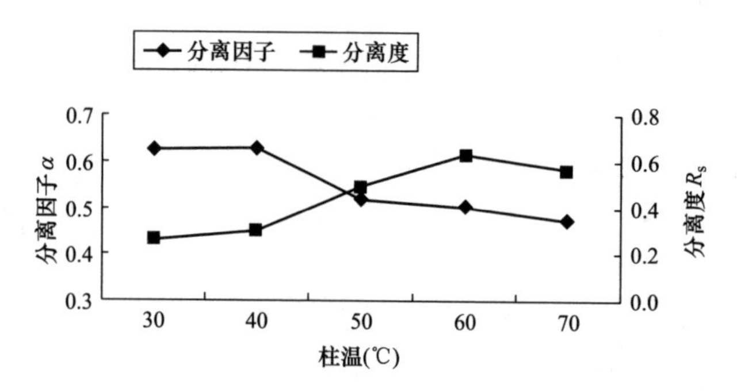

图 3-27 柱温与分离因子 α、分离度 R_s 关系曲线图

（2）上样浓度对 ZG106Ca^{2+}树脂分离果葡糖浆效果影响的实验结果如表 3-20 所示。上样浓度与容量因子 k'关系曲线如图 3-28 所示；上样浓度与平衡吸附常数 K 的关系曲线如图 3-29 所示；上样浓度与分离因子 α、分离度 R_s 的关系曲线如图 3-30 所示。

表 3-20 上样浓度对果葡糖浆分离效果的影响

浓度（%）	保留体积（min）		半峰宽（min）		容量因子		吸附平衡常数		分离因子	分离度
	V_1	V_2	W_1	W_2	k'_1	K'_2	K_1	K_2	α	R_s
30	43.3	58.9	10.1	12.6	0.691	1.301	0.431	0.811	0.532	0.687
40	43.4	58.8	10.1	12.8	0.695	1.297	0.433	0.808	0.536	0.672
50	43.3	58.5	10.2	13.0	0.691	1.285	0.431	0.801	0.538	0.655
60	43.6	58.3	10.3	13.1	0.703	1.277	0.438	0.796	0.550	0.628
70	43.5	55.5	12.7	15.2	0.699	1.168	0.436	0.728	0.599	0.430

由图 3-28 可以看出，上样浓度在 30%~60%的条件下，容量因子变化不大，

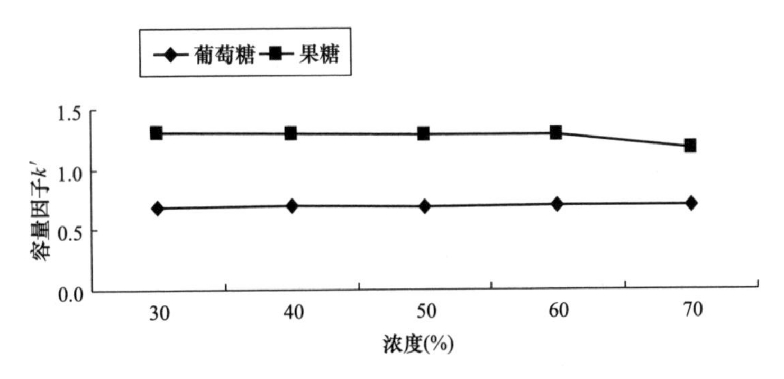

图 3-28　浓度与容量因子 k' 关系曲线图

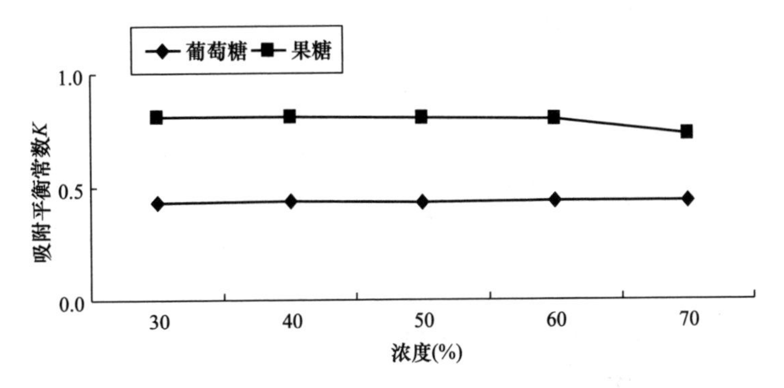

图 3-29　浓度与平衡吸附常数 K 关系曲线图

容量因子不随着上样浓度的变化而变化，浓度超过 60%，果糖的容量因子具有下降的趋势。同时由数据可以看出，无论在何种浓度下果糖的容量因子均大于葡萄糖的容量因子，可以认为在一定温度和压力下，果糖组分在两相（固定相和流动相）分配达平衡时，分配在固定相和流动相中的质量比大于葡萄糖分配在固定相和流动相中的质量比，在不同上样浓度时树脂对果糖的吸附能力均大于对葡萄糖的吸附能力。

由图 3-29 可以看出，上样浓度在 30%～70%的条件下，平衡吸附常数变化不大，平衡吸附常数不随上样浓度的变化而变化。同时由数据可以看出，无论在何种浓度下果糖的平衡吸附常数均显著大于葡萄糖的平衡吸附常数，平衡吸附常数与吸附剂和吸附质的性质以及温度有关，与上样浓度无关，其值越大，表示吸附剂的吸附性能越强。因此，可以看出在不同上样浓度时树脂对果糖的吸附性能均大于对葡萄糖的吸附性能。

由图 3-30 可以看出，上样浓度在 30%～70%的条件下，分离因子变化不大，分离因子不随上样浓度的变化而变化，通过此实验验证了分离因子与化合物在固

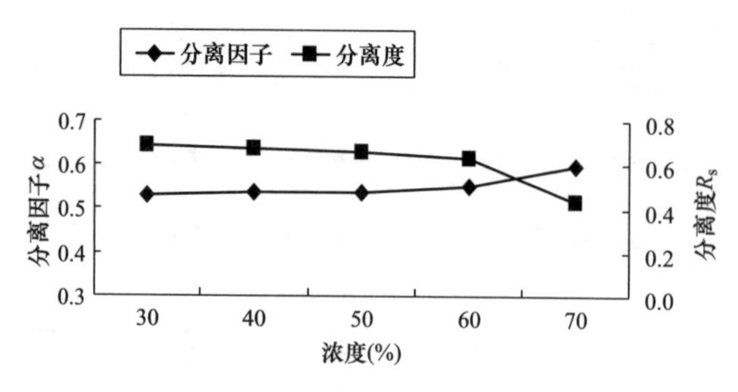

图 3-30 浓度与分离因子 α、分离度 R_s 关系曲线图

定相和流动相中的分配性质、柱温有关，与柱尺寸、流速、填充情况无关的理论。随原料液浓度的增大，分离度逐渐减小，当上样浓度超过60%时分离度急剧下降。这是由于增加上样浓度会使树脂的含水量降低，色谱柱的负荷增大，导致在树脂颗粒中的扩散速率降低，上样浓度的升高也增加了移动相黏度，降低膜扩散速率，使穿过树脂层的压降增加，因此，导致分离度也随之下降。原料液浓度太低，虽然分离效果较好，但提高上样浓度可以提高生产速率，因为对于同体积流速的分离柱，加入溶质的量增加了。同时改变上样浓度可影响溶质在固定相和移动相内的平衡分布，一般来说，提高上样浓度，绝对选择性也会提高。通过上述实验及实际应用情况得到最佳的上样浓度为60%。

（3）洗脱流速对 $ZG106Ca^{2+}$ 树脂分离果葡糖浆效果影响的实验结果如表 3-21 所示。洗脱流速与容量因子 k' 关系曲线如图 3-31 所示；洗脱流速与平衡吸附常数 K 的关系曲线如图 3-32 所示；洗脱流速与分离因子 α、分离度 R_s 的关系曲线如图 3-33 所示。

表 3-21 洗脱流速对果葡糖浆分离效果的影响

流速（mL/min）	保留体积（min）		半峰宽（min）		容量因子		吸附平衡常数		分离因子	分离度
	V_1	V_2	W_1	W_2	k_1'	K_2'	K_1	K_2	α	R_s
0.5	134.7	179.7	31.5	38.1	0.754	1.340	0.470	0.835	0.563	0.647
1	65.7	87.8	15.6	19.2	0.711	1.285	0.443	0.801	0.553	0.634
1.5	43.6	58.3	10.3	13.1	0.703	1.277	0.438	0.796	0.550	0.628
2	32.0	42.2	8.9	10.7	0.668	1.199	0.416	0.748	0.557	0.521
2.5	25.5	32.7	8.2	9.1	0.660	1.129	0.412	0.704	0.585	0.415

从图 3-31 可以看出，洗脱流速在 0.5~2.5mL/min 的范围内，容量因子变化不大，容量因子不随着上样浓度的变化而变化。同时由数据可以看出，无论在何种洗脱流速下果糖的容量因子均大于葡萄糖的容量因子，可以认为在一定温度和

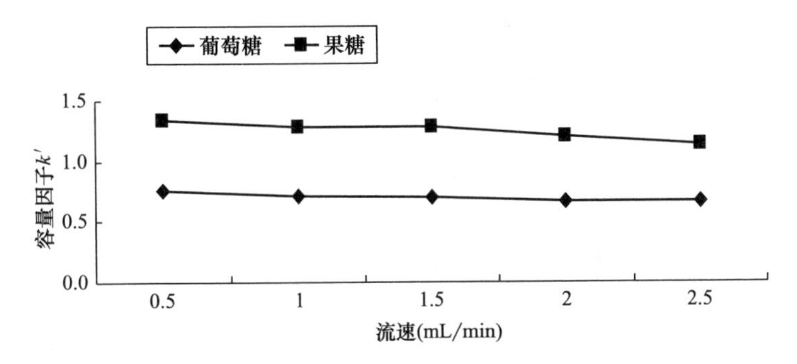

图 3-31　洗脱流速与容量因子 k' 关系曲线图

压力下，果糖组分在两相（固定相和流动相）分配达平衡时，分配在固定相和流动相中的质量比大于葡萄糖分配在固定相和流动相中的质量比，在不同洗脱流速时树脂对果糖的吸附能力均大于对葡萄糖的吸附能力。

由图 3-32 可以看出，洗脱流速在 0. 5～2. 5mL/min 的范围内，平衡吸附常数变化不大，平衡吸附常数不随上样浓度的变化而变化。同时由数据可以看出，无论在何种洗脱下果糖的平衡吸附常数均显著大于葡萄糖的平衡吸附常数，平衡吸附常数与吸附剂和吸附质的性质、温度及洗脱速度有关，洗脱速度越大，表示吸附剂的吸附性能越强。因此，可以看出在不同洗脱流速时树脂对果糖的吸附性能均大于对葡萄糖的吸附性能。

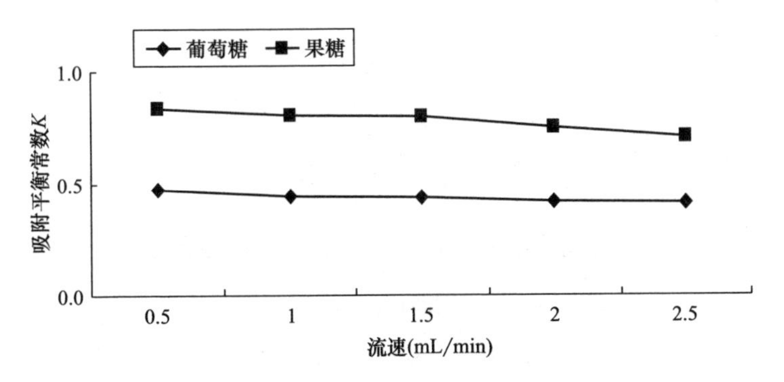

图 3-32　洗脱流速与平衡吸附常数 K 关系曲线图

由图 3-33 可以看出，洗脱流速在 0. 5～2. 5mL/min 的范围内，分离因子变化不大，分离因子不随上样浓度的变化而变化，通过此实验验证了分离因子与化合物在固定相和流动相中的分配性质、柱温有关，与柱尺寸、流速、填充情况无关的理论。洗脱流速在 0. 5～1. 5mL/min 之间时，分离度变化不大，差异不显著，当洗脱流速大于 1. 5mL/min 后，分离度下降。洗脱流速较低时，吸附剂对葡萄糖的吸附充分，分离效果好，当洗脱流速增大后可降低树脂周围液体静止边界层的厚度，降低膜扩散传质阻力，使液体通过分离柱的压力损失升高，影响物料的分离。通过上述实验及实际应用情况得到最佳的洗脱流速为 1.5mL/min。

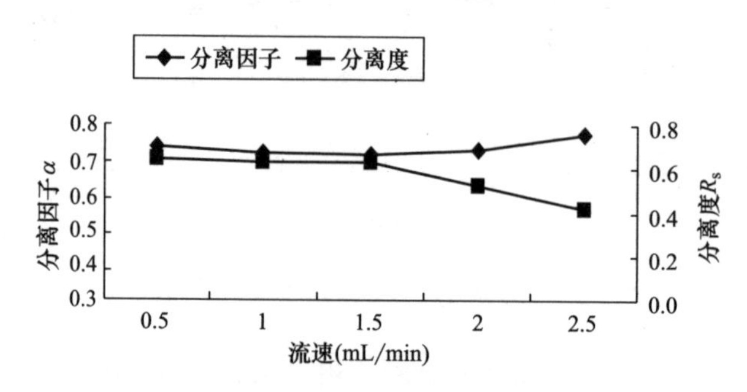

图 3-33 洗脱流速与分离因子 α、分离度 R_s 关系曲线图

4. 果葡糖浆的洗脱曲线

由图 3-34 可知，洗脱液按顺序分为几部分，第一部分为稀糖液，糖分主要为葡萄糖，混有少量果糖；第二部分为浓糖液，主要为葡萄糖，但混有相当量的果糖；第三部分为浓糖液主要为果糖，但有相当一部分葡萄糖；第四部分为浓糖液，主要为果糖，有少量葡萄糖。

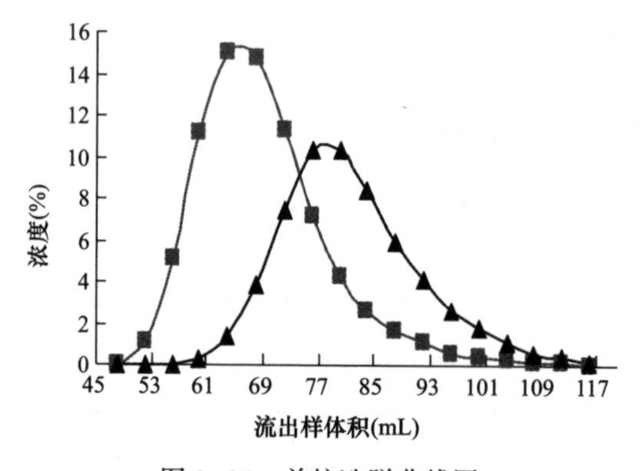

图 3-34 单柱洗脱曲线图

四、结论

本部分内容是对 ZG106Ca^{2+}树脂的吸附等温线、吸附热力学性质和动态吸附参数的研究。静态吸附研究表明，ZG106Ca^{2+}树脂对果葡糖浆中果糖的吸附是吸热过程，吸附过程中 $\Delta H>0$，$\Delta G<0$，$\Delta S>0$，吸附能力较弱，吸附参数能用 Freundlich 方程较好拟合，相关系数均大于 0.95；动态吸附研究表明，ZG106Ca^{2+}树

脂对果糖的吸附能力显著大于对葡萄糖的吸附能力，这种吸附能力的差异理论与模拟移动床色谱能够高效分离果葡糖浆的实践相吻合，最佳的柱温为60℃，上样浓度为60%，洗脱流速为1.5mL/min。

第五节　模拟移动床色谱分离果葡糖浆的技术

20世纪90年代，我国研究人员首次将模拟移动床色谱技术应用到糖醇工业上，用于果葡糖浆的分离，取得了巨大的成功。果葡糖浆分离技术也成为模拟移动床色谱技术与装置研究、发展的基础。很多模拟移动床新装置的研制用果葡糖浆的分离来进行验证，可见此项技术已经非常成熟。目前，分离果葡糖浆的技术主要有SMB色谱、六柱SSMB色谱、四柱SSMB色谱。本节针对这几种方法进行比较分析，探讨这几种方法的优劣。

一、实验材料与设备

ZG106Ca^{2+}树脂由浙江争光实业股份有限公司友情提供；果葡糖浆市购；SMB-12E1.2L传统旋转阀式模拟移动床色谱分离设备，国家杂粮工程技术研究中心制造；SSMB-6E6L模拟移动床色谱分离设备，国家杂粮工程技术研究中心制造；SSMB-9E9L模拟移动床色谱分离设备，国家杂粮工程技术研究中心制造；1200s液相色谱仪，美国安捷伦科技有限公司；WYT糖度计，成都豪创光电仪器有限公司。

二、实验工艺流程

1. SMB分离果葡糖浆的工艺研究

实验采用SMB-12E1.2L传统旋转阀式模拟移动床色谱分离设备（12根色谱柱，16mm×500mm），进行模拟移动床色谱（SMB）分离实验，在制备色谱单柱评价实验的基础上，设计分区，并根据SMB与TMB的转化方法进行初始条件的确定。最后，在初始条件的基础上进行优化得到最佳的SMB分离果葡糖浆的工艺参数，SMB分离工艺流程如图3-35所示。

2. 六柱SSMB分离果葡糖浆的工艺流程

实验采用SSMB-6E6L模拟移动床色谱分离设备（6根色谱柱，35mm×1000mm），进行模拟移动床色谱（SSMB）分离实验。SSMB技术在分离果葡糖浆的工艺流程中，每根色谱柱要经过三个步骤即大循环（S_1）、小循环（S_2）、全进全出（S_3），设备运转一个周期就要经过18个步骤。从1号柱开始，在1号柱时第一步为大循环，物料在体系中不进不出，只是进行循环；第二步为小循环，从1号柱上端进解吸剂D，从5号柱下端放出BD（葡萄糖组分）；第三步为

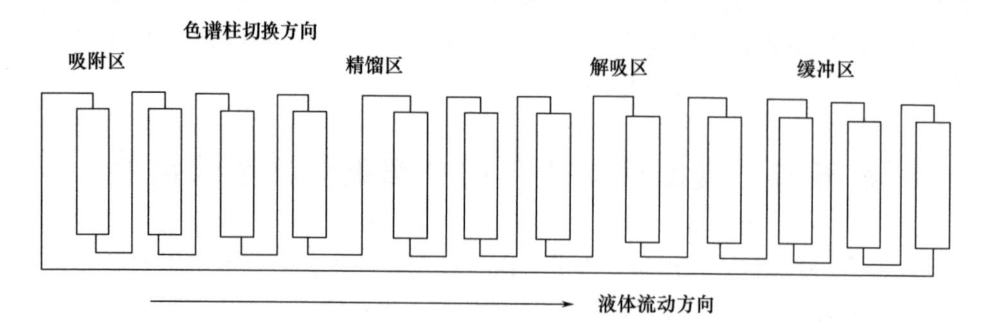

图 3-35　SMB 分离工艺流程图

全进全出，从 1 号柱上端进解吸剂 D，从 1 号柱下端放出 AD（果糖组分），从 4 号柱上端进 F（果葡糖浆原料），从 5 号柱下端放出 BD（葡萄糖组分）；然后切换到 2 号柱，所有进料口与出料口也都向下移动一根柱子，依次循环下去，SSMB 工艺流程如图 3-36 所示。

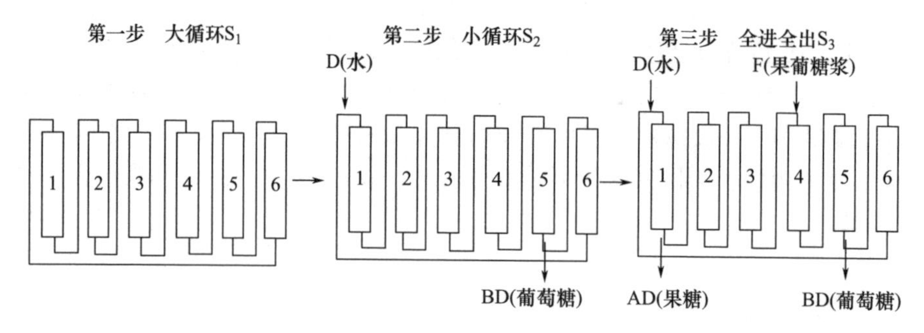

图 3-36　六柱 SSMB 工艺流程图

3. 四柱 SSMB 分离果葡糖浆的工艺流程

实验采用 SSMB-9E9L 模拟移动床色谱分离设备（9 根色谱柱，35mm×1000mm），进行模拟移动床色谱（SSMB）分离实验。SSMB 技术在分离果葡糖浆的工艺流程中，每根色谱柱要经过三个步骤即大循环（S_1）、小循环（S_2）、全进全出（S_3），设备运转一个周期就要经过 12 个步骤。从 1 号柱开始，在 1 号柱时第一步为大循环，物料在体系中不进不出，只是进行循环；第二步为小循环，从 1 号柱上端进解吸剂 D，从 3 号柱下端放出 BD（葡萄糖组分）；第三步为全进全出，1 号柱上端进解吸剂 D，从 1 号柱下端放出 AD（果糖组分），从 3 号柱上端进 F（果葡糖浆原料），从 3 号柱下端放出 BD（葡萄糖组分）；然后切换到 2 号柱，所有进料与出料口也都向下移动一根柱子，依次循环下去，SSMB 工艺流程如图 3-37 所示。

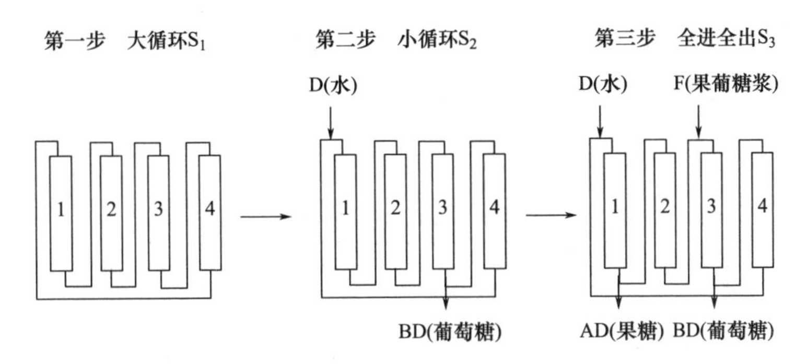

图 3-37　四柱 SSMB 工艺流程图

三、结果分析与讨论

1. SMB 分离果葡糖浆实验结果

在制备色谱单柱评价实验的基础上，根据物料平衡原理和 SMB 基本原理进行 SMB 小试分离果葡糖浆工艺参数的实验设计，以果糖的纯度和收率为指标进行优化，以达到最佳的纯化效果，SMB 的最佳工作参数如表 3-22 所示。

表 3-22　SMB 最佳工作参数

参数	数值
操作温度（℃）	60
进料浓度（%）	50
切换时间 t（s）	469
进料液流量 Q_F（mL/h）	0. 325
洗脱液流量 Q_{Elu}（mL/h）	1. 574
萃取液流量 Q_{Eex}（mL/h）	0. 902
萃余液流量 Q_{Raf}（mL/h）	0. 951
循环液流量 Q_{Rec}（L/h）	1. 897

在该条件下，最终在提取液出口得到纯度为 90. 41% 的果糖，得率为 85. 32%，在提余液出口得到葡萄糖 91. 34%，得率为 89. 13%。

2. 六柱 SSMB 小试分离工艺参数优化结果

六柱 SSMB 小试实验分离果葡糖浆的工艺参数及实验结果如表 3-23 所示。

由表 3-23 可以看出，综合考虑处理量、料水比、出口浓度、纯度和收率等指标，第 3 组实验的效果优于其他 5 组，因此确定小试的最佳分离工艺参数为：进料量为 655. 2g/h、进水量为 720. 7g/h，此时出口浓度为 38. 16%，纯度达到 95. 38%，收率达到 95. 72%。

表 3-23　六柱 SSMB 分离操作条件和实验结果

序号	进料量（g/h）	进水量（g/h）	循环量（mL）	浓度（%）	果糖纯度（%）	果糖收率（%）
1	327.6	491.4	485	39.80±0.10	93.22±0.05	92.33±0.25
2	491.4	589.68	495	37.67±0.32	96.46±0.08	89.57±0.32
3	655.2	720.7	489	38.16±0.22	95.38±0.04	95.72±0.10
4	436.8	480.48	495	39.62±0.36	93.29±0.03	95.99±0.36
5	546	655.2	486	40.37±0.25	92.47±0.05	94.30±0.15
6	546	600.6	505	35.37±0.12	97.21±0.06	88.89±0.21

3. 四柱 SSMB 小试分离工艺参数优化结果

四柱 SSMB 小试实验分离果葡糖浆的工艺参数及实验结果如表 3-24 所示。

表 3-24　四柱 SSMB 分离操作条件和实验结果

序号	进料量（g/h）	进水量（g/h）	循环量（mL）	浓度（%）	果糖纯度（%）	果糖收率（%）
1	218.4	218.4	495	39.80±0.24	93.22±0.21	92.58±0.25
2	360.36	342.34	505	35.37±0.18	92.21±0.16	91.349±0.21
3	480.48	456.46	515	41.65±0.16	91.26±0.08	96.17±0.10
4	400.4	400.4	495	39.62±0.25	92.16±0.09	96.03±0.22
5	319.8	351.71	515	37.67±0.29	93.88±0.28	86.34±0.23

由表 3-24 可以看出，综合考虑处理量、料水比、出口浓度、纯度和收率等指标，第 3 组实验的效果更好一些，因此确定小试的最佳分离工艺参数为：进料量为 480.48g/h、进水量为 456.46g/h，此时出口浓度为 41.65%，纯度达到 91.26%，收率达到 96.17%。

4. SMB、六柱 SSMB、四柱 SSMB 分离果葡糖浆效果的对比分析

将 SMB、六柱 SSMB、四柱 SSMB 三种分离工艺的主要指标进行对比分析，分析结果如表 3-25 所示。

表 3-25　SMB、六柱 SSMB、四柱 SSMB 实验结果比较

项目	SMB	六柱 SSMB	四柱 SSMB
色谱分离柱数量	12	6	4
树脂添加量	1.2L	6L	4L
水料比	3.0 : 1	1.1 : 1	0.95 : 1
进料浓度	50%	60%	60%

续表

项目	SMB	六柱 SSMB	四柱 SSMB
负荷	0.03	0.06	0.07
果糖组分浓度	24.25%	38.16%	41.65%
果糖纯度	90.41%	95.38%	91.26%
果糖收率	85.32%	95.72%	96.17%

由表3-25可以看出，六柱及四柱SSMB分离工艺的各项指标均优于SMB分离工艺，六柱及四柱SSMB的色谱柱数量比SMB的色谱柱少了6根及8根，其设备投资相对减少；六柱及四柱SSMB工艺的用水量较SMB的用水量显著减少，降低了运行成本；六柱及四柱SSMB工艺的进料浓度和出口浓度均高于SMB工艺的进料浓度和出口浓度，增大了处理量，降低了物料浓缩成本，整体上降低了运行成本。

通过对六柱及四柱SSMB工艺对比可以看出，四柱SSMB工艺的处理量更大、用水量更小、出口浓度更高、收率更大、设备投入更小，但是其纯度较六柱SSMB有较大的差距，可以利用四柱SSMB技术处理纯度要求不高的生产，例如生产F55果糖、F90果糖等。相对于四柱SSMB技术，六柱SSMB技术更适合生产结晶果糖。综上可以看出，两种SSMB技术均有各自的优势，需根据实际生产情况选择合适的工艺技术。

第六节　果糖结晶最佳工艺条件的研究

结晶是一个重要的化工过程，许多化工产品及中间产品都以晶体形态出现，这是因为结晶过程能得到纯净的晶体；此外，结晶产品外观优美，包装、运输、储存和使用都很方便。作为一个分离过程，结晶与其他常用的净制方法相比，能量消耗低得多。对许多物质来说，结晶往往是大规模生产的最好又最经济的方法之一；另外，结晶又往往是小规模制备纯品的极方便的方法。结晶果糖作为淀粉糖的一个品种，在我国的需求量巨大，但目前这一市场主要靠进口解决，因此结晶果糖对于我国的农副产品深加工、提高农产品附加值具有重大意义。

一、实验材料

1. 原料与试剂

果糖浆（自制），无水乙醇（AR，沈阳市华东试剂厂），果糖晶种（BR，中国药品生物制品检定所）。

2. 仪器设备

磁力搅拌器 79-1（江苏省金坛市荣华仪器制造有限公司）。

二、实验方法

本实验采用溶剂法结晶果糖，将分离出的果糖浆浓缩，加入无水乙醇和适量晶种，在一定温度下进行结晶。以果糖得率为指标，考查料液比、温差、时间这四个因素对果糖结晶效果的影响。首先进行单因素实验，在此基础上，通过正交实验确定最佳结晶工艺条件。

三、实验结果与分析

1. 单因素结果与分析

（1）料液比对果糖结晶效果的影响。将分离后的果糖糖浆浓缩到 80%，每份取 5mL 糖浆，共 5 份，加热到 65℃，分别按糖液与乙醇体积比 1∶6、1∶8、1∶10、1∶12、1∶14，加入无水乙醇，并加入少量晶种，再降温到 5℃，在磁力搅拌器下缓慢搅拌，结晶 48h，出料，过滤，烘干，称重。计算结晶果糖相对于高果糖浆中所含果糖的得率，结果如图 3-38 所示。

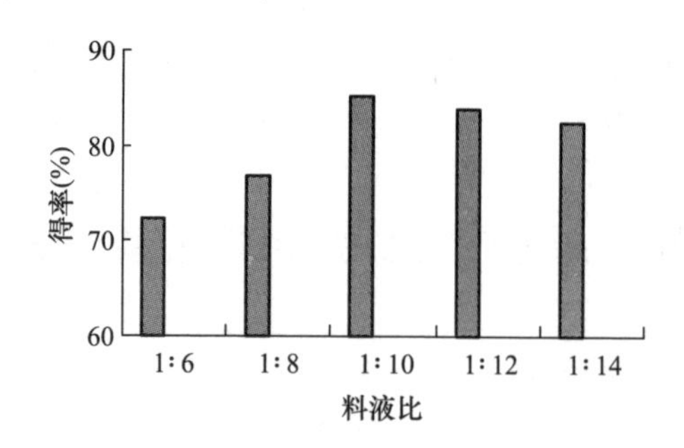

图 3-38　料液比对果糖结晶效果的影响

（2）温差对果糖结晶效果的影响。将分离后的果糖糖浆浓缩到 80%，取 5mL 糖浆 3 份，分别加热到 55℃、60℃和 65℃，按糖浆与乙醇体积比 1∶10 加入无水乙醇混匀，加入少量晶种，再降温到 5℃，在磁力搅拌器缓慢搅拌下结晶 48h；再将 5mL 糖浆 2 份分别加热到 60℃和 65℃，按糖浆与无水乙醇体积比 1∶10 加入无水乙醇混匀，加入少量晶种，再降温到 10℃，在磁力搅拌器缓慢搅拌下结晶 48h，出料，过滤，烘干，称重。计算结晶果糖相对于高果糖浆中所含果糖的得率，结果如图 3-39 所示。

（3）结晶时间对果糖结晶效果的影响。将分离后的果糖糖浆浓缩到 80%，取 5mL 共 5 份，加热到 65℃，按糖浆与乙醇体积比 1∶10 加入无水乙醇混匀，

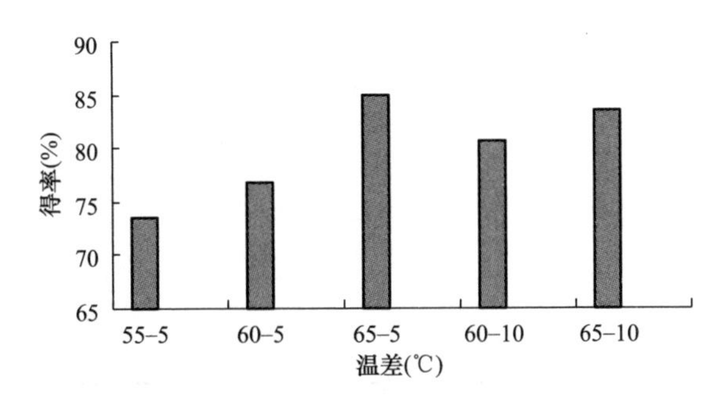

图 3-39　温差对果糖结晶效果的影响

加入少量晶种，再降温到 5℃，在磁力搅拌器缓慢搅拌下，分别结晶 36h、48h、60h、72h、84h，出料，过滤，烘干，称重。计算结晶果糖相对于高果糖浆中所含果糖的得率，结果如图 3-40 所示。

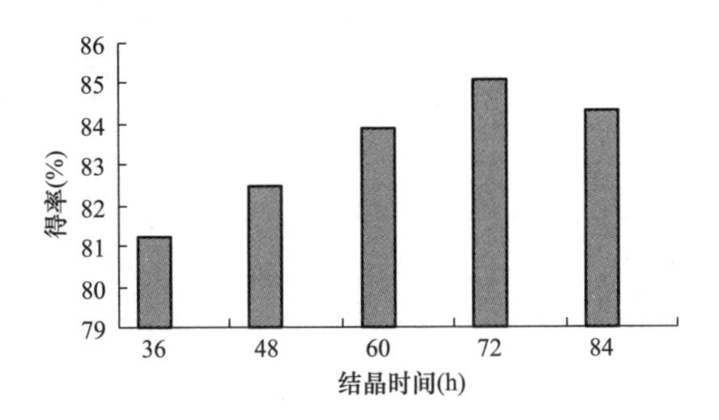

图 3-40　结晶时间对果糖结晶效果的影响

由图 3-38 可知，随着料液比的增大，结晶果糖的得率呈先增大后减小的趋势，当料液比为 1∶10 时得率最高。这是因为，乙醇浓度低时果糖浆黏度过大，乙醇浓度高时果糖浆较稀，均影响果糖浆的结晶，因此选择 1∶8、1∶10、1∶12 进行正交实验。由图 3-39 可知，结晶温差越大，结晶果糖的得率也越大，且起始温度越高，终点温度越低，果糖的得率越大。而且起始温度为 65℃ 的样品，无论终点温度是多少，结晶果糖的得率均较其他样品高。但起始温度过高，果糖的热稳定性降低，65℃ 比 60℃ 更不稳定，操作时在 65℃ 不能停留时间太长。因此选择 60-5℃、65-5℃、65-10℃进行正交实验。由图 3-40 可知，得率随着结晶时间的延长先增大后减小，在 72h 达到最高。因此，选择 60h、72h、84h 进行正交实验。

2. 正交实验结果与分析

正交实验的因素水平表如表 3-26 所示；实验安排以及实验结果如表 3-27 所

示；方差分析表如表3-28所示。

表3-26 因素水平表

水平	因素		
	料液比（A）	温差（B）（℃）	结晶时间（C）（h）
1	1∶8	60-5	60
2	1∶10	65-5	72
3	1∶12	65-10	84

表3-27 实验安排以及实验结果

实验号	实验条件			
	料液比（A）	温差（B）（℃）	结晶时间（C）（h）	得率（%）
1	1	1	1	75.26
2	1	2	2	80.34
3	1	3	3	78.25
4	2	1	2	80.58
5	2	2	3	86.32
6	2	3	1	81.57
7	3	1	3	78.36
8	3	2	1	82.45
9	3	3	2	80.2
K_1	242.331	234.201	239.280	
K_2	247.470	248.109	241.119	
K_3	241.011	248.499	250.410	
k_1	80.777	78.067	79.760	
k_2	82.490	82.703	80.373	
k_3	80.337	82.833	83.470	
R	2.153	4.766	3.710	

表3-28 方差分析表

方差来源	SS	Df	MS	F	P
模型	75.45	6	12.58	63.79	0.0155
A	35.63	2	17.81	90.32	0.0110 *
B	37.65	2	18.82	95.43	0.0104 *
C	2.22	2	1.11	5.63	0.1509

续表

方差来源	*SS*	*Df*	*MS*	*F*	*P*
误差	0.39	2	0.20		
总和	75.89	8			

根据表 3-27 中极差 R 值的大小，进行因素影响程度的比较，发现 A、B、C 三个因素对实验的影响顺序为：因素 B（温差）>因素 C（结晶时间）>因素 A（料液比）。

根据表 3-28 实验结果，通过方差分析，结果显示：因素 A 的 P 值为 0.0110，小于 0.05，因此因素 A（料液比）对实验的影响显著；因素 B 的 P 值为 0.0104，小于 0.05，因此因素 B（温差）对实验的影响显著；因素 C 的 P 值为 0.1509，大于 0.05，因此因素 C（结晶时间）对实验的影响不显著。为确定最佳的工艺参数，对因素 A、B 进行多重比较。多重比较 SSR 及 LSR 值如表 3-29 所示；因素 A 多重比较表如表 3-30 所示；因素 B 多重比较如表 3-31 所示。

表 3-29 多重比较 SSR 及 LSR 值表

秩次矩 K		2	3
SSR	0.05	6.090	6.090
	0.01	14.00	14.00
LSR	0.05	1.561	1.561
	0.01	31.682	31.682

表 3-30 因素 A 多重比较

A 因素	A_2	A_1	A_3
平均值	82.490	80.777	80.337
显著性（0.05）	a	b	bc
显著性（0.01）	A	A	A

由表 3-30 可以看出，因素 A $K_2-K_1=1.692>LSR0.05=1.561$，所以 A_2、A_1 差异显著，因此 A_2 最好。

表 3-31 因素 B 多重比较

B 因素	B_3	B_2	B_1
平均值	82.833	82.703	78.067
显著性（0.05）	a	a	b
显著性（0.01）	A	A	A

由表3-31可以看出，B因素 $K_3-K_2=0.76<LSR0.05=1.561$，差异不显著，但 $K_3-K_1=4.766>LSR0.05=1.561$，所以 B_3、B_1 差异显著，因此 B_3 最好。

由于C因素对实验影响较小，兼顾成本及效率，选择结晶时间为72h。经多重比较分析后，最佳的工艺参数为 $A_2B_3C_2$，即为：料液比为1∶10、温差为65℃-5℃、结晶时间为72h。用正交实验得出的最佳工艺参数 $A_2B_3C_2$ 作验证实验，设平行样三组，以得率为指标，结果显示果糖结晶得率为87.48%，且重复实验相对偏差不超过2%，说明实验条件重现性良好。

四、小结

本实验利用溶剂法结晶果糖，以结晶果糖得率为指标，通过研究对料液比、温差、结晶时间三个因素对得率的影响，确定了各单因素的变化范围，在单因素数据的基础上，应用正交组合实验和SAS统计分析法对葡萄糖异构为果糖的工艺条件进行优化，优化后的最佳工艺参数为：料液比为1∶10、温差为65-5℃、结晶时间为72h。

参考文献

[1] 牛炳华. 最甜的糖品——果糖 [J]. 化工科技市场，2002，(8)：12-14.

[2] 郭伽. 当心果糖造成“甜蜜危害”[J]. 淀粉与淀粉糖. 2006，(3)：15.

[3] SCHWAB，LAWRENCE R. Integrated process for producing crystalline fructose and a high fructose，liquid-phase sweetener [P]. US，5350456. 1994.

[4] 赵锡武，何玉莲. 果糖的特性及应用 [J]. 饮料工业. 2006，9 (4)：4-9.

[5] 杨瑞金. 纯结晶果糖的性质及应用 [J]. 食品添加剂，1997，1：27-28.

[6] 高振鹏，岳田利，袁亚宏，等. 果糖生产技术和应用研究进展 [J]. 西北农林科技大学学报（自然科学版），2003，31：187-190.

[7] 王昕，杨文英，卜石. 果糖注射液对糖尿病患者血糖及胰岛素的影响 [J]. 中华糖尿病杂志，2005，13 (5)：378-380.

[8] 邵柏，潘志斌，姜暇. 丰海能果糖注射液与56种注射剂配伍的稳定性考察 [J]. 中国医院药学杂志，2005，25 (8)：778-779.

[9] SILVINA B. LOTITO，BALZ FREI. The increase in human plasma antioxidant capacity after apple consumption is due to the metabolic effect of fructose on urate，not apple-derived antioxidant flavonoids [J]. Free Radical Biology and Medicine，2004，37 (2)：251-258.

[10] 韦军民，朱明炜. 果糖对创伤后患者血糖、胰岛功能的影响及其安全性的临床研究 [J]. 消化外科，2005，4 (6) 405-408.

[11] BEYER P L，CAVLAR E M，MCCALLUM RW. Frutose intake at current levels in the United States may cause gastrointestinal distress in normal adults [J]. Journal of the American Dietetic

Association. 2005，105（10）：1599-1606.

[12] JURGENS H，HAASS W，CASTANEDA TR. Consuming frutose-sweetened beverages increases body adiposity in mice [J]. Obesity research. 2005，12（7）：1146-1156.

[13] 李洁，赵明，王燕燕. 果糖对糖尿病病人血糖影响的临床研究 [J]. 肠外与肠内营养，2005，12（5）：277-281.

[14] 陈文璞，黄贵心，曾玉琴. 果糖注射液对 2 型糖尿病合并高血压患者的影响 [J]. 实用糖尿病杂志，2005，1（4）：43-44.

[15] 刘宗利，杨海军. 果葡糖浆的市场现状及发展趋势 [J]. 精细与专用化学品，2004：23.

[16] 张乐兴，林象联. 我国高果糖浆的发展现状 [J]. 广州食品工业科技，2002，18（3）48-49.

[17] 颜坤琐. 蜂蜜巧治醉酒后头痛 [J]. 蜂蜜杂志. 2004（10）：25.

[18] 胡莉，何越，谢元. 高果糖浆在饮料中的应用 [J]. 中国食品工业. 2005（2）：30.

[19] MOZ BENADO，CHRISTINE ALCANTARA，RUTH DE LA ROSA，et al. Effects of various levels of dietary fructose on blood lipids of rats [J]. Nutrition Research，2004，24（7）：565-571.

[20] 杨海军. 果葡糖浆的特性及应用 [J]. 食品科学，2002，23（2）：154-156.

[21] 陈中才，刘杰，于树国. 玉米高果糖浆的生产与展望 [J]. 中国甜菜糖业，1996（6）：21-22.

[22] 周亚军，孙钟雷，石晶. 果葡糖浆新口味营养型冰淇淋的研制 [J]. 工冷饮与速冻食品工业，2003，9（4）：6-8.

[23] 潘志斌，陈晓玲. 果糖和纳洛酮联合治疗急性酒精中毒的研究 [J]. 中国药师，2005，8（10）：859-860.

[24] 周雪云，周玉梅. 果糖治疗习惯性便秘的临床应用 [J]. 现代医药卫生，2001，9（17）：724-725.

[25] 李志斌. 输精管发育异常与精浆果糖含量的研究 [J]. 右江民族医学院学报，1999，21（2）：193-194.

[26] 周雪云，周玉梅. 果糖治疗习惯性便秘的临床应用 [J]. 现代医药卫生，2001，9（17）：724-725.

[27] 高嘉安. 淀粉与淀粉制品工艺学 [M]. 北京：中国农业出版社，2001.

[28] 振雅. 俄开发制取高纯度果糖新工艺 [J]. 食品信息与技术，2004，12（9）：9.

[29] 王建华，徐长警. 菊粉果糖的研究与开发 [J]. 中国甜菜搪业，2004，（12）：11-14.

[30] 魏凌云，王建华，郑晓冬. 菊粉研究的回顾与展望 [J]. 食品与发酵工业，2005，3（7）：81-85.

[31] 何照范，熊绿芸，王绍美. 植物淀粉及利用 [M]. 贵州人民出版社，1990：81-85.

[32] 张树政. 酶制剂工业（下册）[M]. 北京科学出版社，1998.

[33] CONVERTI A，BORGHIM D. Kinetics of glucose isomerization to fructose by immobilized glucose isomerase in the p resence of substrate protection [J]. Bioprocess and Biosystems Engineering，1997，18（1）：27-33.

[34] ILLANES A, WILSON L, RAIMAN L. Design of immobilized enzyme reactors for the continuous production of fructose syrup from whey permeate [J]. Bioprocess and Biosystems Engineering, 1999, 21 (6) : 509-515.
[35] 佟毅，史立新，李惟，等. 葡萄糖异构酶的双层固定化及其在高果糖浆工业化生产中的应用 [J]. 吉林大学自然科学学报，2000，2：107-109.
[36] 贺家明，袁建国. 用嗜热放线菌生产固定化葡萄糖异构酶的方法及其在高果糖浆中的应用 [P]. 中国专利，CN85100412A，1985.
[37] 野坂宣嘉. 化学合成品以外用作食品添加剂的防腐剂和质量保持剂 [J]. 食品新工业，1991, 33 (7) : 6-11.
[38] 杨瑞金，潘允鸿，闻方. 蔗糖转化生产纯结晶果糖的工艺研究 [J]. 食品与发酵业，1996，2：34-37.
[39] 高燕红，许秀敏. 高效液相色谱法测定食品中果糖、葡萄糖、蔗糖、乳糖的含量 [J]. 中国卫生检验杂志，2002，12 (5)：553.
[40] 周中凯，程觉民. 酶促水解蔗糖生产果葡糖浆新工艺 [J]. 中国甜菜糖业，1998，5：1-4.
[41] 彭万霖，田小光. 固定化蔗糖酶水解蜂蜜蔗糖的研究 [J]. 微生物学报，1992，32 (6)：418-424.
[42] 张伟. 低聚果糖及其制备的研究进展 [J]. 生产学杂志，2000, 17 (1) : 7-8.
[43] 江波，王璋，丁霄霖. 共固定化生产高含量低聚果糖的研究 [J]. 食品与发酵工业，1996, (1) : 1-6.
[44] 谢秋宏，相宏宇. 黑曲霉 AJ1958 菊粉酶的产生和性质 [J]. 吉林大学自然科学学报，1996，2：75-78.
[45] 刘佐才，侯平然. 酶法生产果葡糖浆的发展 [J]. 冷饮与速冻食品工业，2001，7 (3)：39-44.
[46] 周欣，王庆彪，刘锡钧. 气相色谱法检测葡萄糖、麦芽糖、果糖和蔗糖 [J]. 海峡药学. 2001，13 (4)：48-49.
[47] 王荔，陈巧珍，宋国新. 高效阴离子交换色谱—脉冲安培检测法测定烤烟中的水溶性葡萄糖、果糖和蔗糖 [J]. 2006，24 (2)：201-204.
[48] 孙纪录，贾英民，桑亚新. 菊芋资源的开发利用 [J]. 食品科技，2003 (1) : 27-29.
[49] 何越. 高果糖浆和其他甜味剂在食品加工中的选用 [J]. 食品工业，2005 (3)：15-17.
[50] 陈敬. 果葡糖浆的生产技术及应用开发（续）[J]. 淀粉与淀粉糖，2001 (2)：1-5.
[51] 郝伯瑞，韩国强. 北美及全球甜味剂与饮料工业的发展趋势 [J]. 食品工业，2004，(3)：43-44.
[52] 杨瑞金，潘允鸿，王文生. 化学法分离果糖和葡萄糖 [J]. 冷饮与速冻食品工业，1997 (3)：28-31.
[53] SATINDER AHUJA. Handbook of Bioseparations [M]. New York：Academic Press，2000.
[54] MICHAEL SCHULTE，et al. Preparative enantioseparation by simulated moving bed Chromatography [J]. Journal of Chromatography A，906 (2001) 399-416.

[55] 李勃，肖国勇，林炳昌，等. 模拟移动床分离紫杉醇 [J]. 鞍山钢铁学院学报，2004，23（4）：244-248.

[56] 刘迎新，林炳昌，肖国勇，等. 模拟移动床色谱分离药物 PG05 的实验研究 [J]. 化学世界，2002，（8）：412-415.

[57] 张丽华，肖国勇，高丽娟，等. 模拟移动床色谱分离替考拉宁条件研究 [J]. 化学世界，2002，（3）：130-132.

[58] YORK A. BESTE，MARK LISSO，GUNTER WOZNY，et al. Optimization of simulated moving bed plants moving bed plants with low efficient stationary phases：separation of fructose and glucose [J]. Journal of chromatography A. 2000，898：169-188.

[59] MIRJANA MINCEVA，ALIRIO E. Rodriuges. Modeling and simulation Pf a simulated moving bed for the separation of P-xylene [J]. Ind. Eng. Chem. Res. 2002，41：3454-3461.

[60] SUNGYONG MUN，YI XIE，JIN-HYUN KIN，et al. Optimal Design of a size-exclusion tandem simulated moving bed for insulin purification [J]. Ind. Eng. Chem. Res. 2003，42：1977-1993（2003）.

[61] D. J. WU，Y. XIE，Z. MA，N. H. L. Wang，Design of simulated moving bed chromatography for amino acid separations. Ind. Eng. Chem. Res. 1998，37：4023-4035.

[62] 宋谴茹. 工程经济分析与评估 [M]，北京：中国经济出版社，1991.

[63] LI B，XIAO G Y，LIN B C. MaZidu. Joumal of Anahan Institute of Iron and Steel Technology，2000，23（4）：244.

[64] 何照范，熊绿芸，王绍美. 植物淀粉及其利用 [M]. 贵州人民出版社，1990.

[65] 金树人，李瑛. 高纯果糖与结晶果糖的研制 [J]. 淀粉与淀粉糖，1999（4）：17-20.

[66] 陈中才，刘杰，于树国. 玉米高果糖浆的生产与展望 [J]. 中国甜菜糖业，1996，（6）：21-22

[67] AHMED F A，MONA Y O，MOHAMED A A. Production and immobilization of cellobiase from Aspergillus niger A20 [J]. Chemic Engineering Journal，1997，68：189-196.

[68] 高振红，岳田利，等. 磁性壳聚糖复合微球固定化果胶酶及反应动力学研究 [D]. 咸阳：西北农林科技大学，2007.

[69] BROUGHTON D B. Production-scale adsorptive separations of liquid mixtures by simulated moving-bed technology [J]. Separation Science and Technology. 1982（19）：723-736.

[70] MAJETI N V，KUMAR R. A review of chitin and chitosan applications [J]. Reactive&Functional Polymers，2000，46：1-27.

[71] OYRTON A C，MONTEIRO J，AIROLDI C. Some studies of crosslinking chitosan - glutaraldehyde interaction a homogeneous system [J]. International Journal of Biological Macromolecules，1999，26：119-128.

[72] 罗贵民. 酶工程 [M]. 北京：化学工业出版社，2003.

[73] ZHOU Q Z K，CHEN X D. Immobilization of β-galactosidase on graphite surface by glutaraldehyde [J]. Journal of Food Engineering，2001，48：69-74.

[74] SCHENCK F W，HEBEDA R E. Starch Hydrolysis Products [M]. New York：VCH Publishers

Ins. 1992.

[75] 徐以撒，杨柳新，徐鸽. 用自制模拟移动床色谱分离果葡糖浆［J］. 江苏工业学院学报，2003，15（4）：22-24.

[76] 熊结青，史清洪. 连续式色谱分离系统分离果糖的应用研究［D］. 天津：天津工业大学：2008.

[77] STORTI G，MAZZOTTI M，MORBIDELLI M. Robust design of binary countercurrent adsorption processes［J］. AI. Che. 1993，39，471.

[78] 方煜宇，万红贵. 模拟移动床的简易参数设计方法［J］. 中国甜菜糖业，2006，（3）：6-10.

[79] 杨瑞金，潘允鸿，王文生. 果糖液的结晶性能研究［J］. 无锡轻工大学学报，1996，15（2）：115-118.

第四章　模拟移动床色谱纯化木糖母液技术

结晶木糖在生产过程中会产生大量的木糖母液，其中含有较高的木糖及阿拉伯糖，现有的处理方式只是低效的利用，造成了环境污染及资源浪费。本技术以市场需求和国家产业政策为导向，以高新技术为手段，以先进的管理方式提升了玉米种植副产物——玉米芯的加工深度，节约了资源，使低价格的主要农产品玉米芯的价值得到较大提高，给农产品深加工行业创造较好的经济效益，提高了农民种植玉米的积极性，带动了农村种植业的发展，更能提高农民的收入。木糖（醇）作为性能优异的功能糖为肥胖人群等特定人群提供食品甜味剂，可促进我国食品加工业的良好健康发展。技术在鹤岗市经纬糖醇有限公司将木糖的科研成果转化为生产力，有效地促进了木糖产业的科技进步及产业形成。木糖产品的质量不断提高，必将带动木糖醇及相关产业的发展，更好地满足人们的需要，使人们生活质量得到提高。生产工艺中利用高新技术回收木糖母液中木糖，提升木糖的生产效率，对促进我国木糖产品的升级换代，加速中国木糖（醇）行业的发展具有重要意义。提取木糖后的木糖母液量减少，可以解决废料带来的环境污染等问题。另外，在利用微生物法处理木糖母液的过程中，去除了影响分离的葡萄糖，并以葡萄糖为原料培养繁殖酵母，而酵母是一种优良的蛋白饲料，实现了废物利用、变废为宝，为同类生产企业起到示范作用。由此可见，社会效益显著，具有重要的意义。

第一节　微生物去除木糖母液中葡萄糖的技术研究

一、引言

在木糖生产过程中，由于半纤维素水解液中尚存在葡萄糖等杂糖，浓缩糖液的黏度较大，影响了木糖的结晶得率。此外，在分离出晶体木糖后的母液中，由于杂糖含量较高（尤其是葡萄糖），即使再经过浓缩，也很难再使木糖结晶析出，从而产生大量的木糖母液。如何回收木糖结晶母液中的木糖，降低生产成本，已引起木糖生产厂家的重视。目前大多数生产厂家都将木糖结晶母液廉价出售用于生产焦糖色素；也有利用木糖母液生产饲料酵母的研究报道，但发酵采用的初糖浓度仅为1.5%左右，处理时母液需大量稀释，加重了处理的负荷。如何有效去除母液中葡萄糖等杂糖以及影响结晶的杂质，已成为母液中回收木糖的关键。本研究采用酵母发酵技术，先脱除母液中的大部分杂糖（主要是葡萄糖），然后再经真空浓缩与分离提取，使母液中的木糖结晶析出予以回收。

二、材料与仪器

1. 实验材料

木糖结晶母液，鹤岗经纬糖醇有限公司；活性干酵母，安琪酵母股份有限公司；盐酸、氢氧化钠、磷酸盐等化学试剂（均为国产分析纯）。

2. 实验仪器

JJ-1 精密定时电动搅拌器，江苏荣华仪器有限公司；T6 紫外—可见分光光度计，北京普析通用仪器有限责任公司；AP2140 电子分析天平，梅特勒—托利多仪器有限公司；DK-S24 电热恒温水浴锅，上海森信实验仪器有限公司；PB-10 型 pH 计，德国赛多利斯股份公司；恒温培养振荡器，上海森信实验仪器有限公司；LD4-1 台式高速离心机，上海力申科学仪器分公司。

三、实验方法

1. 酵母活化方法

配 2%糖水，加 5%酵母，先于 38℃水浴中复水 15min，再于 30℃摇床中，以 100r/min 活化 2h，即为酵母活化液。将此活化液于转速为 5000r/min 的离心机中离心 10min，去掉上清液，下部酵母加入少量蒸馏水洗涤后，再次离心分离。将分离的酵母泥收集备用。

2. 酵母去除葡萄糖方法

取木糖母液调成一定浓度，调至一定的 pH，按一定的酵母添加量添加酵母泥，于 30℃摇床中进行脱糖实验，定时测定其葡萄糖含量。

3. 木糖母液中葡萄糖测定方法

液相检测参数设定如下：

色谱柱：Rezex RCM Ca（8%），300mm×7.8mm 色谱柱（美国 Phenomenex 公司）；流速：0.6mL/min；流动相：全水流动相；检测器：示差检测器；柱温：80℃；进样：5μL。

4. 微生物法去除葡萄糖的单因素实验设计

影响微生物法去除木糖母液中葡萄糖去除率的条件很多，根据文献报道，选取 5 个主要因素：酵母种类、母液浓度、酵母添加量、发酵时间、营养盐添加量等进行单因素实验，设定不同的发酵条件，以发酵后木糖母液葡萄糖去除率为指标，初步确定微生物法去除木糖母液中葡萄糖的最适条件。

（1）酵母种类的选择。取 1L 木糖母液配制成 15%的浓度，调节 pH 至 5.0，分别加入 5 种市购的酵母 1%，发酵温度 30℃，发酵时间 24h，发酵后抽样检查，测定葡萄糖的含量，计算去除率，绘制酵母种类对葡萄糖去除率的影响曲线。

（2）母液浓度的选择。取 1L 木糖母液配制成 10%、15%、20%、25%、30%五个浓度，调节 pH 至 5.0，分别加入 3#酵母 1%，发酵温度 30℃，发酵时间 24h，发酵后抽样检查，测定葡萄糖的含量，计算去除率，绘制母液浓度对葡萄糖去除率的影响曲线。

（3）酵母添加量的选择。取 1L 木糖母液配制成 15%的浓度，调节 pH 至 5.0，加入 3#酵母 0.2%、0.4%、0.6%、0.8%、1%五个水平，发酵温度 30℃，发酵时间 24h，发酵后抽样检查，测定葡萄糖的含量，计算去除率，绘制酵母添加量对葡萄糖去除率的影响曲线。

（4）发酵时间的选择。取 1L 木糖母液配制成 15%的浓度，调节 pH 至 5.0，加入 3#酵母 1%，发酵温度 30℃，分别发酵 8h、12h、16h、20h、24h，发酵后抽样检查，测定葡萄糖的含量，计算去除率，绘制发酵时间对葡萄糖去除率的影响曲线。

（5）pH 的选择。取 1L 木糖母液配制成 15%的浓度，分别调节 pH 至 3.0、3.5、4.0、4.5、5.0 五个水平，加入 3#酵母 1%，发酵温度 30℃，分别发酵 24h，发酵后抽样检查，测定葡萄糖的含量，计算去除率，绘制 pH 对葡萄糖去除率的影响曲线。

5. 正交实验设计

根据单因素实验的测定结果确定主要因素：母液浓度，酵母添加量，发酵时间，pH，以葡萄糖去除率为主要评价指标，采用 $L_9(3^4)$ 实验方案来确定耐高温 α-淀粉酶和蛋白酶的最佳水解条件，正交实验的因素水平表如表 4-1 所示。

表 4-1　因素水平表

因素	发酵影响因素水平		
	1	2	3
母液浓度（%）	15	20	25
酵母添加量（%）	0.4	0.6	0.8
发酵时间 D（min）	12	16	20
pH	4.0	4.5	5.0

四、结果与分析

1. 酵母种类的筛选结果

五种酵母的实验结果如图 4-1 所示。

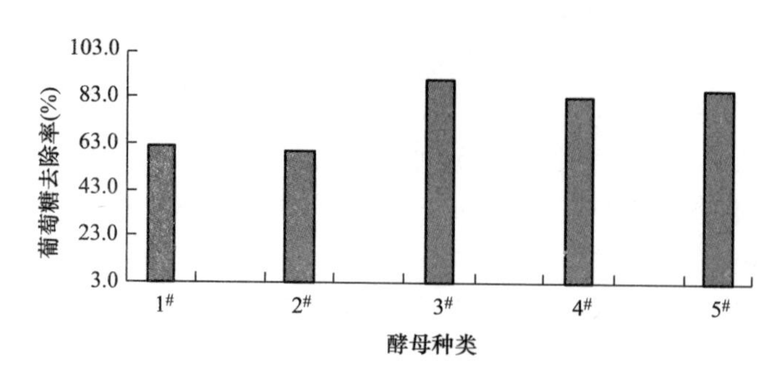

图 4-1　酵母种类对木糖母液中葡萄糖去除率的影响

从五种酵母的葡萄糖去除率的效果来看，3#的效果较好，5#和 4#次之，1#和 2#较差，因此，选择 3#酵母为发酵的酵母。

2. 母液浓度的单因素结果分析

母液浓度的实验结果如图 4-2 所示。

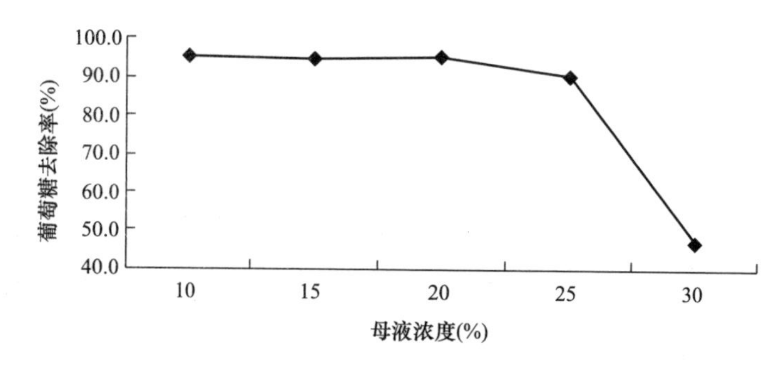

图 4-2　母液浓度对木糖母液中葡萄糖去除率的影响

由图 4-2 可知，当母液浓度较低时，葡萄糖总含量少，葡萄糖去除率较高，但是当母液浓度超过 25%以后就急剧下降，这主要是由于浓度过高渗透压较大，酵母生产缓慢或者不生长，导致葡萄糖去除率低。再者浓度低，去除率较高，但是处理效率低，影响生产效益，提高了生产成本，根据实际情况及实验结果，选择 15%、20%、25%三个水平进行正交实验。

3. 酵母添加量的单因素结果分析

酵母添加量的实验结果如图 4-3 所示。

由图 4-3 可知，当酵母添加量较低时，由于酵母含量少，繁殖速度慢，导致一定时间内葡萄糖的去除率较低，通过实验可以看出，当酵母添加量大于 0.8%时葡萄糖的去除率趋于平稳，因此，选择 0.4%、0.6%、0.8%三个水平进行正交实验。

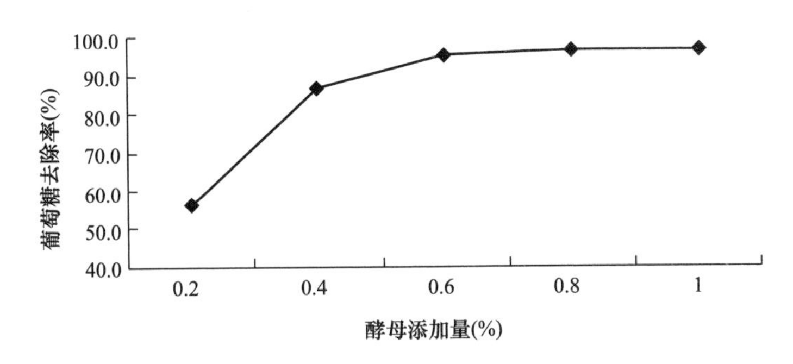

图 4-3　酵母添加量对木糖母液中葡萄糖去除率的影响

4. 发酵时间的单因素结果分析

发酵时间的实验结果如图 4-4 所示。

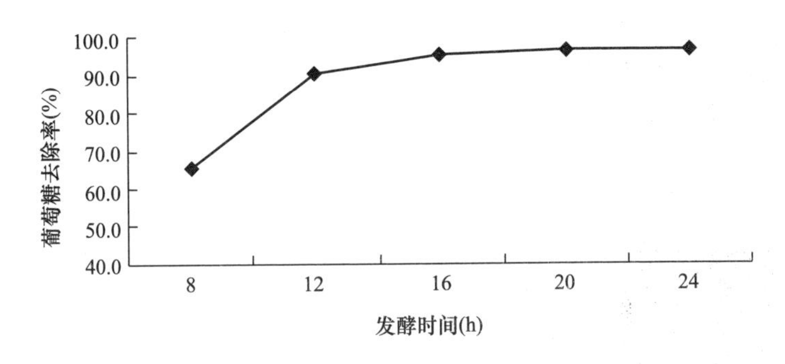

图 4-4　发酵时间对木糖母液中葡萄糖去除率的影响

由图 4-4 可知，当发酵时间短时，繁殖的时间不足，葡萄糖的去除率较低，通过实验可以看出，在 12~20h 之间时葡萄糖的去除率呈上升趋势，当发酵时间大于 24h 后葡萄糖的去除率趋于平稳，因此，选择 12h、16h、20h 三个水平进行正交实验。

5. 发酵 pH 的单因素结果分析

发酵 pH 的实验结果如图 4-5 所示。

微生物的生长与其所处的环境关联很大，特别是 pH 的影响较大。由图 4-5 可知，当 pH 较低时，酵母菌不易生长，通过实验可以，看出 3#酵母菌的最适合的 pH 范围在 4.0~5.0 之间，因此，选择 4.0、4.5、5.0 三个水平进行正交实验。

6. 正交组合实验结果分析

在单因素实验中，每组实验只考察一个因素，而发酵的各个因素之间存在交互作用，还须通过正交实验考察多因素的影响效果，所以根据单因素实验结果分

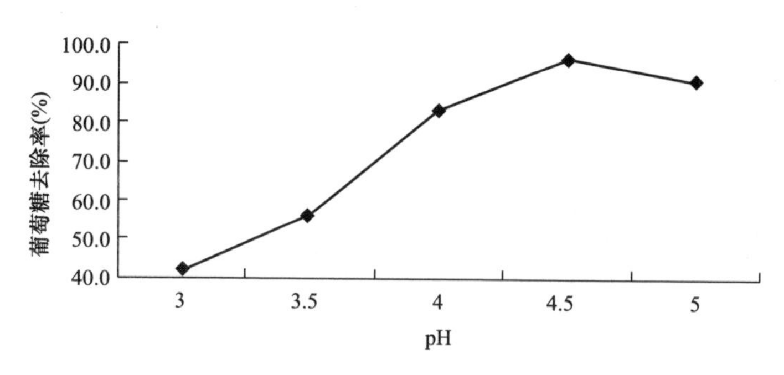

图 4-5　发酵 pH 对木糖母液中葡萄糖去除率的影响

别选取确定因素水平进行正交实验，优化微生物法去除木糖母液中葡萄糖的最佳作用条件。正交实验结果如表 4-2 所示；方差分析表如表 4-3 所示；多重比较用 SSR 及 LSR 值表如表 4-4 所示；因素 A 各水平平均值多重比较表如表 4-5 所示；因素 C 各水平平均值多重比较表如表 4-6 所示。

表 4-2　正交实验结果 L_9 (3^4)

实验号	A 发酵时间（h）	B 母液浓度（%）	C pH	D 酵母添加量（%）	总分
1	1	1	1	1	83.5
2	1	2	2	2	84.2
3	1	3	3	3	86.1
4	2	1	2	3	93.3
5	2	2	3	1	98.1
6	2	3	1	2	94.6
7	3	1	3	2	85.4
8	3	2	1	3	80.6
9	3	3	2	1	79.3
K_1	84.600	87.400	86.233	86.967	
K_2	95.333	87.633	85.600	88.067	
K_3	81.767	86.667	89.867	86.667	
R	13.566	0.966	4.267	1.400	

根据表 4-2 中极差 R 值的大小，进行因素影响程度的比较，发现四因素对实验的影响顺序为：发酵时间>pH>酵母添加量>母液浓度。

表 4-3　方差分析表

变异来源	*SS*	*df*	*MS*	*F*	F_{α}
A 发酵时间（h）	307.287	2	153.644	201.105 * *	$F_{0.05(2,2)}=19.00$
B 母液浓度（%）	1.527	2	0.764	1.0	
C pH	31.807	2	15.904	20.82 *	$F_{0.01(2,2)}=99.00$
D 酵母添加量（%）	3.260	2	1.63	2.134	

注　* * 为差异极显著，$P<0.01$；* 为差异显著，$P<0.05$。

从表 4-3 可以看出：因素 A（发酵时间）影响极显著，因素 C（pH）影响显著，而因素 B（母液浓度）、因素 D（酵母添加量）影响不显著。

对因素 A、C 进行多重比较分析，分析结果如表 4-4。

表 4-4　多重比较用 SSR 及 LSR 值

秩次矩 *K*		2	3
SSR	0.05	6.09	6.09
	0.01	14.0	14.0
LSR	0.05	3.07	3.07
	0.01	7.06	7.06

表 4-5　因素 A 各水平平均值多重比较

因素 A	A_2	A_1	A_3
平均值	95.333	84.600	81.767
显著性（0.05）	a	b	bc
显著性（0.01）	A	B	BC

表 4-6　因素 C 各水平平均值多重比较

因素 C	C_3	C_1	C_2
平均值	89.867	86.233	85.600
显著性（0.05）	a	b	bc
显著性（0.01）	A	B	BC

由表 4-4～表 4-6 可知，多重比较分析得出的最佳配比组合为 $A_2C_3D_1B_3$，即发酵时间为 16h，pH 为 5.0，酵母添加量为 0.4%，次要因素母液浓度的添加量为 25%即可。

五、小结

通过单因素及正交实验对微生物法去除木糖母液中葡萄糖的工艺技术进行优

化，得出微生物法去除木糖母液中葡萄糖的工艺条件：发酵时间为16h，pH为5.0，酵母添加量为0.4%，母液浓度的添加量为25%，葡萄糖的去除率达到98.5%。

第二节　木糖母液的前处理工艺研究

木糖母液的分离多采用传统型的模拟移动床色谱，顺序式模拟移动床色谱分离木糖母液也有研究，但是缺乏相应的前处理工艺，影响其应用。本文研究顺序式模拟移动床色谱分离木糖母液的前处理工艺，以去除葡萄糖后的木糖母液原料，研究高效低成本的顺序式模拟移动床色谱分离木糖母液的脱色与脱盐工艺，提高顺序式模拟移动床分离木糖母液的效果，延长树脂寿命，保证产品质量。

一、实验材料与设备

1. 原料与试剂

去除葡萄糖后的木糖母液（自制），活性炭（福建元力活性炭股份有限公司），阴阳离子树脂（陶氏化学），盐酸、氢氧化钠等化学试剂（均为分析纯）。

2. 仪器与设备

恒温水浴槽DK-450B（上海森信实验仪器有限公司），实验室搅拌器AM1000L-P（上海保占机械有限公司），R-200旋转蒸发仪BÜ CHI，MD100-2型电子分析天平（沈阳华腾电子有限公司），TGL16M高速台式离心机（YING-TAI INSTRUMENT），制备色谱柱1L（黑龙江八一农垦大学国家杂粮中心自制）。

二、实验方法

1. 木糖母液的前处理工艺流程

木糖母液的前处理工艺流程如下：

去葡萄糖木糖母液→稀释→活性炭脱色→过滤→阴阳树脂脱盐→浓缩

去葡萄糖木糖母液稀释至折光率为20%~25%，加入活性炭于60℃处理2h，板框过滤，然后依次进行阴阳离子交换树脂脱盐，最后浓缩至折光率为60%，达到顺序式模拟移动床色谱分离木糖母液的进料要求。

2. 检测方法

脱色率的测定方法采用721分光光度计，以蒸馏水为空白对照，在420nm的波长下测其吸光值。

$$木糖母液脱色率\ T=\frac{A_0-A}{A_0}\times100\%$$

式中：T为脱色率；A_0为脱色前的吸光值；A为脱色后的吸光值。

3. 木糖母液脱色工艺研究

（1）木糖母液浓度对脱色率的影响。取木糖母液原液，分别稀释至折光率为10%、15%、20%、25%、30%五个浓度，活性炭添加量3%，脱色温度60℃，脱色时间2h，每个水平三个平行样，采用分光光度计测定处理前后的吸光度，计算脱色率，研究不同母液浓度对木糖母液脱色效果的影响。

（2）活性炭添加量对脱色率的影响。取稀释后折光率为25%的木糖母液15L，脱色温度60℃，脱色时间2h的条件下，每个水平三个平行样，每个平行样取1L，采用分光光度计测定处理前后的吸光度，计算脱色率。研究活性炭添加量1%、2%、3%、4%、5%五个水平对木糖母液脱色效果的影响。

（3）脱色温度对脱色率的影响。取稀释后折光率为25%的木糖母液21L，活性炭添加量为3%，脱色时间2h的条件下，每个水平取三个平行样，每个平行样取1L，采用分光光度计测定处理前后的吸光度，计算脱色率。研究脱色温度40℃、45℃、50℃、55℃、60℃、65℃、70℃七个水平对木糖母液脱色效果的影响。

（4）提取时间对脱色率的影响。取稀释后折光率为25%的木糖母液15L，活性炭添加量为3%，脱色温度60℃的条件下，每个水平三个平行样，每个平行样取1L，采用分光光度计测定处理前后的吸光度，计算脱色率。研究脱色时间0.5h、1h、1.5h、2h、2.5h五个水平对木糖母液脱色效果的影响。

（5）响应面优化实验方法。在单因素实验基础上，根据回归组合实验设计原理，以木糖母液脱色率为Y值，设计四元二次实验，实验设计如表4-7所示。

表4-7　因素水平编码表

编码值	活性炭添加量（%）X_1	脱色温度（℃）X_2	脱色时间（h）X_3
-1.682	2	55	1
-1	2.41	57	1.2
0	3	60	1.5
+1	3.59	63	1.8
+1.682	4	65	2

4. 木糖母液脱盐工艺研究

（1）离子交换顺序对脱盐的影响。采用001×7阳离子交换树脂与D301阴离子交换树脂对木糖母液进行脱盐。首先，对阴阳离子树脂进行再生，并用纯净水冲洗至中性，将脱色液经过离子交换柱进行脱盐，流速为20mL/min，离子交换顺序分别为阳—阴，阴—阳—阴，阳—阴—阳，阴—阳等方式，采用电导率测定仪进行电导率的测定，研究不同离子交换顺序对木糖母液脱盐效果的影响。

（2）洗脱流速对脱盐的影响。采用001×7阳离子交换树脂与D301阴离子交换树脂对木糖母液进行脱盐。对阴阳离子交换树脂进行再生，并用纯净水冲洗至中性，采用阴—阳—阴的顺序进行脱盐，采用电导率测定仪进行电导率的测定，研究洗脱流速 10mL/min、15mL/min、20mL/min、25mL/min、30mL/min、35mL/min、40mL/min 七个水平对木糖母液脱盐效果的影响。

5. 实验数据分析处理方法

实验重复三次，采用 SAS8.2 软件进行数据统计分析。

三、结果与分析

1. 木糖母液脱色工艺研究结果

（1）木糖母液浓度对脱色率的影响实验结果。木糖母液浓度与脱色率的关系如图 4-6 所示。

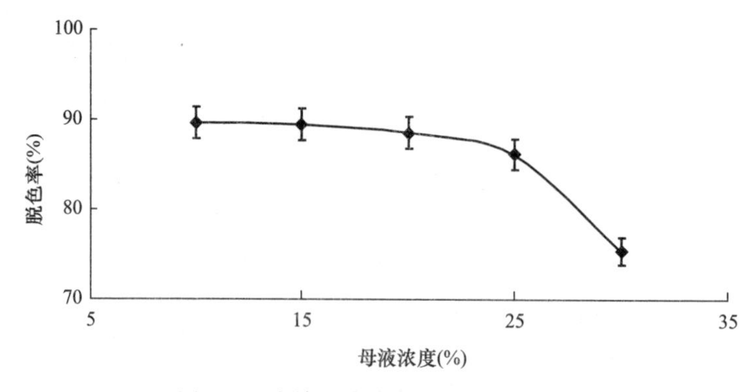

图 4-6　木糖母液浓度与脱色率的关系

实验采用 SAS 8.2 统计软件对实验结果进行 One-Way -ANOVA 分析以及 Duncan 分析。在研究木糖母液浓度对脱色率影响的五点三次重复的因素分析中，$P<0.01$，相关系数=0.915，说明不同木糖母液浓度对木糖母液脱色率有显著影响。由图 4-6 可以看出，随着木糖母液浓度的增大，木糖母液脱色率呈现下降趋势，当浓度超过 25%后急速下降，这可能是由于浓度过高黏度大影响脱色效果，对后续的过滤也有一定影响。再者，浓度过低虽然脱色效果较好，但是出于产业化脱色及生产成本的考虑，本实验选择木糖母液浓度为 25%。

（2）活性炭添加量对脱色率的影响实验结果。活性炭添加量与脱色率的关系如图 4-7 所示。

实验采用 SAS 8.2 统计软件对实验结果进行 One-Way -ANOVA 分析以及 Duncan 分析。在研究活性炭添加量对脱色率影响的五点三次重复的因素分析中，$P<0.01$，相关系数=0.903，说明不同活性炭添加量对木糖母液脱色率有显著影

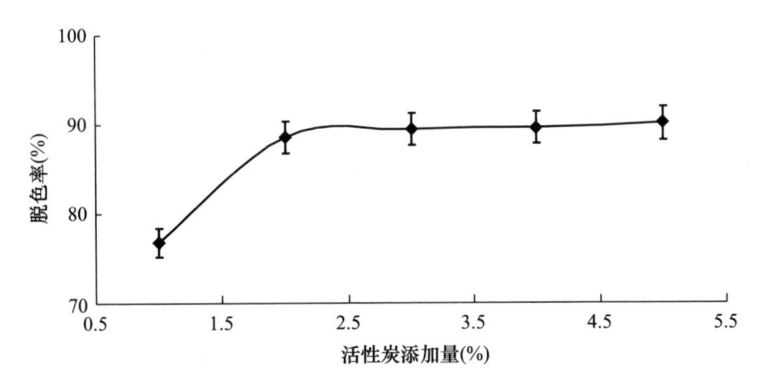

图 4-7　活性炭添加量与脱色率的关系

响。由图 4-7 可以看出，随着活性炭添加量的增大，木糖母液脱色率呈现上升趋势，当添加量超过 3%后趋于平缓，这可能是由于活性炭添加超过 3%后已经足够达到脱色目的，出于产业化生产成本的考虑，本实验选择响应面优化活性炭添加量范围为 3。

（3）脱色温度对脱色率的影响实验结果。脱色温度与脱色率的关系如图 4-8 所示。

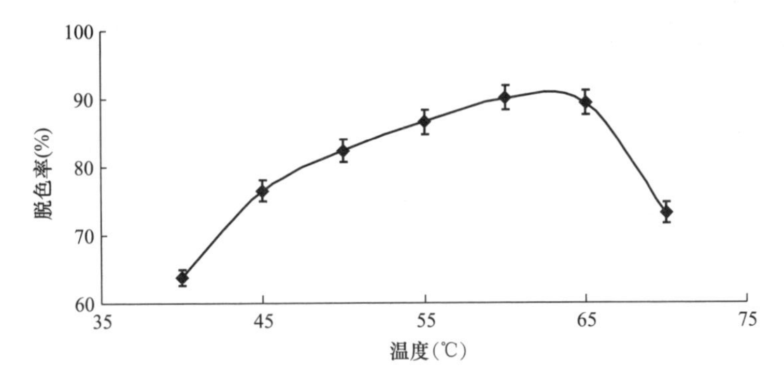

图 4-8　脱色温度与脱色率的关系

实验采用 SAS 8.2 统计软件对实验结果进行 One-Way-ANOVA 分析以及 Duncan 分析。在研究脱色温度对脱色率影响的七点三次重复的因素分析中，$P<0.01$，相关系数=0.899，说明不同脱色温度对木糖母液脱色率有显著影响。由图 4-8 可以看出，随着脱色温度的升高，木糖母液脱色率呈现上升趋势，这是由于温度的提高有助于木糖母液的分子运动，有利于活性炭的脱色；当温度超过 65℃后，脱色率有下降的趋势，这是由于温度高会导致母液中的一些杂糖醇变色，产生一些新的色素类物质，影响脱色效果。因此，本实验选择响应面优化脱

色温度范围为60%±5%。

（4）脱色时间对脱色率的影响实验结果。脱色时间与脱色率的关系如图4-9所示。

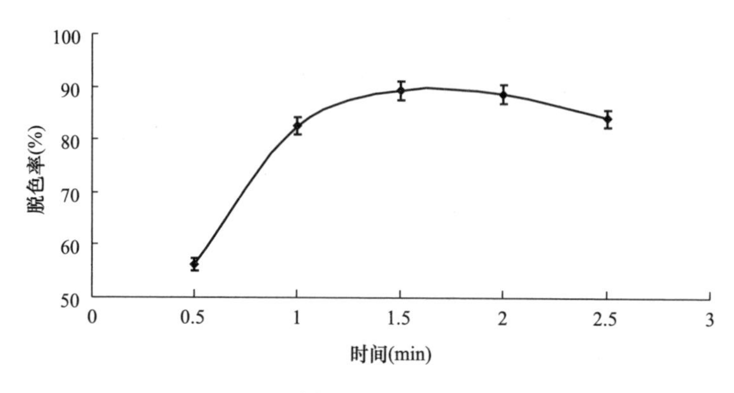

图4-9 脱色时间与脱色率的关系

实验采用SAS 8.2统计软件对实验结果进行One-Way-ANOVA分析以及Duncan分析。在研究脱色时间对脱色率影响的五点三次重复的因素分析中，$P<0.01$，相关系数=0.939，说明脱色时间对木糖母液脱色率有显著影响。由图4-9可以看出，随着脱色时间的延长，木糖母液脱色率呈现上升趋势，当脱色时间超过2h后略有下降，这是由于时间短时处理时间不足达不到脱色的效果，2h后由于脱色时间过长母液中的一些杂糖醇变色，产生一些新的色素类物质，影响脱色效果。因此，本实验选择响应面优化脱色时间范围为(1.5±0.5)h。

（5）响应面实验结果。基于单因素实验结果确定的最佳条件，以活性炭添加量（%），脱色温度（℃），脱色时间（min），这三个因素为自变量（分别以X_1、X_2、X_3表示），以木糖母液脱色率为Y值设计实验，运用SAS 8.2软件处理，实验结果如表4-8所示。

表4-8 实验安排表以及实验结果

实验号	活性炭添加量（%）X_1	脱色温度（℃）X_2	脱色时间（min）X_3	脱色率（%）
1	1	1	1	2.09
2	1	1	-1	3.38
3	1	-1	1	2.15
4	1	-1	-1	3.15
5	-1	1	1	2.49

续表

实验号	活性炭添加量（%）X_1	脱色温度（℃）X_2	脱色时间（min）X_3	脱色率（%）
6	-1	1	-1	1.84
7	-1	-1	1	1.93
8	-1	-1	-1	1.28
9	-1.682	0	0	2.68
10	1.682	0	0	1.75
11	0	-1.682	0	3.19
12	0	1.682	0	3.07
13	0	0	-1.682	2.95
14	0	0	1.682	2.91
15	0	0	0	3.4
16	0	0	0	3.28
17	0	0	0	3.07

采用 SAS 8.2 统计软件对响应面法优化木糖母液脱色实验进行响应面回归分析（RSREG），二次回归方程以及回归方程各项的方差分析结果如表 4-9 所示，二次回归参数模型数据如表 4-10 所示。

表 4-9　回归方程各项的方差分析表

回归方差来源	自由度	平方和	均方和	F	P
回归模型	9	986.326	0.908	10.92	0.0004
一次项	3	340.984	0.314	11.33	0.0015
二次项	3	407.152	0.375	13.52	0.0007
交互项	3	238.190	0.219	7.91	0.0054
失拟项	5	80.151	16.031	3.97	0.0783
纯误差	5	20.2	4.04		
总误差	10	100.351	10.035		

由表 4-9 可以看出：二次回归模型的 F 值为 10.92，$P<0.01$，大于在 0.01 水平上的 F 值，而失拟项的 P 为 0.0783，小于 0.05，说明该模型拟合结果好。一次项、二次项和交互项的 F 值均大于 0.01 水平上的 F 值，说明它们对木糖母液脱色率有极其显著的影响。

表 4-10　二次回归模型参数表

模型	非标准化系数	T 值	P 值
截距	-2373. 069	-6. 24	<. 0001
X_1	18. 7	0. 45	0. 6631
X_2	68. 852	5. 94	0. 0001
X_3	453. 03	5. 52	0. 0003
X_{12}	-5. 645	-2. 39	0. 0382
$X_1 X_2$	0. 254	0. 40	0. 696
$X_1 X_3$	4. 661	0. 74	0. 4783
X_{22}	-0. 502	-5. 34	0. 0003
$X_2 X_3$	-5. 972	-4. 80	0. 0007
X_{32}	-33. 442	-3. 56	0. 0052

以木糖母液脱色率为 Y 值，得出木糖母液浓度（%）、活性炭添加量（%）、脱色温度（℃）、脱色时间（min）的编码值为自变量的四元二次回归方程为：

$$Y=-2373.069+18.7X_1+68.852X_2+453.03X_3-5.645X_1^2+0.254X_1X_2+4.661X_1X_3-0.502X_2^2-5.972X_2X_3-33.442X_3^2$$

为了进一步确证最佳点的值，采用 SAS8. 2 软件的 Rsreg 语句对实验模型进行响应面典型分析，以获得最大的脱色率时的脱色条件。经典型性分析得最优提取条件和脱色率如表 4-11 所示。

表 4-11　最优提取条件及得率

因素	标准化	非标准化	最大脱色率（%）
X_1	0. 714	3. 714	93. 6
X_2	-0. 211	58. 95	
X_3	0. 537	1. 77	

脱色率最高时的活性炭添加量、脱色温度、脱色时间的具体值分别为：3. 71%，58. 95℃，1. 77h，该条件下得到的最大理论脱色率为 93. 6%。

（6）交互作用分析。采用降维分析法研究其他两因素条件固定在零水平时，有交互作用的两因素对木糖母液脱色率的影响。SAS8. 2 软件绘出三维曲面及其等高线图，如图 4-10～图 4-12 所示，对这些因素中交互项之间的交互效应进行分析。

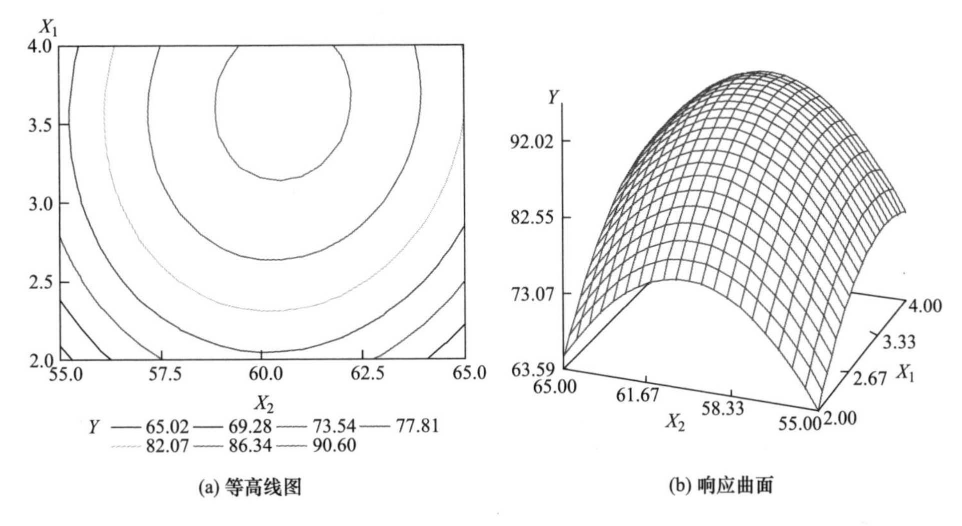

(a) 等高线图　　(b) 响应曲面

图 4-10　$Y=f(X_1, X_2)$ 的响应曲面图及其等高线图

由图 4-10 可以看出，响应曲面坡度相对较大，等高线呈椭圆形，表明活性炭添加量和脱色温度两者交互作用显著。由等高线可知，沿脱色温度方向等高线较沿活性炭添加量方向等高线相对密集，说明脱色温度比活性炭添加量对响应值峰值的影响大。当活性炭添加量在 3.0%~4.0%，脱色温度在 55~60℃ 范围内，两者存在显著的增效作用，响应值随着两者的增加而增大，并达到极值。

由图 4-11 可以看出，响应曲面坡度相对较大，等高线呈椭圆形，表明活性炭添加量和脱色时间两者交互作用显著。由等高线可知，沿脱色时间方向等高线较沿活性炭添加量方向等高线相对密集，说明脱色时间比活性炭添加量对响应值峰值的影响大。当活性炭添加量在 3.0%~4.0%，脱色时间在 1.5~2h 范围内，两者存在显著的增效作用，响应值随着两者的增加而增大，并达到极值。

由图 4-12 可以看出，响应曲面坡度相对较大，等高线呈椭圆形，表明脱色温度和脱色时间两者交互作用显著。由等高线可知，沿脱色时间方向等高线较沿脱色温度方向等高线相对密集，说明脱色时间比脱色温度对响应值峰值的影响大。当脱色温度在 55~60℃，脱色时间在 1.5~2h 范围内，两者存在显著的增效作用，响应值随着两者的增加而增大，并达到极值。

（7）回归模型的验证实验。按照最优脱色条件进行实验，重复三次。结果木糖母液脱色率为 93.5%±0.5%，实验值与模型的理论值非常接近，且重复实验相对偏差不超过 5%，说明实验条件重现性良好。结果表明，该模型可以较好地反映出木糖母液脱色的条件。

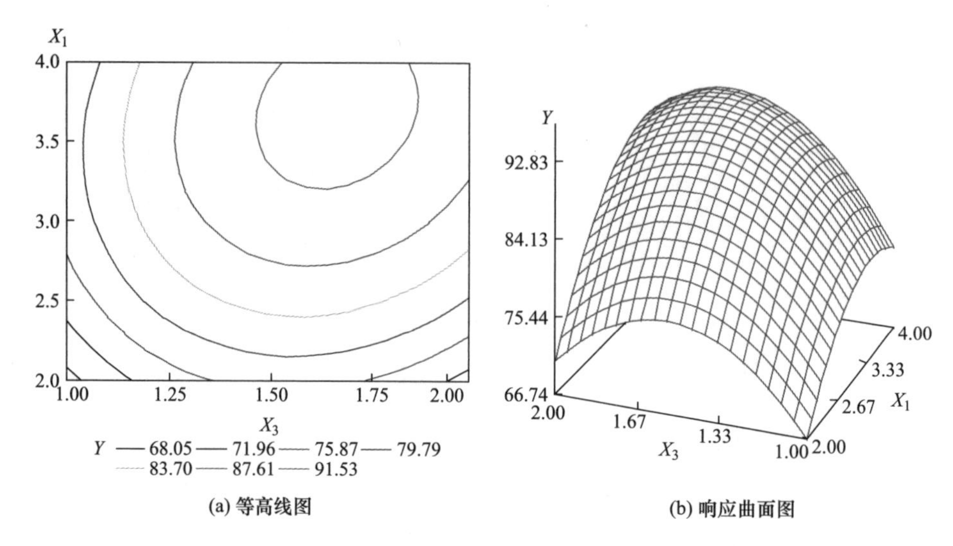

图 4-11　$Y=f(X_1, X_3)$ 的响应曲面图及其等高线图

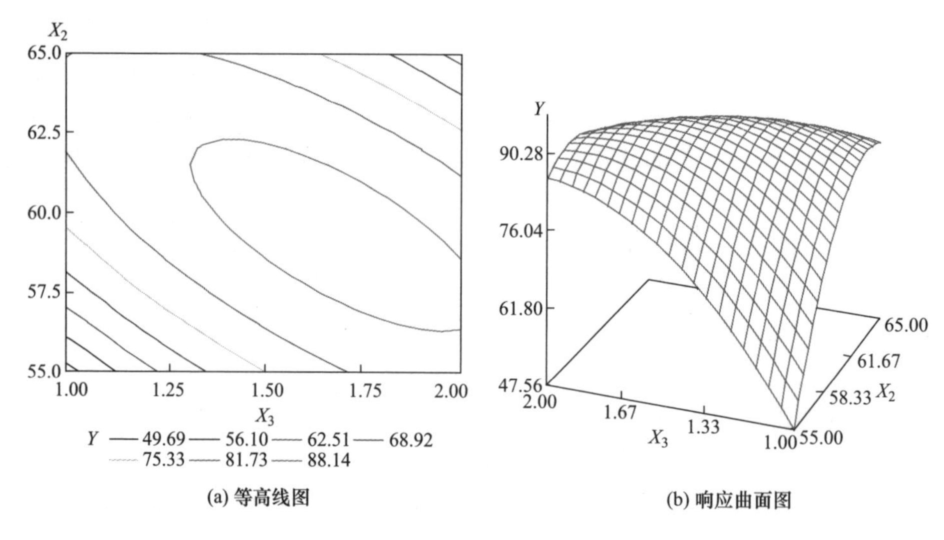

图 4-12　$Y=f(X_2, X_3)$ 的响应曲面图及其等高线图

2. 木糖母液脱盐工艺研究

（1）离子交换顺序对脱盐影响实验结果。离子交换顺序与脱盐电导率的关系如图 4-13 所示。

由图 4-13 可以看出，阴—阳—阴的离子交换顺序的脱盐效果明显好于其他三种方式，差异极显著。其他三种方式电导率较高的主要原因可能是由于这三种

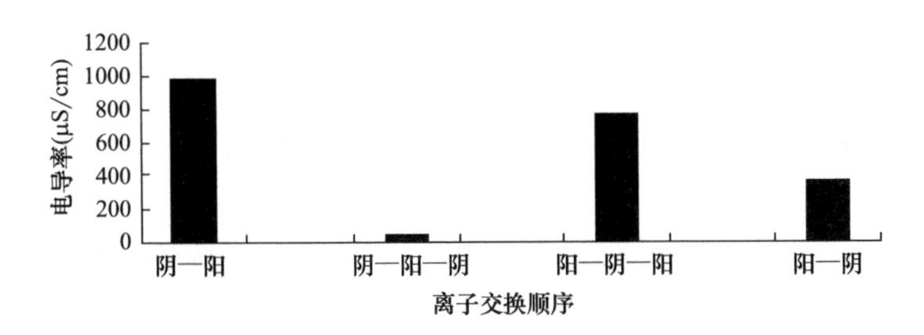

图 4-13　不同离子交换顺序与脱盐电导率的关系

方式与木糖母液中离子种类、离子强度不适宜，造成木糖母液的 pH 过高或过低。这三种方式得到的母液 pH 不满足顺序式模拟移动床色谱分离木糖的要求（pH=4~7），进入系统后会影响树脂的寿命及产品质量。因此，本研究采用阴—阳—阴的离子交换顺序对木糖母液进行脱盐处理。

（2）洗脱流速对脱盐影响实验结果。洗脱流速与脱盐电导率的关系如图 4-14 所示。

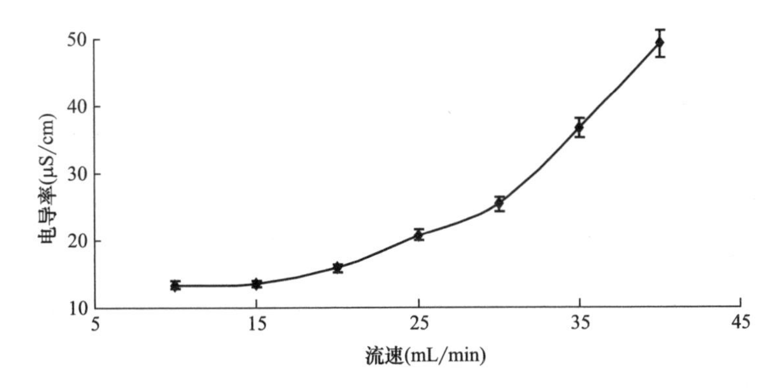

图 4-14　不同洗脱流速与脱盐的关系

实验采用 SAS 8.2 统计软件对实验结果进行 One-Way-ANOVA 分析以及 Duncan 分析。在研究洗脱流速对脱盐影响的七点三次重复的因素分析中，$P<0.05$，相关系数 = 0.924，说明不同洗脱流速对木糖母液脱盐有显著影响。由图 4-14 可以看出，随着洗脱流速的增加，木糖母液电导率呈现上升的趋势，这是由于洗脱流速较慢时木糖母液分子与树脂接触时间较长，效果较好；当流速较大时木糖母液分子与树脂接触时间较短不能充分接触，导致脱盐效果较差。综合考虑顺序式模拟移动床色谱分离木糖母液的进料要求与处理效果，本工艺选择离子交换脱盐的洗脱流速为 30mL/min，采用本工艺的处理方法得到的木糖母液的电导率为（25.5±0.5）μS/cm，达到了顺序式模拟移动床色谱分离木糖母液的进

料要求。

四、结论

本文研究顺序式模拟移动床色谱分离木糖母液的前处理工艺，在单因素实验的基础上采用响应面法优化脱色工艺参数，建立了二次回归模型，该模型与数据拟合程度较高，具有较好的实用性。经优化后的工艺参数为：木糖母液浓度为25%，活性炭添加量3.71%，脱色温度59℃，脱色时间1.77h，木糖母液的脱色率达到93.5%±0.5%。离子交换脱盐的顺序为阴—阳—阴，洗脱流速为30mL/min，母液的电导率为（25.5±0.5）μS/cm。经本工艺处理得到的木糖母液达到了顺序式模拟移动床分离木糖母液的进料要求。本研究可以提高木糖母液的质量，降低顺序式模拟移动床分离木糖母液的前处理成本，提高顺序式模拟移动床分离木糖母液的效果，延长树脂寿命保证产品质量，对促进我国糖醇产业的更新换代具有一定的作用。

第三节　单柱层析回收木糖母液中木糖及阿拉伯糖的技术研究

一、实验材料和仪器设备

1. 实验材料

去葡萄糖木糖母液（自制），去离子水（自制），ZG106Ca^{2+}树脂（浙江争光树脂有限公司提供），701型强酸性苯乙烯系阳离子交换树脂（安徽三省树脂科技有限公司）。

2. 仪器设备

制备色谱分离系统（大庆三星机械制造公司），液相色谱仪1200s（安捷伦科技有限公司），不锈钢单柱1000mm×10mm（可升温）（自制），阿贝折射仪2-WAJ（上海光学仪器五厂）。

二、实验方法

1. 单柱脉冲实验

在柱中装填一定量的树脂，用去离子水冲洗干净后备用。调整恒流泵为一定转速，以去离子水为洗脱剂，进行进样。进样后每4mL收集一个样品，用高效液相色谱检测木糖的纯度。以分离度为指标，选择适合的树脂以及最适的进料体积、进料流速、进料浓度、操作温度等操作参数。

（1）柱温对分离度的影响实验。用去离子水将 Ca^{2+} 树脂柱冲洗干净，将浓度 60%的原料液以 1.5mL/min 的流速进料 9mL，以去离子水为解吸剂，解吸流速设定为 1.6mL/min，分别在 50℃、55℃、60℃、65℃、70℃的工作温度下进行实验，每 4mL 收集一个样品，用高效液相色谱检测样品中木糖及阿拉伯糖的纯度，计算出分离度。以分离度为测定指标，确定最佳的工作温度。

（2）进样浓度对分离度的影响实验。用去离子水将 Ca^{2+} 树脂柱冲洗干净，分别将浓度 30%、40%、50%、60%、70%的原料液，以 1.5mL/min 的流速进料 9mL，以去离子水为解吸剂，解吸流速设定为 1.6mL/min，在温度 60℃的条件下进行实验，每 4mL 收集一个样品，用高效液相色谱检测样品中木糖及阿拉伯糖的纯度，计算出分离度。以分离度为测定指标，确定最佳的进料浓度。

（3）进料流速对分离度的影响实验。用去离子水将 Ca^{2+} 树脂柱冲洗干净，将浓度 60%的原料液，分别以 0.4mL/min、0.6mL/min、0.8mL/min、1mL/min、1.2mL/min、1.4mL/min、1.6mL/min 的流速进料 9mL，以去离子水为解吸剂，解吸流速设定为 1.6mL/min，在温度 60℃的条件下进行实验，每 4mL 收集一个样品，用高效液相色谱检测样品中木糖及阿拉伯糖的纯度，计算出分离度。以分离度为测定指标，确定最佳的进料流速。

（4）解吸流速对分离度的影响。用去离子水将 Ca^{2+} 树脂柱冲洗干净，将浓度 60%的原料液以 1.5mL/min 的流速进料 9mL，以去离子水为解吸剂，解吸流速分别为 1.2mL/min、1.4mL/min、1.6mL/min、1.8mL/min、2.0mL/min、2.2mL/min、2.4mL/min，在温度 60℃的条件下进行实验，每 4mL 收集一个样品，用高效液相色谱检测样品中木糖及阿拉伯糖的纯度，计算出分离度。以分离度为测定指标，确定最佳的解吸流速。

2. 木糖母液中木糖及阿拉伯糖测定方法

液相检测方法。色谱柱：Rezex RCM Ca（8%），300×7.8 色谱柱（美国 Phenomenex 公司），流速：0.6mL/min，流动相：全水流动相，检测器：示差检测器，柱温：80℃，进样：5μL。

三、结果与分析

1. 不同树脂对分离度的影响

分别装填 ZG106Ca^{2+}、701 型强酸性苯乙烯系阳离子交换树脂，进样温度为 60℃，进样体积为 18mL，进样浓度为 60%，流速为 1.62mL/min，用去离子水洗脱，在相同条件下进行实验，结果如表 4-12 所示。

由表 4-12 可以看出，不同树脂对木糖回收有一定的影响。利用 ZG106Ca^{2+} 树脂的分离度大于 701 型树脂，因此选用 ZG106Ca^{2+} 树脂。

表 4-12 不同树脂对分离度的影响

树脂	木糖纯度（%）	阿拉伯糖纯度（%）	木糖浓度（%）	阿拉伯糖浓度（%）	分离度
ZG106Ca^{2+}	90.11	98.02	13.76	9.166	0.53
701 型树脂	89.13	90.62	11.67	8.34	0.47

2. 单柱评价实验结果

（1）柱温对分离度影响的结果与分析。SSMB 实验中柱温对分离度的影响结果如图 4-15 所示。

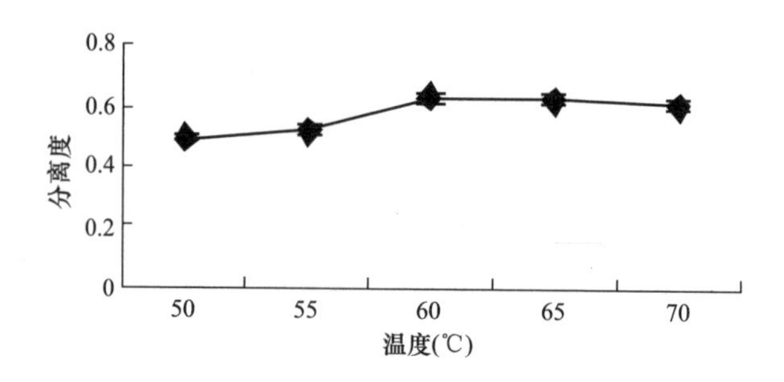

图 4-15 柱温对分离度的影响

如图 4-15 所示，分离度随着柱温的增加而增大，当温度达到 60℃时，分离度最高。当温度继续上升，分离度反而有所下降。原因在于随着操作温度的升高虽然可促进木糖与阿拉伯糖的分离，使分离效果提高，但由于吸附是放热过程，温度过高，反而会影响吸附分离的效果。当温度超过 65℃时，糖液变成黄色，有氧化分解的现象。采用 SAS8.2 统计软件对柱温的五点三次重复数据进行处理，得到 F 值为 809.94，P 值小于 0.001，说明柱温对分离效果均有显著影响，根据实验结果与实际情况确定最佳的工作温度为 60℃。

（2）进料浓度对分离度影响的结果与分析。SSMB 实验中进料浓度对分离度的影响结果如图 4-16 所示。

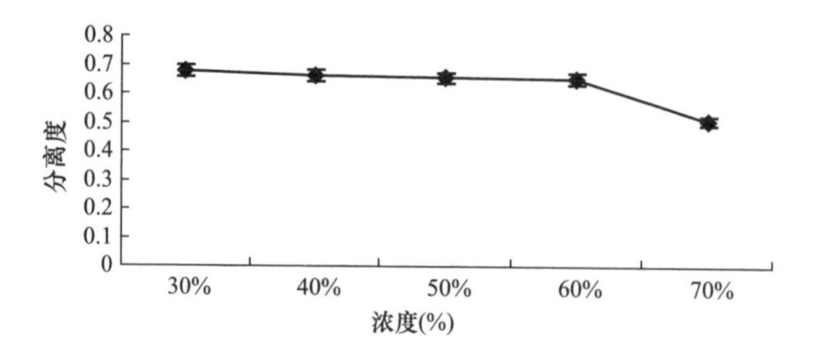

图 4-16 进样浓度对分离度的影响

如图4-16所示，随着原料液浓度的增大，分离度逐渐减小。这是由于随着原料液浓度的增加，色谱柱的负荷增大，分离度也随之下降。而原料液浓度太低，虽然分离效果较好，但生产效率也相应降低。采用SAS8.2统计软件对进料浓度的五点三次重复数据进行处理，得到 *F* 值为41.89，*P* 值小于0.001，说明进样浓度对分离效果有显著影响。根据实验结果与实际情况确定最佳的进样浓度均为60%。

（3）进料流速对分离度影响的结果与分析。SSMB实验中进料流速对分离度的影响结果如图4-17所示。

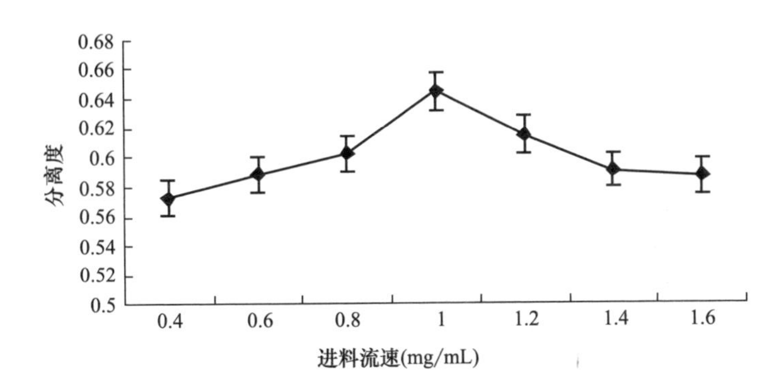

图4-17　进样流速对分离度的影响

由图4-17可知，进料流速对分离度的七点三次重复实验中，利用SAS8.2统计软件进行数据分析，得到 *F* 值为150.67，*P* 值小于0.0001，说明进料流速对分离度的影响显著。随着进料流速的增大，分离度也随之增加，当进料流速为1.0mL/min时，分离度达到最大。进料流速太低会影响木糖与阿拉伯糖在树脂中的迁移速度，使得两种物质的分离度减小，分离效率降低；进料流速过高时，会导致两种情况的发生，一种是树脂不能够完全饱和，使得树脂的使用率降低；另一种是当树脂饱和的同时会损失一部分物料。因此，由实验数据得出最佳的进样流速为1.0mL/min。

（4）解吸流速对分离度影响的结果与分析。SSMB实验中解吸流速对分离度的影响结果如图4-18所示。

由图4-18可知，在解吸流速对分离度的七点三次重复实验中，利用SAS8.2统计软件进行数据分析，得到 *F* 值为569.29，*P* 值小于0.0001，说明解吸流速对分离效果有显著影响。当解吸流速较低时，吸附剂对阿拉伯糖的吸附充分，分离效果好，解吸流速太快，组分在柱中的停留时间短，溶液中的离子来不及扩散到树脂内部，分离时间减少，分离效果差。根据实验结果确定最佳的解吸流速为1.8mL/min。

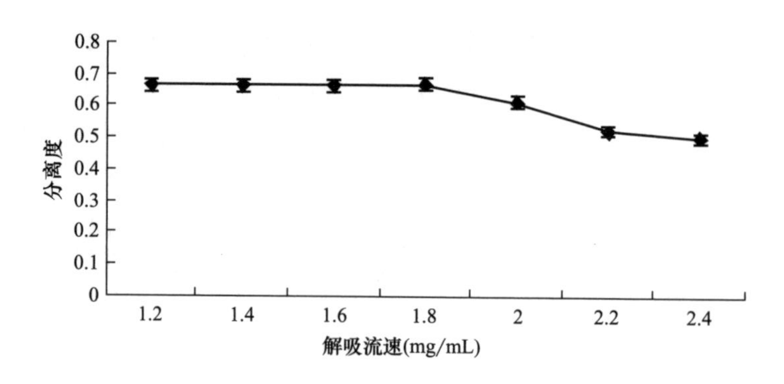

图 4-18　解吸流速对分离度的影响

3. 分离曲线

洗脱分离曲线如图 4-19 所示。

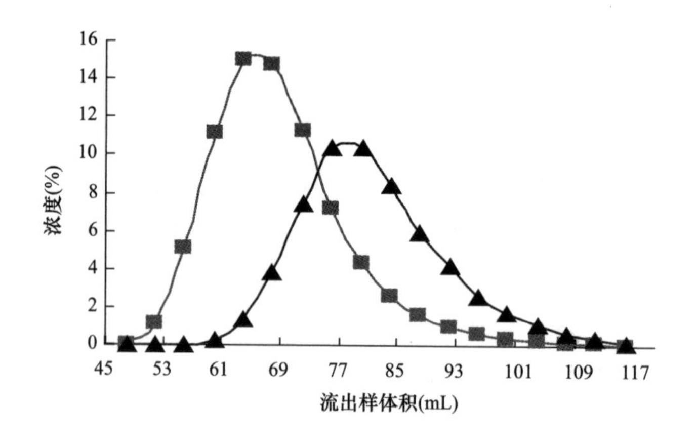

图 4-19　洗脱曲线图

由图 4-19 可知，洗脱液按顺序分为几部分，最先部分为稀糖液，糖分主要为木糖，混有少量阿拉伯糖；第二部分为浓糖液，主要为木糖，但混有相当量的阿拉伯糖；第三部分，主要为阿拉伯糖，但有相当一部分木糖；第四部分为浓糖液，主要为阿拉伯糖，有少量木糖。

四、小结

本章通过单柱脉冲实验，以分离度为指标，得到 PCR-642Ca^{2+}树脂有较好的吸附效果，最佳进样条件：柱温为 60℃、进样浓度为 60%、洗脱流速为 1.62mL/min、进样量为 18mL。

第四节 模拟移动床色谱回收木糖母液中阿拉伯糖的技术研究

模拟移动床色谱是一种模拟真实移动床的连续色谱分离工艺。在模拟移动床色谱中，固定相的逆流移动由进样口和溶剂入口与残余液出口和提取物出口的周期切换来模拟，相当于柱子向与切换相反的方向移动。它是模拟移动床技术和色谱技术的结合，它是以模拟移动床的运转方式来实现色谱分离过程的一种工艺方法，其中色谱是它主要的工作单元。本研究利用模拟移动床设备对木糖母液进行了分离和纯化，并在小试的基础上进行中试实验。

一、实验材料和仪器设备

1. 实验材料

去葡萄糖木糖母液（自制），去离子水（自制），ZG106Ca^{2+}树脂（浙江争光树脂有限公司提供）。

2. 仪器设备

液相色谱仪 1200s（安捷伦科技有限公司），阿贝折射仪 2-WAJ（上海光学仪器五厂），模拟移动床色谱实验室装置（自制）。

二、实验方法

1. 设计依据

从经济学的观点来看，SMB 的最优化就是使进料、洗脱剂的消耗和固定相的耗费量最优化，单位产品的分离成本降到最低水平。分离成本的标准是高的生产率和较低的洗脱剂消耗，而对于萃取液和残余液的要求是至少保持所需的纯度和收率（B. Pynnonen，1998）。常见两组分分离 SMB 中的工艺参数如表 4-13 所示，其中弱吸附组分 B 在残余液中被收集，而强吸附组分 A 则在萃取液中被收集（SM. Lai，2002）。

表 4-13 SMB 工艺性能参数

工艺参数	萃取液	残余液
纯度（%）	$\frac{\overline{C}_{AE}}{C_{AE}+C_{BE}}$	$\frac{\overline{C}_{BR}}{C_{BR}+C_{AR}}$
收率（%）	$\frac{Q_E\overline{C}_{AE}}{Q_F C_{AF}}$	$\frac{Q_R\overline{C}_{BR}}{Q_F C_{BF}}$

续表

工艺参数	萃取液	残余液
溶剂消耗（mL/mg）	$\frac{Q_F+Q_D}{Q_F+\bar{C}_{AE}}$	$\frac{Q_F+Q_D}{Q_R+\bar{C}_{BF}}$
生产率（mg/min）	$Q_E+\bar{C}_{AE}$	$Q_R+\bar{C}_{BR}$

表4-13中：C 为切换时间内的平均浓度（0~ts）；Q 为流率。下标中：A 为强吸附组分；B 为弱吸附组分；E 为萃取液；R 为残余液；F 为进料。

对于一个新的SMB应用技术研究，一般要在两种设计中选择，一种是分离柱的数目与径高比，即柱的多少和柱的长度、直径，也包括分离树脂（固定相）的体积等。其目的是在达到一定的生产率后，选择合适的单元尺寸以达到最佳的柱效率和生产力。另外一种设计是假定在单元尺寸已定的情况下，如何选择操作条件以达到期望的分离性能，本文已有小型模拟移动床实验设备，因此考虑的是第二种设计。本实验中所用的SMB实验设备和它的柱尺寸是固定的，其装填参数是固定数据，并且已知待分离混合物组分的吸附平衡参数。因此所需选择的操作参数有：柱内部流量（也是各个区的流量）、切换时间（对应于固定化分离柱的固相流量）和进料组成，本文分离的木糖母液提取液组成是已知的，所以这一操作参数改为进料浓度。

SMB分离强调的是技术参数的有效性，如果这些操作参数选择不当，分离制备的工作将无法完成，为此，要先从理论的角度研究如何确定操作参数。操作参数确定的理论依据一般是平衡理论模型（理想模型、三角形理论）、塔板模型、速率模型。本文研究的是木糖母液纯化，属于单一组分与其余杂质的分离，可看作是两组分的分离，可依据平衡理论模型。如考虑两组分分离，其物料平衡方程如下：

一阶偏微方程：

$$\frac{\partial}{\partial T}[\varepsilon c_{ij}+(1-\varepsilon)q_{ij}]+\frac{\partial}{\partial \xi}[m_j c_{ij}-q_{ij}]=0,(i=A,B) \tag{4-1}$$

式中：T 为时间；δ 为孔隙率；c_{ij} 为 i 组分在第 i 区流动相中的浓度；ξ 为容量因子；m_j 为 j 区的固、液相流量的比值；q_{ij} 为 i 组分在第 j 区固定相中的浓度；A、B 为待分离的两种物质。

另外，吸附相的浓度 q_{ij} 可以从吸附等温线方程计算求得：

$$q_{ij}=f_i(C_{Aj},C_{Bj}),(i=A,B)r\frac{Q_s}{V} \tag{4-2}$$

式中：r 为吸附速率；Q_s 为固相流量；V 为柱体积。

参数 m_j 就是所谓的流量比，即被定义为 j 区的固、液相流量的比值：

$$m_j = \frac{Q_j^{\mathrm{TMB}}}{Q_s} \tag{4-3}$$

根据转换关系可得 m_j 与 SMB 流量之间的关系：

$$m_j = \frac{Q_j^{\mathrm{SMB}}\tau - \varepsilon V}{(1-\varepsilon)V} \tag{4-4}$$

式中：τ 为切换时间。

在线性和 Langmuir 两种吸附平衡等温线情况下，平衡理论证明如已给定初始和边界条件，则单根逆流吸附柱的模型［即某一个区 j 的方程式（4-1）和式（4-2）］可利用流量比 m_j 来预知这根柱稳态时的组分组成。相应地可推知一个稳态的四区 TMB 以及等价的循环稳定态时的 SMB 仅依赖于进料组成和四区流量比 m_j（j= Ⅰ，Ⅱ，Ⅲ，Ⅳ）。这样一来，在平衡理论的框架下，一旦给定进料组成，TMB 或 SMB 的设计问题就简化为对参数 m_j 值的选择。SMB 的基本流程示意如图 4-20 所示。

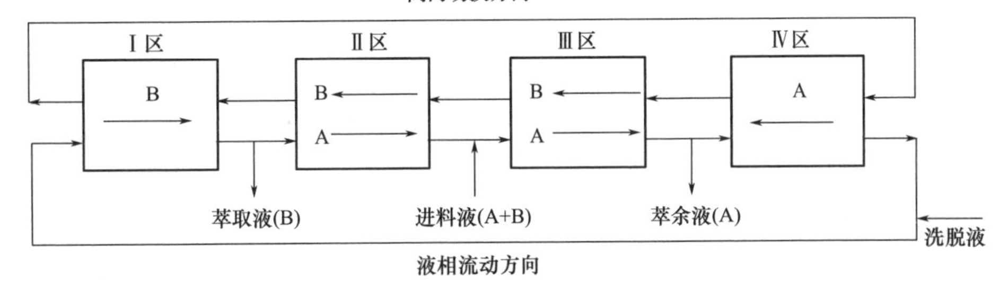

图 4-20 移动床色谱流程示意图

如图 4-20 所示，目标组分和残余液可在预定的出口收集到，为了在提取液中回收目标组分 A，就必须满足如下约束，这些约束考虑到每个区组分的净流量。在Ⅰ区，组分 A 和 B 的净流必须向上游移动；Ⅱ区和Ⅲ区，组分 A 的净流必须向下游移动，而组分 B 的净流必须向上游移动；Ⅳ区，组分 A 和组分 B 的净流必须向下游移动，以此类推。

2. SMB 与 TMB 间的转换关系

SMB 是将模拟移动床色谱过程假想为连续逆流过程，当有无限多柱子和无限短切换时间时，SMB 过程就变成真实移动床过程，TMB 操作在启动一段时间后可达到稳定状态，即柱内浓度分布不随时间而变化。然而对于真实的 SMB，在某个切换时间内，柱内浓度分布是随时间变化的，而在接连的一系列切换时间内，出样口的浓度随时间又是周期性变化的，是个循环稳态过程，根据 SMB 和 TMB 之间具有的等效性，只要满足简单的几何学和运动学转换规则，就可以用相对较为简单的 TMB 模型来预测 SMB 单元的稳态分离性能。SMB 分离过程的设计是基于 TMB 的设计，m_j 是指 TMB 情况下的 j 区流量比，需先将其转化为 SMB 时的流量比值方可应用于实际的 SMB 过程。

3. SMB 简易参数设计

模拟移动床的参数估计需要进行复杂的数值模拟和大量的 SMB 实验摸索，并且对于不同的带分离体系要进行不同的工作，这需要极大的工作量和工作时间。本文利用安全因子法，它主要要求测定竞争吸附等温线，得到一些竞争性吸附数据，由此对 SMB 的分离系统设计其操作参数，得到 SMB 分离果葡糖浆的理论参数。

4. SMB 参数优化设计

通过模拟移动床的实际操作，将理论值在实验中进行修正优化，得出最适的制备高纯果糖的 SMB 参数。

5. SSMB 分离实验

采用 SSMB 色谱分离设备，根据 SSMB 与 TMB 之间的转换公式计算出的预测数据设定切换时间、进料流速、解吸流速和循环流速四个主要参数，在温度 60℃下进行 SSMB 的平衡稳定实验。一般色谱柱切换 20 次 SSMB 色谱系统才能达到稳定状态，此时在各出料口收集流出液，测定溶液中木糖及阿拉伯糖的纯度，以木糖和阿拉伯糖纯度为测定指标，优化切换时间、进料流速、解吸流速及循环流速四个技术参数。

6. SSMB 工艺流程

SSMB-6Z 型分离设备如图 4-21 所示，包括 6 根色谱柱，在分离木糖母液中

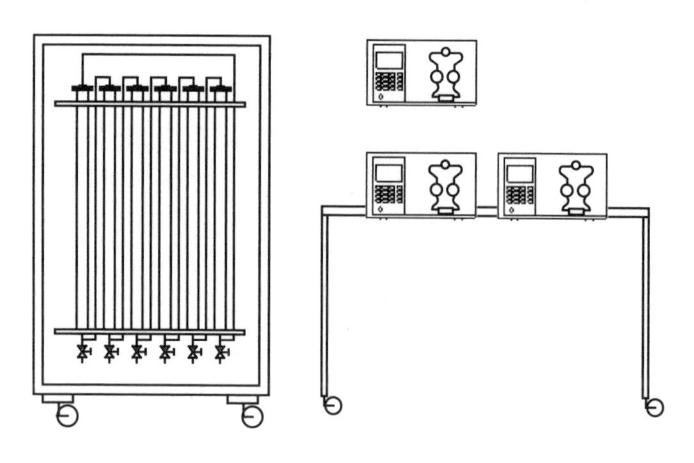

图 4-21　SSMB-6Z 型分离设备示意图

木糖与阿拉伯糖的工艺流程中，每根色谱柱要经过三个步骤即大循环（S_1）、小循环（S_2）、全进全出（S_3），设备运转一个周期就要经过18个步骤。从1号柱开始，在1号柱时第一步为大循环；第二步为在1号柱上端进解吸剂D，在5号柱下端放出BD（木糖组分）；第三步为在1号柱上端进解吸剂D，在1号柱下端放出AD（阿拉伯糖组分），在4号柱上端进F（原料），在5号柱下端放出CD（木糖组分）。然后切换到2号柱，所有进料与出料口也都向下移动一根柱子，依次循环下去，木糖母液分离工艺流程如图4-22所示。

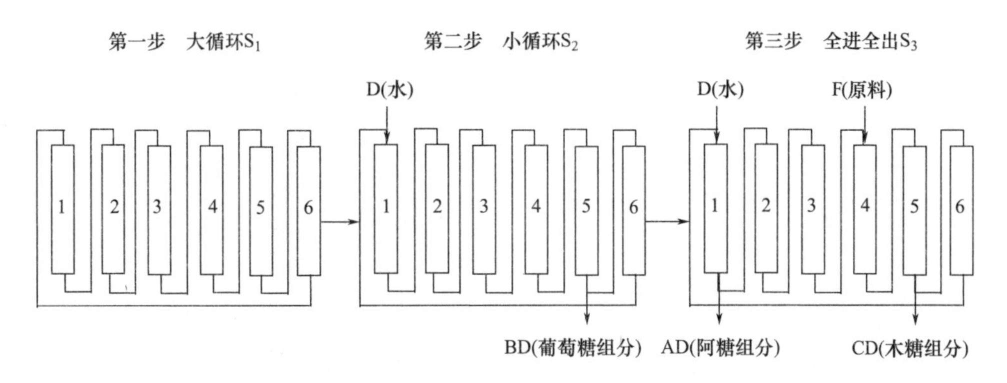

图4-22　木糖母液分离工艺流程图

三、实验结果与分析

1. SMB实验结果

（1）分区的确定。根据SMB与TMB间的等效性和转换关系，考虑树脂对木糖吸附强弱的不同，水洗的流速和水洗的效果以及树脂柱和设备的实际操作性能，确定模拟移动床色谱分离区各区的分配方式，如表4-14所示。

表4-14　SMB分离区各区分配方式

区域代号	区域名称	分配方式
Ⅰ区	吸附区	4根制备柱（串联）
Ⅱ区	精馏区	3根制备柱（串联）
Ⅲ区	解吸区	3根制备柱（串联）
Ⅳ区	缓冲区	2根制备柱（串联）

（2）实验参数的设定。由于在单柱脉冲实验已经得到一些重要的参数，在此阶段所需的只是一些简单的实验步骤，并不需要使用SMB装置。

（3）计算真实移动床（TMB）。对于给定的进料浓度，TMB 的设计主要是对不同流率的选择：循环、进料、洗脱、萃出、残液和固体流率（等效于 SMB 中的进出口切换周期）。为了在残液中回收弱吸附组分 A 和在萃取液中回收强吸附组分 B，使它们必须满足以下条件，如表 4-15 所示。

表 4-15　TMB 内部流率约束

带	物理约束	数学表达
Ⅰ	B 净流右移	$\frac{Q_{\mathrm{I}}}{M^{\&} \cdot \bar{K}_{\mathrm{B}}} > 1$
Ⅱ	A 净流右移	$\frac{Q_{\mathrm{II}}}{M^{\&} \cdot \bar{K}_{\mathrm{A}}} > 1$
Ⅲ	B 净流右移	$\frac{Q_{\mathrm{III}}}{M^{\&} \cdot \bar{K}_{\mathrm{B}}} < 1$
Ⅳ	A 净流右移	$\frac{Q_{\mathrm{IV}}}{M^{\&} \cdot \bar{K}_{\mathrm{A}}} < 1$

注　$M^{\&}$ 为固体流率；Q_{I}、Q_{II}、Q_{III}、Q_{IV} 分别为Ⅰ～Ⅳ区的流量；$\bar{K}_{\mathrm{A}}$ 为 A 物质的平衡常数；$\bar{K}_{\mathrm{B}}$ 为 B 物质的平衡常数。

对于表 4-15 中的所有不等式，引入一个相同的因子，可以得到：

$$\frac{Q_{\mathrm{I}}}{M^{\&} \cdot \bar{K}_{\mathrm{B}}}=\beta;\frac{Q_{\mathrm{II}}}{M^{\&} \cdot \bar{K}_{\mathrm{A}}}=\beta;\frac{Q_{\mathrm{III}}}{M^{\&} \cdot \bar{K}_{\mathrm{B}}}=1/\beta;\frac{Q_{\mathrm{IV}}}{M^{\&} \cdot \bar{K}_{\mathrm{A}}}=1/\beta \tag{7}$$

由于在线性吸附条件下，两组分存在着公式（1）的关系，上式可改写成：

$$M^{\&}=\frac{Q_{\mathrm{F}}}{\bar{K}_{\mathrm{B}}/\beta-\bar{K}_{\mathrm{A}} \cdot \beta};\ Q_{\mathrm{Rec}}^{\mathrm{TMB}}=Q_{l}^{\mathrm{TMB}}=\beta \cdot M^{\&} \cdot \bar{K}_{\mathrm{B}}\ ;$$

$$Q_{\mathrm{Ext}}=M^{\&} \cdot (\bar{K}_{\mathrm{B}}-\bar{K}_{\mathrm{A}}) \cdot \beta\ ;\ Q_{\mathrm{Raf}}=M^{\&} \cdot (\bar{K}_{\mathrm{B}}-\bar{K}_{\mathrm{A}})/\beta \tag{8}$$

当选定了 β 后，就可以得到一个 TMB 中的所有流率。β 是一个安全因子，当 β 接近于 1 时，SMB 在最大负载下工作，这时它对于塔板数和流率的变化显得很敏感。当 β 值增加时，系统的生产率有所降低，但是更为稳健。实际上，β 的值通常是在 1.00 和 1.05 之间。

另外，根据方程（8）还可以得到以下约束条件：

$$1<\beta<\sqrt{\frac{\overline{K}_B}{\overline{K}_A}} \tag{9}$$

这个关系仅对线性吸附等温线有效。

（4）计算模拟移动床（SMB）。TMB 概念和 SMB 概念是近似的，对于一个 TMB 可以直接找到其最优操作条件并且模拟这种过程，那么利用它们之间的相似性，就可以设计一个 SMB 操作条件。SMB 和 TMB 之间的联系如表 4-16 所示。

表 4-16　SMB 和对应 TMB 的联系

TMB	SMB
稳态	周期性稳态
固体流率：$M^{\&}$	周期性切换进样—采出点：$\Delta T=\frac{(1-\varepsilon)\cdot V_{\varepsilon}}{M^{\&}}$
内部流率：Q_K^{TMB} = Ⅰ，Ⅱ，Ⅲ，Ⅳ	内部流率：$Q_K^{SMB}=Q_K^{TMB}+\frac{\varepsilon}{1-\varepsilon}\cdot M^{\&}$
洗脱液，萃出液，进料液和残液流率分别为：Q_{Elu}^{TMB}，Q_{Ext}^{TMB}，Q_{Feal}^{TMB} 和 Q_{Raf}^{TMB}	洗脱液，萃出液，进料液和残液流率分别为：Q_{Elu}^{SMB}，Q_{Ext}^{SMB}，Q_{Feal}^{SMB} 和 Q_{Raf}^{SMB}

通过表中两者之间的关系，就可以从 TMB 的流率来求解出 SMB 的各个流率，并可以模拟出完整的 SMB 行为，以此来精确选择所需的配置，理论结果如表 4-17 所示。

表 4-17　SMB 理论工作参数

参数	数值
操作温度（℃）	60
切换时间 t（s）	367
进料液流量 Q_F（L/h）	0.15
洗脱液流量 Q_{Elu}（L/h）	0.32
萃取液流量 Q_{Eex}（L/h）	0.19
萃余液流量 Q_{Raf}（L/h）	0.36

（5）SMB 参数优化设计。延长切换时间导致各区的保留体积增加，如图 4-23、图 4-24 所示，这会提高区 2 内的纯度和区 3 内的得率，但同样降低了区 4 内的纯度和区 1 内的得率。当改变切换时间进行调整不再有效时，应通过改变区内流速进行调整。这是 SMB 系统中一种微调的方法。即改变 Z_3/Z_{avg}（Z_{avg} 为区 1 和区 2 流速的平均值）的比率和 Z_4/Z_{avg} 的比率，也可单独改变其中一种。提高 Z_3/Z_{avg} 提高了木糖的回收率，相反，降低 Z_4/Z_{avg} 比率也可以提高木糖纯度。因此，我们要得到高纯度木糖，其纯度在 99%以上，就应该相应的延长切换时间，对各个区域流速进行微调，最后得到 SMB 实际工作参数，如表 4-18 所示。

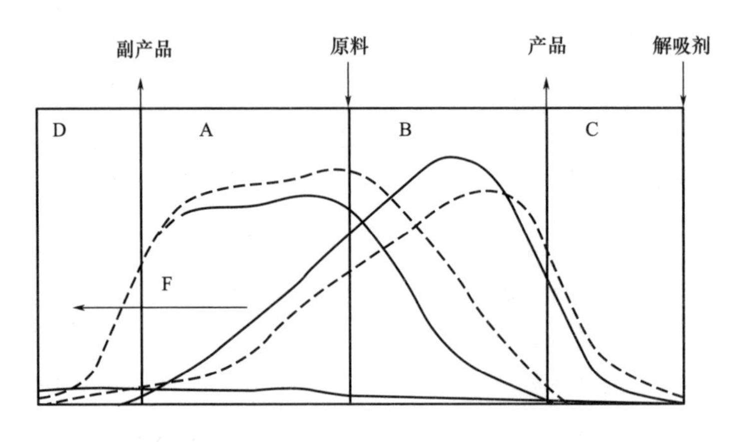

图 4-23 切换时间对分离效果的影响

A—工作区 1 B—工作区 2 C—工作区 3 D—工作区 4 F—流动方向

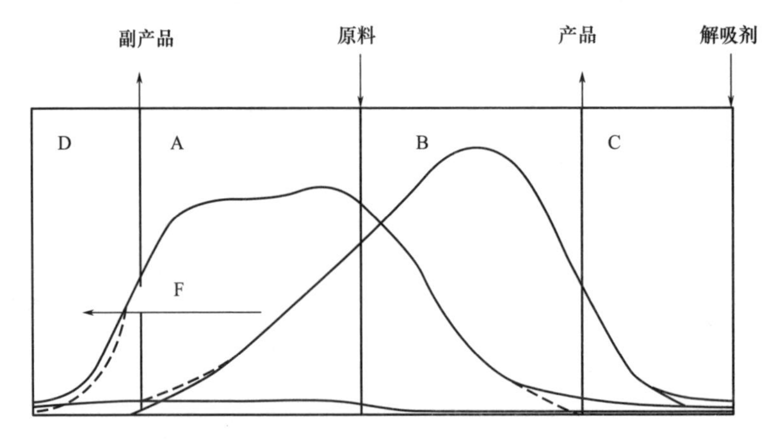

图 4-24 工作区流速对分离效果的影响

A—工作区 1 B—工作区 2 C—工作区 3 D—工作区 4 F—流动方向

表 4-18　SMB 实际工作参数

参数	数值
操作温度（℃）	60
切换时间 t（s）	350
进料液流量 Q_F（L/h）	0.09
洗脱液流量 Q_{Elu}（L/h）	0.22
提取液流量 Q_{Eex}（L/h）	0.23
提余液流量 Q_{Raf}（L/h）	0.08

在该条件下，木糖母液处理量：2.16L/d；木糖组分：浓度 13.4%、纯度 72.7%、收率 76.8%；阿拉伯糖组分：浓度 17.5%、纯度 82.5%、收率 74.6%。

2. SSMB 分离工艺参数优化结果

通过 SSMB 法对木糖母液的技术参数优化，实验结果如表 4-19 所示。

表 4-19　SSMB 色谱实验参数

参数	数值
操作温度（℃）	60
S_1 累积量（L）	0.5
S_2 BD 累积量（L）	0.154
S_3 AD 累积量（L）	0.131
S_3 CD 累积量（L）	0.149

处理量为 14.78L/d，木糖组分：浓度 24.5、纯度 89.5%、收率 85.6%，阿拉伯糖组分：浓度 35.8%、纯度 92.1%、收率 87.3%。

3. 讨论

为了进一步比较分析 SSMB 与 SMB 分离工艺的各项指标，考察 SSMB 分离工艺的优势，将两种分离工艺的主要指标进行比较，结果如表 4-20 所示。

表 4-20　SMB 与 SSMB 分离木糖母液实验结果

项目	SMB	SSMB
色谱柱数量（根）	12	6
树脂添加量（L）	1.2	6
进料浓度（%）	50	60
处理量（L/d）	2.16	14.78

续表

项目	SMB	SSMB
木糖组分纯度（%）	72.7	89.5
阿拉伯糖组分纯度（%）	82.5	92.1
木糖收率（%）	76.8	85.6
阿拉伯糖收率（%）	74.6	87.3

由表4-20可以看出，SSMB分离工艺的各项指标均优于SMB分离工艺，原因在于SMB分离工艺采取连续进料、进解吸剂，在保证产品纯度的前提下必将降低进料量，增加解吸剂用量，致使溶剂消耗率上升，固定相生产率下降，相应地日处理量也有所降低；而SSMB分离工艺采取间歇式进料、进解吸剂，不仅解吸剂的利用率升高，出料的浓度与纯度也相对增加，同时SSMB分离设备在日处理量、运行成本、固定相生产率及自动化程度等方面也更具优势。

4. 中试实验

中试实验是食品、药品研发到生产的必由之路，也是降低产业化实施风险的有效措施，小试所得的工艺参数需进行很多改进才能应用于实际生产中。因此，在小试工艺的基础上，再进行中试实验，结合实际生产的可实施性对模拟移动床色谱回收木糖母液中木糖、阿拉伯糖的工艺进行验证及改进研究。中试工艺参数：料液上载量为10.7L、处理温度为60℃、进料浓度为60%、用水量为11.23L、循环量为58L、提取液A量为8L、提取液B量为9L、提取液C量为10.7L。实验结果：料水比为1∶1.05，木糖纯度为89.6%、收率为85.7%，阿拉伯糖纯度为90.5%、收率为86.8%。

5. 产业化生产

采用自制的顺序式模拟移动床色谱中试设备及产业化设备进行了中试实验和产业化生产。应用SSMB-600L型顺序式模拟移动床色谱进行分离木糖母液的中试实验，通过中试实验确定顺序式模拟移动床色谱分离木糖母液的中试工艺参数：料液上载量为10.7L、处理温度为60℃、进料浓度为60%、用水量为11.23L、循环量为58L、提取液A量为8L、提余液B量为9L、提余液C量为10.7L。实验结果：料水比为1∶1.05；木糖纯度为89.6%、收率为85.7%；阿拉伯糖纯度为90.5%、收率为86.8%。

应用SSMB-10t型顺序式模拟移动床色谱进行分离木糖母液的工业化生产，通过调试确定顺序式模拟移动床色谱分离木糖母液的产业化工艺参数：料液上载量为0.146m^3、处理温度为60℃、进料浓度为60%、用水量为0.139m^3、循环量为0.567m^3、提取液A量为0.147m^3、提余液B量为0.286m^3、提余液C量为0.146m^3。实验结果：料水比为1∶0.95；木糖纯度为89.0%、收率为86.0%；

阿拉伯糖纯度为90.5%、收率为86.5%。

参考文献

[1] 唐萍. CSMB集成反应分离装备技术研究［D］. 杭州：浙江大学，2011.

[2] 刘宗利，王乃强，王明珠. 模拟移动床色谱分离技术在功能糖生产中的应用［J］. 农产品加工，2012，03：70-77.

[3] 袁斌，方煜宇. 现代分离技术在发酵行业的工业化应用［J］. 发酵科技通讯，2010，39(4)：31-38.

[4] 王燕平. 甘露醇制备的集成反应分离技术及实验研究［D］. 杭州：浙江大学，2010.

[5] 秦祖赠，刘自力. 木糖母液生产酱油用高红色指数焦糖色素［J］. 中国调味品，2007，336(2)：54-58.

[6] 任鸿均. 我国木糖醇（木糖）工业的现状及发展趋势［J］. 发展论坛，2002，10：9-11.

[7] 王秀娟，王成福，秦庆阳，等. 酵母发酵法去除木糖母液中葡萄糖的研究［J］. 中国食品添加剂，2010，2：115-118.

[8] 王普，虞炳钧. 木糖母液微生物脱葡萄糖及回收木糖［J］. 食品科学. 2002，23（7）：73-76.

[9] 李祥，杨军盛. 木糖母液的综合利用［J］. 中国食品添加剂，2002，5：55-57.

[10] 潘百明，韦志园. 马蹄皮果酒制作的工艺研究［J］. 酿酒科技，2012，11：98-101.

[11] 蔡宇杰. 模拟移动床色谱分离木糖母液的研究［D］. 无锡：江南大学，2002.

[12] 雷华杰. 从木糖母液中回收L-阿拉伯糖的工艺研究［D］. 杭州：浙江大学，2010.

[13] 吕裕斌. 模拟移动床分离天然产物的研究［D］. 杭州：浙江大学，2006.

[14] 王玉萍. 木糖母液的综合利用［D］. 重庆：重庆大学，2007.

[15] VERA G. MATA，ALIRIO E. Rodrigues. Separation of ternary mixtures by pseudo-simulated moving bed chromatography［J］. Journal of Chromatography A，2001，939：23-40.

[16] Hhllingsworth R L，Haslett M I. Proeess for the preparation and separation of arabinose and xylose from a mixture of saccharides［P］. US 20060100423A1，2006-05-11.

[17] 周强. 离子交换柱分离纯化木糖母液［D］. 天津：河北工业大学，2010.

[18] 赵光辉，贺东海，王关斌，等. 分离木糖（醇）母液的研究［J］. 应用化工，2005，34(3)：182-184.

[19] E. Sjoman，M. Manttari，M. Nystrom，H. Koivikko. Separation of xylose from glueose by nanofiltration from concentrated monosaeeharide solutions［J］. Journal of Membrane Seience，2007，292：106-115.

[20] 李良玉. 顺序式模拟移动色谱纯化木糖醇母液［J］. 天然产物研究与开发，2015，27(10)：1789-1793.

第五章　模拟移动床色谱纯化低聚木糖技术

低聚木糖具有极好的功能保健作用，是目前保健食品生产不可缺少的原料。木聚糖是制备低聚木糖的基础原料，只有先提取出木聚糖才能制备出低聚木糖。传统的方法是采用酸或碱浸提的方法制备木聚糖，我国目前多采用碱法浸提的工艺，存在的问题是碱法浸提对设备的要求较高，不但要求具有耐碱性的设备，还必须耐高压高温；技术方面也很难控制，反应中会产生许多有害物成分，使产品质量降低。低聚木糖的提取方法目前多采用酶法水解进行制备，但水解后的产物中产品的纯度和得率较低。目前国际已有采用模拟移动床色谱分离技术纯化低聚木糖的方法。本章就是以农副产物小麦麸皮为原料，研究利用超声波辅助高温高压蒸煮等技术提取木聚糖，并且针对我国对低聚木糖产品提取率低，产品纯度不高等问题，研究利用本实验室自制的模拟移动床色谱分离设备，进行低聚木糖分离纯化技术的研究。目的是建立新型高效提取工艺，以提高产品的纯度和生产效率。因此，本研究具有重要的实际应用意义，可为麦麸中低聚木糖的提取开辟新途径。

木聚糖经酶解反应后的料液除了含有低聚木糖、木糖等成分外，还含有未降解的残存木聚糖、木质素、酶蛋白和无机盐等杂质，需要经过有效的分离纯化，才能得到纯度较高的低聚木糖。经过初步絮凝除杂及脱色脱盐后可以得到低聚木糖占总糖含量70%的糖浆，另外还含有约25%的木糖、阿拉伯糖和葡萄糖等单糖以及5%的色素等杂质。由于低聚木糖组分中具有生理功能的成分主要集中在木二糖和木三糖，四糖以上组分功能活性相对较弱，因此，提高产品中木二糖和木三糖的含量，除去葡萄糖、木糖、阿拉伯糖等单糖成分可以有效地提高产品中功能性低聚糖的含量。国外对于低聚木糖的研究十分广泛，美国、日本近年来研究十分活跃，日本已有含低聚木糖99%的标准品出售，粉末状低聚木糖含量95%以上，糖浆低聚木糖含量在70%以上；我国已有一些厂家开始少量低聚木糖的商业化生产，但由于分离提纯方面的研究开发尚不充分，产品纯度较低，且生产成本较高，因此生产规模和产量都较小。

第一节　制备色谱纯化低聚木糖技术

本实验选用无机絮凝剂研究酶解液中木聚糖、木质素、蛋白质等去除技术参数；选用阴阳离子交换树脂研究酶解液中无机盐、色素等去除技术参数；选用阳离子交换树脂研究酶解液中单糖组分的去除技术参数，以提高产物中低聚木糖的含量，为下一步模拟移动床色谱连续分离纯化低聚木糖液提供基础参数。

一、实验材料与仪器

1. 实验材料

聚合 $AlCl_3$（沈阳市华东试剂厂），明矾（沈阳市华东试剂厂），CaO（天津市大陆化学试剂厂），$FeCl_3$（沈阳市试剂五厂），D392 树脂（天津南开大学化工厂），001×7 树脂（天津南开大学化工厂），Amberlite IR－120（北京百迪信生物技术有限公司），PUROLITE－PCR642Ca^{2+}（北京百迪信生物技术有限公司），D001 树脂（南开大学化工厂），001×7 树脂（南开大学化工厂），低聚木糖标准品（Sigma），盐酸、硫酸、氢氧化钠等化学试剂（均为国产分析纯）。

2. 实验仪器

制备色谱分离系统（大庆三星机械制造公司），TBP－5002 制备泵（上海同田生物技术有限公司），201+紫外检测器（美国兰博仪器有限公司），DBS－100 电脑全自动部分收集器（上海泸西分析仪器厂），XMT612 智能 PID 温度控制仪（东莞唯科电子有限公司），Agilent1200 高效液相色谱仪（美国安捷伦科技有限公司），SHODEX SUGAR KS－802 分析色谱柱（日本昭和电工科学仪器有限公司），1.6cm×100cm 不锈钢制备分离柱（国家杂粮工程技术研究中心），JJ－1 精密定时电动搅拌器（江苏荣华仪器有限公司），T6 紫外－可见分光光度计（北京普析通用仪器有限责任公司），AP2140 电子分析天平（梅特勒－托利多仪器有限公司），DK－S24 电热恒温水浴锅（上海森信实验仪器有限公司），PB－10 型 pH 计（德国赛多利斯股份公司），制备色谱分离系统（大庆三星机械制造公司）。

二、实验方法

1. 制备色谱纯化低聚木糖的技术参数优化

实验首先选择了五种不同的介质（Amberlite IR－120、UBK－530、活性炭、D001、001×7）进行静态吸附实验，并进一步做了动态吸附实验。根据测得的低聚木糖和单糖的分离度及总糖回收率比较分析，选择最适宜的树脂作为低聚木糖分离技术参数的优化研究对象。分离度（R）是指两个相邻色谱峰的分离程度，分离度越大，表明相邻两组分分离越好。当 $R<1$ 时，两峰有部分重叠；当 $R=1.0$ 时，分离度可达 98%。

（1）不同吸附介质对低聚木糖动态吸附性能的研究。将预处理好的五种不同吸附介质 Amberlite IR－120、UBK－530、活性炭、D001、001×7 装入制备柱（500mm×16mm）中，分别将制备柱充填饱满，用蒸馏水冲洗制备柱至流出液呈无色透明状。以 1mL/min 的流速将制备的低聚木糖液通入制备柱中进行吸附，测定流出液中低聚木糖和单糖的分离度及总糖的回收率。

（2）不同流速对分离低聚木糖的影响。UBK-530 树脂分离操作流动相流速的选择应服从交换和洗脱的质量要求，一般应寻求在质量保证下的最大流速，适宜的流速需要实验确定。浓度 30g/100mL 的低聚木糖溶液 10mL，在温度 70℃，树脂柱床高度为 100cm 的条件下，分别以 0. 5mL/min、1. 0mL/min、1. 5mL/min、2. 0mL/min、2. 5mL/min 的流速进行洗脱，通过测定分离度和总糖回收率确定最佳的洗脱流速。

（3）不同进料量对低聚木糖分离的影响。UBK-530 树脂柱床高度为 100cm，在 70℃ 下，以浓度为 30g/100mL 的低聚木糖溶液，分别进样 10mL、15mL、20mL、25mL、30mL 进行分离，通过测定分离度和总糖回收率确定最佳的进料量。

（4）不同进料浓度对低聚木糖分离的影响。UBK-530 树脂柱床高度为 100cm，将低聚木糖糖浆分别以 10%、20%、30%、40%、50%的浓度进料 10mL，在 70℃下，以 1. 5mL/min 的流速进行洗脱，通过测定分离度和总糖回收率确定最佳的进料浓度。

（5）不同操作温度对低聚木糖分离的影响。UBK-530 树脂柱床高度为 100cm，进料量 10mL，浓度为 30%的低聚木糖溶液，洗脱流速为 1. 5mL/min，分别在 50℃、60℃、70℃、80℃、90℃温度下进行分离，通过测定分离度和总糖回收率确定最适的操作温度。

（6）低聚木糖分离纯化技术参数优化方案。基于单因素实验结果确定的最适工作条件，选择流速、进样量、进样浓度、操作温度四个因素为自变量（分别以 X_1、X_2、X_3、X_4 表示），以低聚木糖分离度 Rs 及总糖回收率为响应值，设计四因素共 36 个实验点的四元二次回归正交旋转组合的分析实验，保证实验点最少的前提下提高优化效率。实验数据采用 SAS 软件进行统计分析。

以产品分离度（Y_1）为指标，对实验进行响应面回归分析（RSREG）。以产品回收率（Y_2）为指标，对实验进行响应面回归分析（RSREG）。根据二次回归组合实验结果，综合考虑分离度、回收率和实际情况，选择最优的流速、进样量、进样浓度、操作温度进行验证实验，重复三次（$n=3$）。

2. 测定方法

（1）脱色率和解吸率计算方法。采用国标糖色值法（GB 317—2006），测定低聚木糖粗糖浆在 420nm 处的吸光度变化。脱色率和解吸率计算方法如下：

$$脱色率=\frac{脱色前待测糖液的吸光度-脱色后待测糖液的吸光度}{脱色前待测糖液的吸光度}\times 100\%$$

$$解吸率=\frac{解吸液总糖含量}{脱色前糖液总糖含量-脱色后糖液总糖含量}\times 100\%$$

（2）总糖损失率计算方法。

$$总糖损失率=\frac{絮凝前糖液总糖含量-絮凝后糖液总糖含量}{絮凝前糖液总糖含量}\times 100\%$$

（3）糖液中离子浓度的测定方法。采用电导率法。

（4）低聚木糖 HPLC 检测方法。色谱柱：Suga KS－802 柱（300mm×6.5mm），柱温：70℃，填料粒度 5μm，流动相：超纯水，流速 0.8mL/min；检测器温度：50℃，进样量：5μL。

（5）还原糖测定方法。采用3,5-二硝基水杨酸法。

（6）总糖测定方法。采用苯酚—硫酸法。

（7）回收率计算方法。

$$回收率=\frac{吸附前总糖量-吸附后总糖量}{吸附前总糖量}\times 100\%$$

（8）分离度计算方法。

$$Rs_{ij}=\frac{2\ (t_j-t_i)}{w_i+w_j}$$

式中：Rs_{ij} 为各组分间的分离度，t_i 和 t_j 分别为峰 i 和峰 j 的保留时间；w_i 和 w_j 分别为峰 i 和峰 j 在峰底（基线）的峰宽。

三、结果与分析

1. 制备色谱纯化低聚木糖技术参数的单因素优化结果

（1）不同吸附介质对低聚木糖分离纯化效果的影响。不同吸附介质对低聚木糖分离效果的比较如图 5-1 所示。从中可以看出，树脂 Amberlite IR－120、UBK-530、活性炭对低聚木糖分离效果较好，而 UBK-530 阳离子交换树脂的分离度最高，D001、001×7 树脂的分离度较低。不同树脂对低聚木糖分离度的高低与树脂所配有的可交换基团及树脂的孔径大小密切相关，通过静电固定在强酸阳

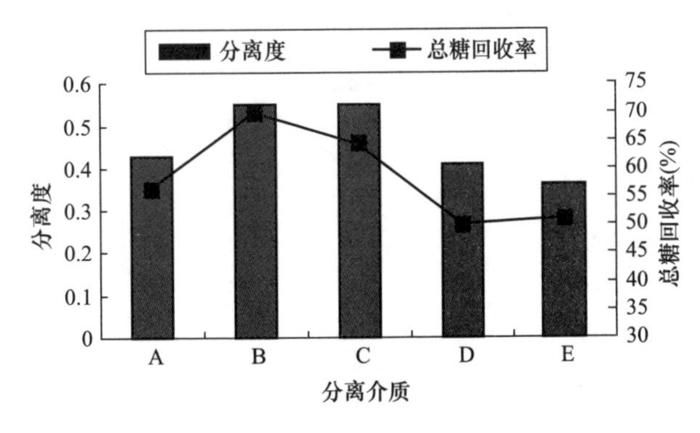

图 5-1　不同分离介质对低聚木糖的分离效果的影响

离子交换树脂上的金属阳离子和糖上的羟基形成给体—受体配合物，配合物越稳定，此类糖分子就越受阻滞，而那些不形成配合物或是形成很弱的配合物的糖分子很快就从树脂柱中流出。于是，固定在树脂上的阳离子形式成为影响低聚木糖和单糖分离的一个重要参数。活性炭虽然分离效果较好，分离度和总糖回收率均较高，但由于活性炭在工业化生产中更换比较频繁，重复利用率低。因此，本实验选择 UBK-530 阳离子交换树脂作为分离低聚木糖和单糖的技术参数研究对象。

（2）不同流速对低聚木糖分离效果的影响。不同流速条件下得到的低聚木糖分离度及总糖回收率如图 5-2 所示。通常来说，较低的流速一般峰高较高，分离度也较大，但流速低，洗脱时间延长，又会降低单位树脂的生产能力。根据图 5-2 所示，流速为 1. 5mL/min 时，分离度较大，这对除去糖浆中的葡萄糖，提高低聚糖组成有一定的好处；因此采用 1. 5mL/min 作为本实验的基本流速。

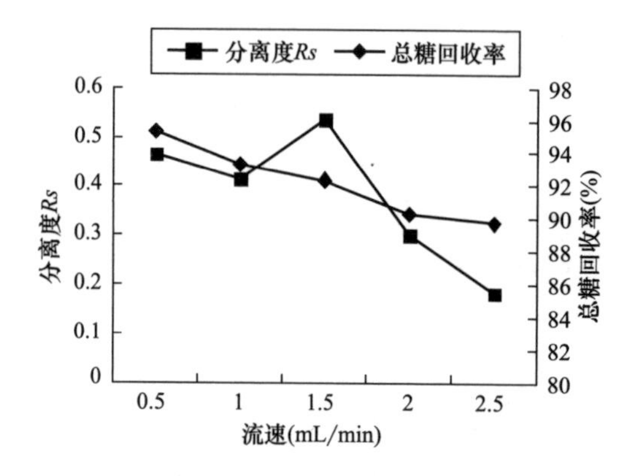

图 5-2　不同流速对低聚木糖分离的影响

（3）不同进料量对低聚木糖分离的影响。不同进料量条件下得到的低聚木糖分离度及总糖回收率如图 5-3 所示。从图 5-3 中可以看出，进料量的增加，表

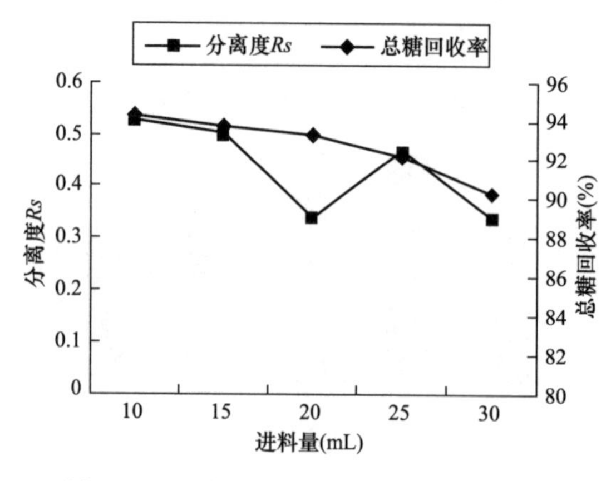

图 5-3　不同进料量对低聚木糖分离的影响

明树脂生产能力、出料浓度也都增加了。但分离度却随着进料量的增加呈下降趋势，总糖回收率也有所下降，且所获得产品含量也随之下降。因此，根据实际生产的综合考虑，选择进料量为10mL。

（4）不同进料浓度对低聚木糖分离的影响。不同进料浓度条件下得到的低聚木糖分离度及总糖回收率如图5-4所示。从图5-4中可以看出，分离度在浓度为30%时达到最高，50%时有所下降，由于低聚木糖的提纯主要是除去低聚木糖糖浆中的单糖组分，且随着进料浓度的增加，流出液的浓度升高，在一定范围内提高进料浓度有利于分离效能的提高，因此，选择糖浆浓度为30%本实验进料浓度。

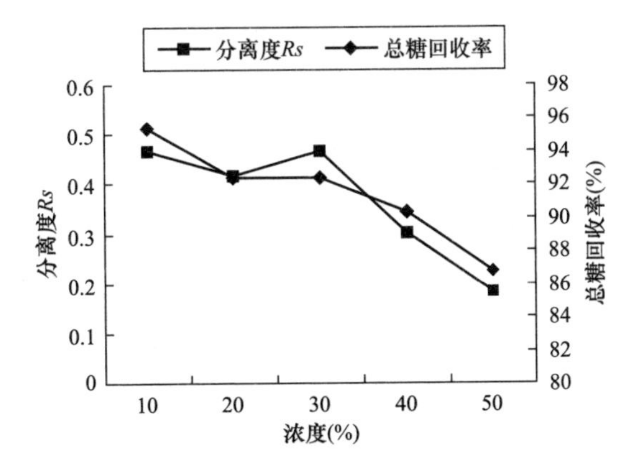

图5-4　不同进料浓度对低聚木糖分离的影响

（5）不同操作温度对低聚木糖分离的影响。不同操作温度下得到的低聚木糖分离度及总糖回收率如图5-5所示。从图5-5中可以看出，提高温度，糖分回收率也有所增高，分离度也随着温度的升高先增大后减小。70℃时达到最大，90℃时稍有下降，因此，选择70℃为适宜的操作温度。

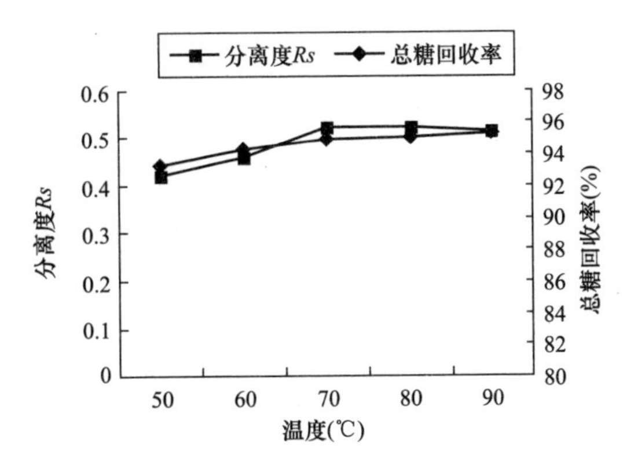

图5-5　不同操作温度对低聚木糖分离的影响

2. 制备色谱纯化低聚木糖技术参数的多因素优化结果

低聚木糖分离纯化技术参数优化实验安排以及实验结果如表 5-1 所示，并对实验数据从分离度和回收率两个角度采用 SAS 软件进行响应面回归分析。

表 5-1 低聚木糖工艺参数优化实验设计及实验结果

实验号	X_1	X_2	X_3	X_4	Y_1 分离度 Rs	Y_2 回收率（%）
1	1	1	1	1	0. 664	81. 25
2	1	1	1	−1	0. 378	83. 73
3	1	1	−1	1	0. 523	81. 24
4	1	1	−1	−1	0. 362	81. 29
5	1	−1	1	1	0. 621	67. 07
6	1	−1	1	−1	0. 328	74. 12
7	1	−1	−1	1	0. 508	60. 79
8	1	−1	−1	−1	0. 284	63. 16
9	−1	1	1	1	0. 587	86. 98
10	−1	1	1	−1	0. 335	87. 67
11	−1	1	−1	1	0. 492	68. 95
12	−1	1	−1	−1	0. 279	68. 86
13	−1	−1	1	1	0. 552	74. 02
14	−1	−1	1	−1	0. 301	74. 38
15	−1	−1	−1	1	0. 428	56. 93
16	−1	−1	−1	−1	0. 268	59. 01
17	2	0	0	0	0. 555	86. 62
18	−2	0	0	0	0. 526	73. 35
19	0	2	0	0	0. 606	81. 56
20	0	−2	0	0	0. 519	64. 52
21	0	0	2	0	0. 583	88. 89
22	0	0	−2	0	0. 576	81. 53
23	0	0	0	2	0. 613	92. 16
24	0	0	0	−2	0. 256	90. 84
25	0	0	0	0	0. 692	90. 86
26	0	0	0	0	0. 541	98. 16
27	0	0	0	0	0. 628	96. 53
28	0	0	0	0	0. 638	93. 49
29	0	0	0	0	0. 540	97. 86

续表

实验号	X_1	X_2	X_3	X_4	Y_1 分离度 Rs	Y_2 回收率（%）
30	0	0	0	0	0.525	96.56
31	0	0	0	0	0.609	87.61
32	0	0	0	0	0.588	97.35
33	0	0	0	0	0.582	83.81
34	0	0	0	0	0.635	98.04
35	0	0	0	0	0.537	97.67
36	0	0	0	0	0.529	98.47

（1）以分离度 Y_1 为指标的多因素分析结果。以分离度 Y_1 为指标，回归方程方差分析以及回归方程各项方差分析结果如表 5-2 和表 5-3 所示，二次回归参数模型数据如表 5-4 所示。

表 5-2　Y_1 为指标的参数优化回归方程方差分析表

方差来源	自由度	平方和	均方和	F 值	P 值
回归模型	14	0.4620	0.033	13.50	<0.0001
误差	21	0.0976	0.0046		
总误差	35	0.5596			
$R^2=0.900$					

表 5-3　Y_1 为指标的参数优化实验回归方程各项方差分析表

回归方差来源	自由度	平方和	均方和	F 值	P 值
一次项	4	0.3090	0.0773	16.63	<0.0001
二次项	4	0.1458	0.0365	7.85	0.0005
交互项	6	0.0072	0.0012	0.26	0.9506
失拟项	10	0.0654	0.0065	2.24	0.1013
纯误差	11	0.0322	0.0029		

表 5-4　Y_1 为指标优化实验二次回归模型参数表

模型	非标准化系数	T	显著性检验
常数项	-11.757917	-3.44	0.0025
X_1	1.058667	0.87	0.3956
X_2	0.080133	0.68	0.5052
X_3	-0.008100	-0.13	0.8957

续表

模型	非标准化系数	T	显著性检验
X_4	0. 295567	3. 96	0. 0007
X_1^2	−0. 445667	−2. 31	0. 0310
X_1X_2	0. 004200	0. 15	0. 8790
X_2^2	−0. 003577	−1. 86	0. 0777
X_1X_3	0. 000300	0. 02	0. 9827
X_2X_3	−0. 000030000	−0. 02	0. 9827
X_3^2	−0. 000724	−1. 50	0. 1479
X_1X_4	0. 004400	0. 32	0. 7501
X_2X_4	−0. 000080000	−0. 06	0. 9538
X_3X_4	0. 000810	1. 19	0. 2480
X_4^2	−0. 002174	−4. 51	0. 0002

由表 5-2 和表 5-3 可以看出：二次回归模型的 F 值为 13. 50，$P<0.001$，大于在 0. 01 水平上的 F 值，而失拟项的 F 值为 2. 24，小于在 0. 05 水平上的 F 值，说明该模型拟合结果好。一次项、二次项的 F 值均大于 0. 01 水平上的 F 值，对分离度有极其显著的影响。

以分离度为 Y_1 值，得出编码值为自变量的四元二次回归方程为：

$$Y_1 = -11.7579 + 1.0587X_1 + 0.0801X_2 - 0.0081X_3 + 0.2956X_4 - 0.4457X_1^2 + 0.0042X_1X_2 + 0.0003X_1X_3 - 0.0035X_2^2 0.0044X_1X_4 - 0.0521X_2X_3 - 0.00008X_2X_4 - 0.0007X_3^2 + 0.00081X_3X_4 - 0.0022X_4^2$$

在方程的基础上进行贡献率分析，计算各贡献率可得：$\Delta_4 > \Delta_1 > \Delta_3 > \Delta_2$，所以得到各个不同因素对分离度的影响效果顺序为：操作温度>流速>进样浓度>进样量。

为了进一步确证最佳点的值，对实验模型进行响应面典型分析，以获得最高分离度时的各区流速条件。经典型性分析得最优流速条件和分离度，如表 5-5 所示。

表 5-5　Y_1 为优化指标最优流速条件及分离度

因素	标准化	非标准化	分离度 *Rs*
X_1	0. 2594	1. 6297	0. 6837
X_2	0. 2298	11. 1492	
X_3	0. 7213	37. 2128	
X_4	0. 6348	76. 3483	

分离度最高时流速、进样量、进样浓度、操作温度分别为：1.6mL/min、11.10mL、37.2%、76℃，该条件下得到的分离度达到0.6837。

（2）总糖收率 Y_2 为指标的多因素分析结果。以产品收率 Y_2 为指标，回归方程以及回归方程各项方差分析结果如表5-6和表5-7所示，二次回归参数模型数据如表5-8所示。

表5-6　Y_2 为指标的参数优化回归方程的方差分析表

方差来源	自由度	平方和	均方和	*F* 值	*P* 值
回归模型	14	4690.6811	335.0487	7.82	<0.0001
误差	21	899.2870	42.8232		
总误差	35	5589.9681			

表5-7　Y_2 为指标的回归方程各项的方差分析表

回归方差来源	自由度	平方和	均方和	*F* 值	*P* 值
一次项	4	1400.2368	305.0592	8.17	0.0004
二次项	4	3105.0535	776.2634	18.13	<0.0001
交互项	6	185.3908	30.8985	0.72	0.6369
失拟项	10	644.2395	64.4240	2.78	0.0543
纯误差	11	255.0475	23.1861		

表5-8　Y_2 为指标的二次回归模型参数表

模型	非标准化系数	*T*	显著性检验
常数项	-1016.7780	-3.09	0.0055
X_1	349.7500	2.98	0.0071
X_2	21.0897	1.86	0.0772
X_3	15.6170	2.67	0.0145
X_4	13.7930	1.92	0.0682
X_1^2	-83.7783	-4.53	0.0002
X_1X_2	1.4250	0.54	0.5919
X_2^2	-1.1156	-6.03	<0.0001
X_1X_3	-2.4805	-1.90	0.0719
X_2X_3	-0.0521	-0.40	0.6949

续表

模型	非标准化系数	T	显著性检验
X_3^2	-0.1572	-3.40	0.0027
X_1X_4	-0.4455	-0.34	0.7369
X_2X_4	0.0437	0.33	0.7421
X_3X_4	-0.0154	-0.24	0.8159
X_4^2	-0.0943	-2.04	0.0544

由表5-6和表5-7可以看出：二次回归模型的F值为7.82，$P<0.01$，大于在0.01水平上的F值，而失拟项的F值为2.78，小于在0.05水平上的F值，说明该模型拟合结果好。一次项和二次项的F值均大于0.01水平上的F值，说明它们对收率有极其显著的影响。以总糖回收率为Y_2值，得出编码值为自变量的四元二次回归方程为（去除不显著因素）：

$$Y_2=-1016.7780+21.0897X_1+349.7500X_2+15.6170X_3+13.7930X_4-83.7783X_1^2+1.4250X_1X_2-2.4805X_1X_3-0.4455X_1X_4-1.1156X_2^2-0.0521X_2X_3+0.0437X_2X_4-0.1572X_3^2-0.0154X_3X_4-0.0943X_4^2$$

在上面方程的基础上进行贡献率分析，得出各项贡献率为：$\Delta_2>\Delta_1>\Delta_3>\Delta_4$，所以各个不同因素对分离度的影响效果顺序为：进样量>流速>进样浓度>操作温度。

为了进一步确证最佳点的值，对实验模型进行响应面典型分析，以获得最大回收率时的条件。经典型性分析得最优条件和回收率，如表5-9所示。

表5-9　Y_2为指标的最优流速条件及收率

因素	标准化	非标准化	收率（%）
X_1	0.0311	1.5155	97.0877
X_2	0.2042	11.0211	
X_3	0.2484	32.4843	
X_4	-0.0549	69.4508	

回收率最高时流速、进样量、进样浓度、操作温度分别为：1.5mL/min、11.00mL、32.5%、70℃，该条件下得到的最高回收率为97%。

根据分离度和总糖收率两个角度分析的实验结果，综合考虑分离度、回收率和实际情况，将流速、进样量、进样浓度、操作温度分别定为：1.5mL/min、11.00mL、35.0%、75℃，进行验证实验（$n=6$），结果分离度为0.67±0.03、收率为 96.5%±0.5%。实验值与模型的理论值非常接近，且重复实验相对偏差不超过 2%，说明实验重现性良好。结果表明，该模型可以较好地反映出单柱层析分离纯化低聚木糖的最佳工艺条件。

3. 分离纯化前后低聚木糖溶液的 HPLC 检测图谱

低聚木糖粗提液经过絮凝除杂、脱色、脱盐、纯化等处理前后的 HPLC 分析图谱如图 5-6、图 5-7 所示。从图 5-6 中可以看出，低聚木糖液在未经除杂及纯化前糖液中主要成分除低聚木糖外，还含有一定量的单糖和色素等杂质，根据标准品对照图可以看出，出峰时间在 8.782~10.462min 的峰为低聚糖峰，出峰时间在 11.598~13.069min 的峰为单糖峰，而出峰时间在 5.794min 和 7.841min 的峰为色素等杂质峰。从图 5-7 中可以看出，经过除杂纯化，杂质峰含量明显降低，含量仅为 0.81%，低聚木糖液含量为由 64.41% 升高到 75.63%，单糖含量为 23.56%。说明经过絮凝沉淀除杂和离子交换树脂脱盐脱色及分离纯化对低聚木糖液的纯化效果较好。

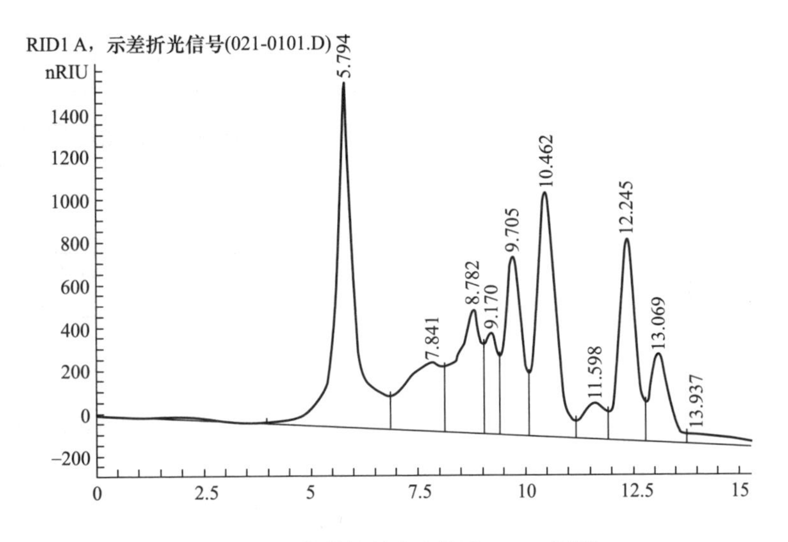

图 5-6 纯化前的低聚木糖液 HPLC 图谱

四、小结

通过对五种阴阳离子交换树脂的筛选，优选出最佳的脱色树脂为 D392，最佳的脱盐树脂为 001×7。优化后的脱色、脱盐技术参数：流速为 1.0mL/min，脱色温度为 50℃；在此条件下，低聚木糖的脱色率为 89.26%，脱盐率为 62.6%。

通过对不同吸附介质的筛选，优选出分离纯化低聚木糖的树脂为 UBK-530，并通过单因素实验及正交旋转组合优化设计，确定最佳的分离纯化条件：流速为

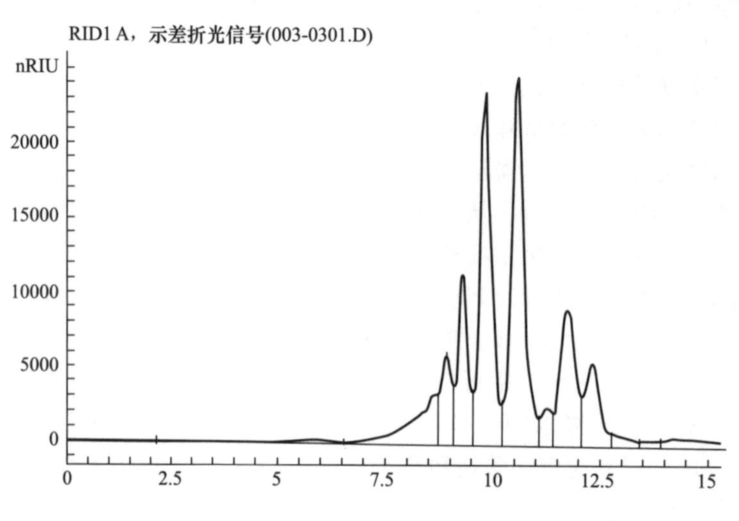

图 5-7　纯化后的低聚木糖液 HPLC 图谱

1. 5mL/min、进料量为 11mL、进料浓度为 35%、操作温度为 75℃。

通过对纯化前后低聚木糖液的 HPLC 分析，表明 UBK-530 离子交换树脂使低聚木糖溶液中低聚木糖含量由 64. 41%升高到 75. 63%。最终确定的工艺流程如图 5-8 所示。

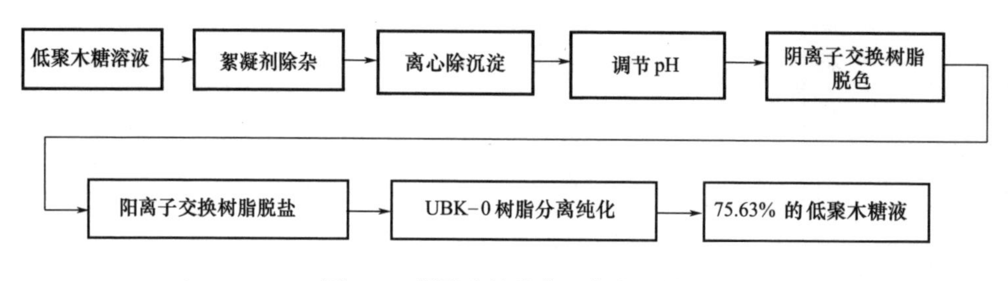

图 5-8　低聚木糖纯化工艺流程图

第二节　模拟移动床色谱连续分离纯化低聚木糖技术

模拟移动床色谱是一种模拟真实移动床的连续色谱分离工艺。在模拟移动床色谱中，固定相的逆流移动由进样口和溶剂入口与残余液出口和提取物出口的周期切换来模拟，相当于柱子向与切换相反的方向移动。它是模拟移动床技术和色谱技术的结合，是以模拟移动床的运转方式来实现色谱分离过程的一种工艺方法。模拟移动床吸附分离技术，是一种高效、先进的分离技术，与传统的制备色谱技术相比，模拟移动床技术采用连续操作手段。这一点有利于实现自动化操作，制备效率高。

要利用模拟移动床技术来分离某一产品，其中至关重要的就是要确定模拟移动床的操作参数。如 SMB 四个区的内部流率 Q_k（k= Ⅰ，Ⅱ，Ⅲ，Ⅳ），四个区的外部流率 Q_{EI}、Q_E、Q_F 和 Q_R 以及进出口切换时间 ΔT 等。合理地选择这些参数是为了使组分在 SMB 中能够达到分离纯度的要求，并且尽可能节省溶剂用量和提高产量。实际的参数必须要通过实验才能得到。为了节约成本，人们通过模型的方法来得到理论上的最优操作参数，然后在实际的操作中对其进行检验和修正。

本研究利用模拟移动床色谱分离设备对低聚木糖液液的分离和纯化进行产业化技术参数的确定，以便于实现产业化生产。

一、实验材料与仪器

1. 实验材料

DIAION-UBK530（北京绿百草科技发展有限公司），低聚木糖标准品（北京市双旋生物培养基制品厂），苯酚（上海天齐生物生物技术有限公司），3,5-二硝基水杨酸（天津市科密欧化学试剂开发中心）。

2. 实验仪器

模拟移动床色谱分离系统（国家杂粮工程技术研究中心），1.6cm×50cm 不锈钢制备分离柱（国家杂粮工程技术研究中心），TBP-5002 制备泵（上海同田生物技术有限公司），DBS-100 计算机全自动部分收集器（上海泸西分析仪器厂），Agilent1200 高效液相色谱仪（美国安捷伦科技有限公司），SHODEX SUGAR KS-802 分析色谱柱（日本昭和电工科学仪器有限公司），T6 紫外—可见分光光度计（北京普析通用仪器有限责任公司）。

二、模拟移动床分离低聚木糖的工艺过程设计与方法

模拟移动床技术的过程设计主要是为了减少实验次数，利用数学模型的方法可以来获得其最佳操作参数。建模方法一般基于两种策略，一种是基于真正的 SMB 模型，SMB 模型考虑了周期性地改变进出位点，即循环切换操作时间，其模型求解复杂，为计算机模拟带来很大困难；另一种是采用相应的固定床（TMB）模型，TMB 模型则假设了柱内两相的真正逆流，由于忽略了循环口的切换，因而可以得到一个连续逆流吸附过程的平衡方程，大大简化了模型，模型较为简单且求解方便。研究中可以利用 TMB 模型有效地进行 SMB 运行过程的研究。本章中主要采用了基于 TMB 的优化策略，来实现 SMB 运行参数的设计，设计依据及 SMB 与 TMB 间的转换关系方法同第四章第三节相关内容。

1. 固定化色谱柱的初始工艺参数确定

根据树脂的静态与动态实验和TMB模型的物料平衡方程推算所得初始工艺参数如表5-10所示。

表5-10 SMB初始工艺参数

工艺名称	工艺参数	工艺名称	工艺参数
进料速度（mL/min）	2.0	循环速度（mL/min）	6
洗脱速度（mL/min）	2.5	切换时间（s）	300

2. 模拟移动床色谱分区方式的确定

根据SMB与TMB间的等效性和转换关系，考虑树脂对低聚木糖和单糖吸附强弱的不同，水洗的流速和水洗的效果以及树脂柱和设备的实际操作性能，确定模拟移动床色谱分离区各区的分配方式，如表5-11所示。并根据TMB实验的基本参数进一步优化SMB分离纯化低聚木糖工艺参数。

表5-11 SMB分离各区分配方式

区域代号	区域名称	分配方式
Ⅰ区	吸附区	4根制备柱（串联）
Ⅱ区	精馏区	3根制备柱（串联）
Ⅲ区	解吸区	3根制备柱（串联）
Ⅳ区	缓冲区	2根制备柱（串联）

3. 模拟移动床色谱技术参数优化

（1）SMB分离纯化低聚木糖的进料速度确定。按照固定的分配区间，选择进样浓度为30%，切换时间为300s，上述参数为固定量，再分别采用1mL/min、2mL/min、3mL/min、4mL/min、5mL/min、6mL/min和7mL/min不同的进样流速将低聚木糖提取液泵入吸附区，收集一个切换时间的流出口流出液，测定流出液中低聚木糖的含量，并计算一个循环周期低聚木糖的收率和分离度。

（2）SMB分离纯化低聚木糖的洗脱速度确定。按照固定的分配区间，选择进样浓度为30%，切换时间为300s，进料速度为4mL/min，上述参数为固定量，再分别采用7mL/min、8mL/min、9mL/min、10mL/min、11mL/min和12mL/min不同的洗脱流速对制备柱进行冲洗，收集一个切换时间的流出口流出液，测定流出液中低聚木糖的含量，并计算一个循环周期低聚木糖的收率和分离度。

（3）SMB分离纯化低聚木糖循环速度的确定。按照固定的分配区间，选择进样浓度为30%，切换时间为300s，进料速度为4mL/min，洗脱流速为10mL/min，上述参数为固定量，再分别采用8mL/min、9mL/min、10mL/min、11mL/

min、12mL/min 和 13mL/min 不同的洗脱流速对制备柱进行冲洗，收集一个切换时间的流出口流出液，测定流出液中低聚木糖的含量，并计算一个循环周期低聚木糖的收率和分离度。

4. 测定方法

（1）低聚木糖回收率的测定。取一定量的低聚木糖提取液，经过模拟移动床色谱连续分离纯化一个循环周期，收集全部解吸液，DNS 法测定低聚木糖提取液及解吸液中的低聚木糖的含量。低聚木糖收率（A）的计算公式如下：

$$A=\frac{W_g \times V_g \times P_g}{W \times V \times P} \times 100\%$$

式中：W_g 为解吸液中低聚木糖的含量（mg/mL）；V_g 为解吸液体积（mL）；W 为低聚木糖提取液中低聚木糖的含量（mg/mL）；V 为低聚木糖提取液的体积（mL）；P_g 为解吸液中低聚木糖的纯度；P 为低聚木糖提取液中低聚木糖的纯度。

（2）低聚木糖纯度的测定。低聚木糖的纯度测定采用 HPLC 分析。具体分析推荐为：Agilent1200 高效液相色谱仪，检测信号为示差折光检测器，色谱柱为 Suga KS-802 柱（300mm×6.5mm），柱温为 70℃，填料粒度 5μm，流动相为超纯水，流速 0.8mL/min；检测器温度为 50℃，进样量为 5μL。

三、结果与分析

1. 进样速度对分离效果的影响

进样速度对模拟移动床连续色谱分离纯化低聚木糖影响曲线如图 5-9 所示。在进样流速的七点三次重复的因素分析中，对数据进行分析，以分离度和收率为指标，分离度 Rs 的 $P<0.001$，说明进料速度对低聚木糖的分离度影响显著；收率 $p<0.001$，说明进样流速对低聚木糖纯度影响显著。由图 5-9 可知，随着进料流速的增加，产品的分离度和收率先增大后减小，当超过 6mL/min 时开始漏料，在 4mL/min 时产品的分离效果最好，且收率最高，因此选择 4mL/min 为进料流速。

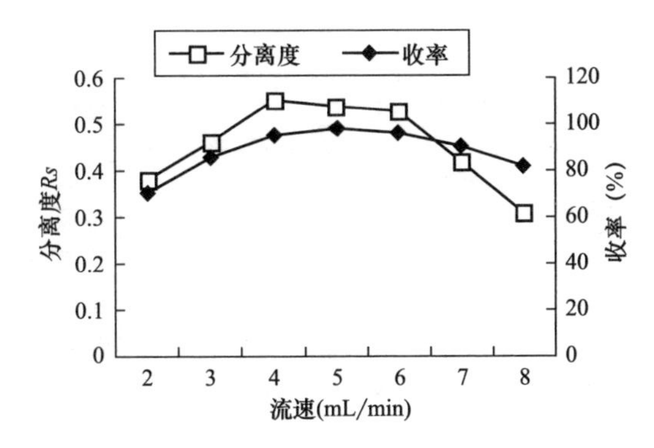

图 5-9　进样流速对低聚木糖分离度和收率的影响

2. 洗脱速度对分离效果的影响

洗脱速度对模拟移动床连续色谱分离纯化低聚木糖影响曲线如图 5-10 所示。

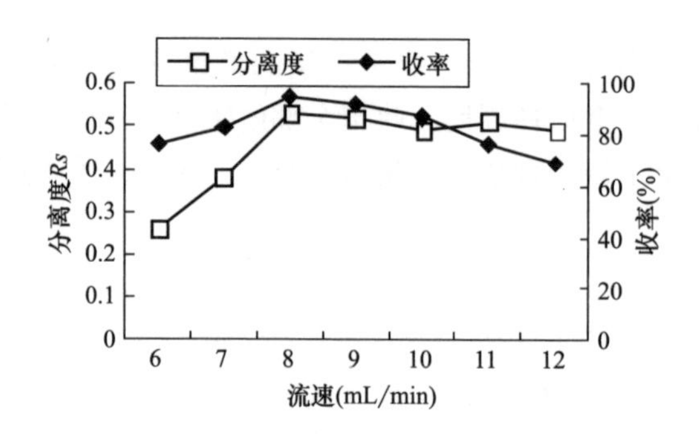

图 5-10　洗脱流速对低聚木糖分离度和收率的影响

在洗脱流速的七点三次重复的因素分析中，对数据进行分析，以分离度和收率为指标，p 均小于 0.001，说明洗脱流速对低聚木糖分离度、收率影响极显著。由图 5-10 可知，随着洗脱流速的增加，低聚木糖的收率先增加后降低，而分离度则在 8mL/min 后保持稳定，因此，选择 8mL/min 为洗脱流速。

3. 循环速度对分离效果的影响

循环速度对模拟移动床连续色谱分离纯化低聚木糖影响曲线如图 5-11 所示。在循环流速的七点因素分析中，得出 $p<0.001$，说明循环流速对低聚木糖分离度、收率影响极显著。由图 5-11 可知，随着循环流速的增加，低聚木糖的分离度先增加后减小，而低聚木糖的收率逐渐增加，但后期增加缓慢，这可能是由于循环流速的增加使部分未被分离的低聚木糖又重新分离，从而使收率缓慢增加。但同时考虑到分离的效果，因此，选择 10mL/min 的流速为洗脱流速。

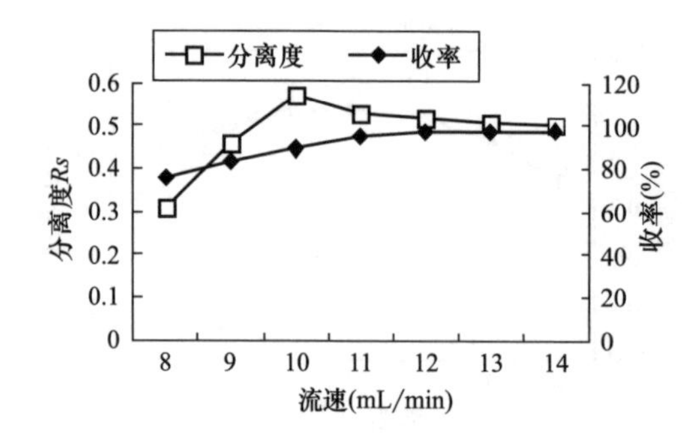

图 5-11　循环流速对低聚木糖分离度和收率的影响

4. 模拟移动床色谱分离法与固定床分离法的效益比较分析

SMB 色谱分离与 TMB 比较有较大不同，不仅体现在设备的构造上，更重要的是体现在工艺运行方面。

（1）SMB 色谱分离设有 20 根分离色谱柱，生产效率高，而 TMB 法是单柱运行，如果要实现与 SMB 色谱分离相同的生产效率，则要设计 20 根以上的分离色谱柱，且每根柱子的容积要大于 SMB 色谱分离的 1 倍以上，所以其占地面积也大。SMB 设备尺寸小、结构紧凑、占地面积小，而且 SMB 树脂用量是 TMB 的 1/2。

（2）SMB 色谱分离运行中的洗脱剂的用量比 TMB 法相应减少，最大可节 50%~70%。

（3）SMB 法根据生产过程的需要，随流体的组成成分和流量的变化可自动调节切换时间，能保证在最佳经济状态下运行。SMB 与 TMB 常规参数比较如表 5-12 所示。SMB 色谱分离系统与 TMB 相比在工业生产规模纯化产品的应用上具有明显的优势。SMB 色谱分离系统运行投入少、成本低、连续化程度高而使生产效率大大提高。

表 5-12　相同生产量下 SMB 与 TMB 参数比较

参数内容		TMB	SMB
柱尺寸（$L\times D$）（mm）		1000×12	500×12
柱数目（根）		20	20
进料浓度（g/L）		0. 5	2. 0
流速	进料速度（mL/min）	20	20
	洗脱速度（mL/min）	20	20
原料处理量（kg）		4. 0	4. 0
树脂用量（L）		4. 0	2. 0

初始工艺参数，根据 TMB 与 SMB 的等效性和转换关系理论，应用 TMB 的初始工艺参数进行了 SMB 色谱分离系统的技术参数优化，优化后的参数为：进料速度为 4mL/min，洗脱液为 8mol/L，循环流速为 10mL/min，阀门切换时间为 300s/次。

通过验证实验得到 SMB 分离纯化低聚木糖的纯度可达 95. 68%，低聚木糖收率可达 96. 8% 以上，而 TMB 分离低聚木糖的纯度为 91. 2%，低聚木糖收率为 90. 3%。

采用SMB色谱分离纯化低聚木糖是极为有效的方法，其运行成本远低于固定化层析色谱，而生产效率、产品得率则高于固定化层析色谱，SMB色谱分离纯化低聚木糖的新工艺具有重要的实际应用意义。

四、结论

低聚木糖由于其独特的生理学特性及物理特性而展现出了广阔的市场应用前景。近些年，我国专家多以富含木聚糖的玉米芯、棉籽壳、蔗渣等农业副产品为原料，研究了低聚木糖分离纯化技术。在国内已有利用玉米芯来生产低聚木糖的企业，为数很少，产品远不能满足市场需求，加之利用玉米芯生产低聚木糖的技术存在产品颜色深、纯度低等缺点，使得低聚木糖的生产水平处于落后状态，其瓶颈是提取、分离纯化技术。我国小麦麸皮资源丰富，其木聚糖含量较高，是制备低聚木糖的极好原料。基于这些问题，本研究以小麦麸皮为原料，利用超声波、模拟移动床色谱等研究低聚木糖产业化生产新技术，以提高低聚木糖产品的纯度、降低产品生产成本。通过对离子交换树脂的筛选、脱盐脱色实验，使提取液中的低聚木糖纯度由64.41%升高到75.63%；进一步应用模拟移动床色谱进行纯化技术参数的优化，使低聚木糖的纯度达到了95.68%，收率达到了96.8%。建立了模拟移动床（SMB）纯化低聚木糖的新工艺技术。

参考文献

[1] 王立东. 制备色谱分离纯化小麦麸皮低聚木糖的工艺优化［J］. 粮油食品科技，2014，22（6）：23-27.

[2] 隋明. 低聚木糖的提取工艺及相对分子质量分布［J］. 生物加工过程，2012，10（3）：45-49.

[3] 郑建仙. 功能性低聚糖［M］. 北京：化学工业出版社，2004.

[4] MUSSATTO S I，MANCILHA I M. Non-digestible oligosaccharides：a review［J］. Carbohydrate Polymers，2007，68（3）：587-597.

[5] 耿予欢，张本山，高大维，等. 强酸性阳离子交换树脂分离纯化异麦芽低聚糖的研究［J］. 食品科学，1999，5：6-8.

[6] 姜守霞，钟振声，励雯波. 强酸性阳离子交换树脂分离异麦芽低聚糖的研究［J］. 上海化工，2002，20：18-20.

[7] 章茹，曹济，刘辉，等. 低聚木糖的超滤纯化生产工艺优化［J］. 食品与发酵工业，2013，39（5）：66-71.

[8] 赵鹤飞，杨瑞金，赵伟，等. 秸秆低聚木糖溶液纳滤分离特性和渗滤工艺［J］. 农业工程学报，2009，25（4）：253-259.

[9] 张新伟，李竹生. 棉籽壳低聚木糖分离纯化研究 [J]. 粮油加工，2007，9：89-91.
[10] 杨健，王立东，张丽萍. 小麦麸皮低聚木糖提取液絮凝工艺技术研究 [J]. 粮食与饲料工业，2013，4：38-42.
[11] 王立东，张丽萍. 利用木聚糖酶酶解小麦麸皮制备低聚木糖工艺参数的研究 [J]. 黑龙江八一农垦大学学报，2012，24 (1)：61-68.

第六章　多功能模拟移动床色谱纯化甜叶菊苷分离技术

利用多功能模拟移动床色谱设备对甜叶菊苷粗提液进行分离和纯化，无须另设脱色工序与脱盐工序，一个步骤可以同时完成连续脱盐、脱色与吸附分离。不但简化了操作步骤，而且降低了生产损耗，并且能够连续化生产，提高生产效率，降低树脂和各步溶剂的用量，回收率可达90%以上，纯度也可达到93%以上，可实现连续化生产，易于工业化推广，有利于节能减排，弥补现有技术的不足。

一、实验材料和仪器设备

1. 实验材料

甜叶菊苷提取液：按照前两个实验得出的最佳提取条件进行提取，将得到的提取液于4℃冷藏备用。ADS-7树脂（天津南开合成科技有限公司），无水乙醇（沈阳市华东试剂厂），氢氧化钠（沈阳天时兴化工有限公司）。

2. 仪器设备

制备型色谱柱（国家杂粮工程技术研究中心），多功能色谱分离系统（国家杂粮工程技术研究中心），液相色谱仪1200s（安捷伦科技有限公司），电子天平（梅特勒—托利仪器有限公司），电导仪（梅特勒—托利仪器有限公司），紫外可见分光光度计（北京普析通用仪器有限责任公司）。

二、实验方法

1. 模拟移动床色谱系统实验

（1）模拟移动床色谱的结构特点。本实验所用的模拟移动床色谱为国家杂粮工程技术研究中心自行设计制造的。运用连续层析技术，将传统的模拟移动床色谱根据工艺要求进行改进。整个工艺循环由一个带有多个树脂柱（12，20，30柱）的圆盘和一个多孔分配阀组成。通过圆盘的转动和阀口的转换，使分离柱在一个工艺循环中完成吸附、水洗、解吸和再生的全部工艺过程。且在连续分离系统中，所有的工艺步骤同时进行。本工艺研究用于分离的色谱柱是500mm×16mm的制备柱，数量为20根。

（2）制备柱的装填。模拟移动床色谱的工作单元为制备柱，制备柱的分离性能直接影响模拟移动床色谱的分离性能，而装填方法是影响制备柱性能的因素之一，填料的装填方法不同，对柱效的影响很大，从而直接影响了对样品的分离效果。

装填制备柱前首先应清洗制备柱。在清洗制备型色谱柱时，由于其内径较大，可用大团棉花蘸清洁剂洗涤内壁（具体方法：用一根细长的绑有大团棉花的棉线穿过色谱柱，并用棉花蘸取清洁剂，来回抽动棉线，使棉花在柱内作往复运动），然后用去离子水清洗，再用乙醇浸泡淋洗，自然晾干。

本实验填料的装填方式采用湿法填柱。该方法的优点是操作简单，填料的分布均匀，制备柱柱效高。

（3）模拟移动床色谱分离性能指标。浓度、纯度、收率、溶剂消耗和生产率五个指标被用来衡量 SMB 系统的分离性能，其中溶剂耗费和生产率指标与分离成本关联，而纯度和收率指标互为牵制，直接与产品质量相关联。从经济角度看，操作条件的最优化标准是：在保证高纯度和高回收率的前提下，所消耗的溶剂最少，成本最低。

（4）工艺流程。多功能模拟移动床色谱纯化甜叶菊苷分离技术的工艺流程如图 6-1 所示。

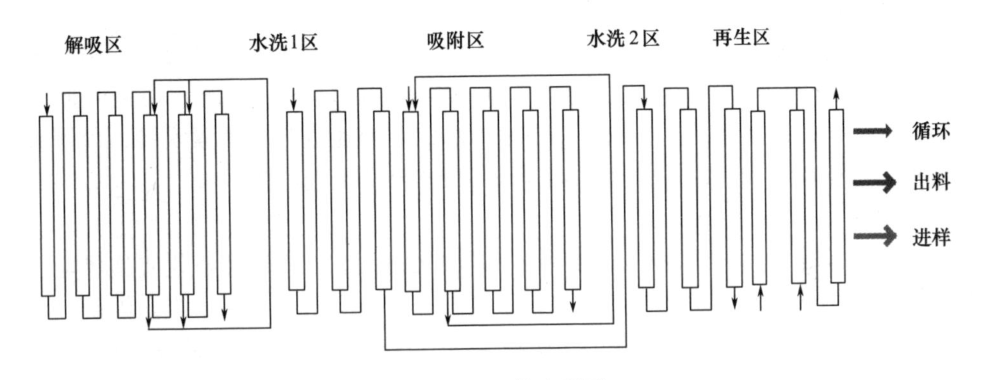

图 6-1　工艺流程图

2. 一步法连续色谱连续分离纯化甜叶菊苷工艺参数的优化

为使模拟移动床色谱达到最佳的分离性能，本研究最重要的是确定最佳的进料量、水洗量、解吸量、再生流速，切换时间以及各区制备柱的分配及连接方式。

（1）进样浓度的选择。整个系统的进样浓度的调整十分复杂，本实验以系统的一个制备单元（一根制备柱）为例，分别选取不同浓度的样液进行进样，直到吸附饱和为止，检测单柱处理量与泵压力。

（2）各区制备柱数及连接方式的选择。依据单柱的各步条件，以树脂的最大吸附量、各步溶剂最少用量及分离性能最大化为指标确定吸附分离系统的区域分配连接方式及切换时间。

（3）进样流速的选择。按照固定的分配区间，将水洗 1、解吸、再生、水洗 2

流速分别确定为35mL/min、30mL/min、14mL/min、35mL/min，切换时间为720s，上述参数为固定量，再分别采用不同的进样流速进行单因素实验，以进样出口甜叶菊苷流出情况及树脂对甜叶菊苷的最大吸附量为指标选择最佳的进样流速范围。

（4）水洗1流速的选择。按照固定的分配区间，将进样、解吸、再生、水洗2流速分别确定为14mL/min、30mL/min、15mL/min、35mL/min，切换时间为720s，水洗1分别采用不同的流速进行单因素实验，以解吸出口流出液中甜叶菊苷纯度为指标选择最佳的水洗1流速范围。

（5）解吸流速的选择。按照固定的分配区间，将进样、水洗1、再生、水洗2流速分别确定为14mL/min、30mL/min、15mL/min、35mL/min，切换时间为720s，上述参数为固定量。分别采用不同的解吸流速进行单因素实验，以甜叶菊苷纯度为指标选择最佳解吸流速范围。

（6）再生流速的选择。按照固定的分配区间，将进样、水洗1、解吸、水洗2流速分别确定为14mL/min、30mL/min、25mL/min、35mL/min，切换时间为720s，上述参数为固定量。分别采用不同的再生流速进行单因素实验，以解吸出口流出液中甜叶菊苷纯度为指标选择最佳的再生流速范围。

（7）水洗2流速的选择。按照固定的分配区间，将进样、水洗1、解吸、再生流速分别确定为14mL/min、30mL/min、28mL/min、10mL/min，切换时间为720s，上述参数为固定量。分别采用不同的水洗2流速进行单因素实验，以解吸出口流出液中甜叶菊苷纯度为指标选择最佳的水洗2流速范围。

3. 中试实验

中试实验是食品、药品研发到生产的必由之路，也是降低产业化实施风险的有效措施，小试所得的工艺参数需进行很多改进才能应用于实际生产。因此，在小试工艺的基础上，选择了黑龙江省海林甜叶菊糖苷加工厂进行现场中试实验，结合实际生产的可实施性对模拟移动床色谱连续分离纯化甜叶菊苷的工艺进行验证及改进研究。

中试实验所用设备为自制的50T/M型多功能模拟移动床色谱分离中试设备，结构以及分区与小试工艺一致，在一个工艺循环中同时完成吸附、水洗、解吸、再生的全部工艺过程，所用的色谱是20根1000mm×48mm，较小试设备处理量提高36倍。各区制备柱数、进样浓度的参数与小试一致，在连接方式上加入水循环，降低了试剂的使用量以节约成本。在小试最佳工艺参数的基础上，并结合自制中试设备及实际情况确定实验参数。

三、结果与分析

1. 进样浓度的选择

由于模拟移动床色谱的规模化精细分离的特点，进样浓度必然较高，系统通常处于非线性状态，选择一个合适的进样浓度对模拟移动床色谱正常分离至关重要。为了便于一步法连续色谱连续分离纯化甜叶菊苷的研究，首先确定甜叶菊苷粗液的进样浓度。按照上述实验方法，进行实验，进样浓度分别为14mg/mL、15mg/mL、16mg/mL、17mg/mL、18mg/mL，实验结果如图6-2所示。

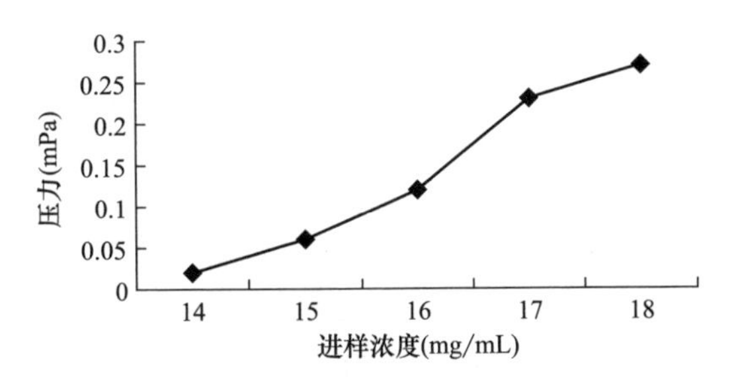

图6-2　进样浓度对柱压的影响

在进样浓度的五点三次重复的因素分析中，采用SAS8.2统计系统进行分析，得出$F=756912$，$P<0.001$，说明进样浓度的变化对柱压的影响达到极显著水平。由图6-2可知，随着进样浓度的增加，柱压逐渐增大。为了确保实验的安全和准确，单柱压力在0.15mPa以下，当进样浓度为16mg/mL时，单柱压力为0.12mPa，达到低于0.15mPa的标准。在压力符合标准的情况下，进样浓度越高单位时间处理量越大，有利于工业化生产，所以选择16mg/mL为进样浓度。

2. 各区制备柱数、连接方式及切换时间的选择

以树脂的最大吸附量、各步溶剂最少用量及分离性能最大化为指标确定最佳切换时间为720s，各区最优分配及连接方式如表6-1所示。

表6-1　各区分配方式及连接方式

区域名称	分配方式
吸附区	6根制备柱（串联）
水洗1区	4根制备柱（串联）
解吸区	5根制备柱（串联）
再生区	2根制备柱（并联逆流）
水洗2区	3根制备柱（串联）

3. 进样流速的选择

为了考察进样流速对甜叶菊苷分离效果的影响，按照上述实验方法进行实验，分别以10mL/min、11mL/min、12mL/min、13mL/min、14mL/min、15mL/min、16mL/min的流速将甜叶菊苷提取液泵入吸附区，收集一个切换时间的流出口流出液，蒽酮比色测定流出液含苷情况，检测结果，如表 6-2 所示。

表 6-2　进样流速的选择

进样流速（mL/min）	10	11	12	13	14	15	16
O. D 值	0. 00	0. 01	0. 01	0. 02	0. 03	1. 34	2. 01

在进样流速的七点三次重复的因素分析中，采用 SAS8. 2 统计系统进行分析，得出 $F=486498$，$P<0.001$，说明进样流速的变化对甜叶菊苷吸附能力的影响达到极显著水平。当 *O. D* 值大于 0. 1 时，流出液中含有甜叶菊苷，说明此时吸附达到饱和状态，有未吸附的甜叶菊苷流出，导致原料浪费。上述进料流速均可以保证第一根吸附柱吸附饱和，但是进料流速为 15mL/min、16mL/min 时，流出口处可以检测到甜叶菊苷，说明有过剩的甜叶菊苷流出，导致原料浪费。经过方差分析，得出进料流速为 10mL/min、11mL/min、12mL/min、13mL/min、14mL/min 时，对流出液中甜叶菊苷含量的影响差异不显著。为了提高处理量，选择进样流速为 14mL/min。

4. 水洗 1 流速的选择

为了考察第一步水洗流速对甜叶菊苷纯度的影响，当制备柱完全吸附后，即柱内充满甜叶菊苷提取液时，当制备柱切换至水洗 1 区时分别以 24mL/min、26mL/min、28mL/min、30mL/min、32mL/min、34mL/min、36mL/min 流速对制备柱进行冲洗，以高效液相色谱法检测解吸出口流出液中甜叶菊苷的纯度，检测结果如图 6-3 所示。

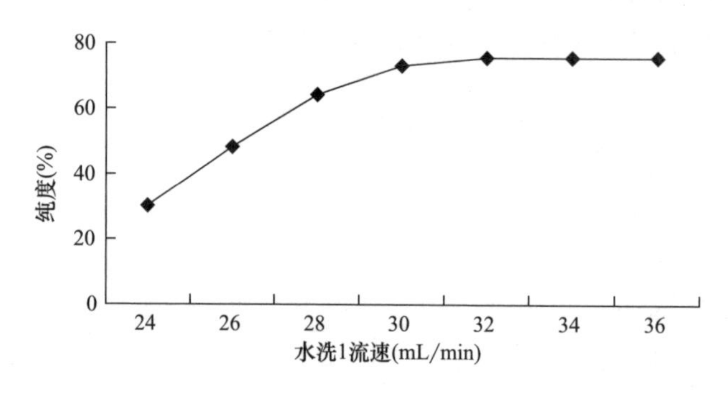

图 6-3　水洗 1 流速对甜叶菊苷纯度的影响

在水洗流速的七点三次重复的因素分析中，采用 SAS8. 2 统计系统进行分析，得出 $F=1512269$，$P<0.001$，说明水洗流速的变化对甜叶菊苷纯度的影响达到极显著水平。由图 6-3 可知，随着水洗流速的增加，甜叶菊苷的纯度也逐渐增加，但是后期去增加缓慢。经过方差分析，得出水洗流速为 32mL/min、34mL/min、

36mL/min 对实验结果的影响差异不显著，因此选择 28～32mL/min 之间进行旋转实验。

5. 解吸流速的选择

为了考察解吸剂流速对甜叶菊苷纯度的影响，按照上述实验方法，在其他区域参数固定的情况下，分别以 22mL/min、24mL/min、26mL/min、28mL/min、30mL/min、32mL/min、34mL/min 的流速对解吸区制备柱进行解吸，收集流出液，经高效液相检测，确定甜叶菊总苷的纯度，结果如图 6-4 所示。

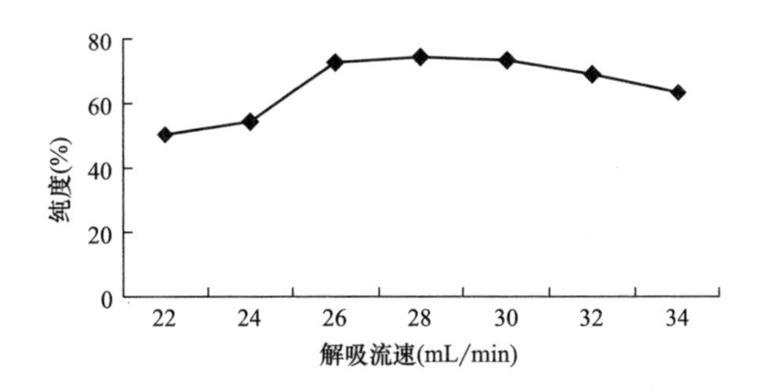

图 6-4　解吸流速对甜叶菊苷纯度的影响

在解吸流速的七点三次重复的因素分析中，采用 SAS8.2 统计系统进行分析，得出 F 为 Infty，$P<0.001$，说明解吸流速的变化对甜叶菊苷纯度的影响达到极显著水平。由图 6-4 可知，随着解吸流速的增加，甜叶菊苷的纯度先增加后降低，解吸流速为 28mL/min 时，甜叶菊苷的纯度最高。因此，选择 26～30mL/min 进行旋转实验。

6. 再生流速的选择

为了考察再生溶液流速对甜叶菊苷纯度的影响，按照上述的实验方法，在其他区域参数固定的情况下，分别以 6mL/min、7mL/min、8mL/min、9mL/min、10mL/min、11mL/min、12mL/min 的流速对再生区制备柱进行再生，以高效液相色谱法分别检测解吸出口流出液中甜叶菊苷的纯度，结果如图 6-5 所示。

在再生流速的七点三次重复的因素分析中，采用 SAS8.2 统计系统进行分析，得出 $F=1192057$，$P<0.001$，说明再生流速的变化对甜叶菊苷纯度的影响达到极显著水平。由图 6-5 可知，随着再生流速的增加，解吸液中甜叶菊苷的纯度逐渐增加，但是后期增加缓慢。经方差分析得出，再生流速为 10mL/min、11mL/min、12mL/min 时，再生溶液流速的变化对实验结果的影响差异不显著。因此选择 9～11mL/min 进行旋转实验。

7. 水洗 2 流速的选择

为了考察第二步水洗流速对甜叶菊苷纯度的影响，当制备柱完全吸附后，即

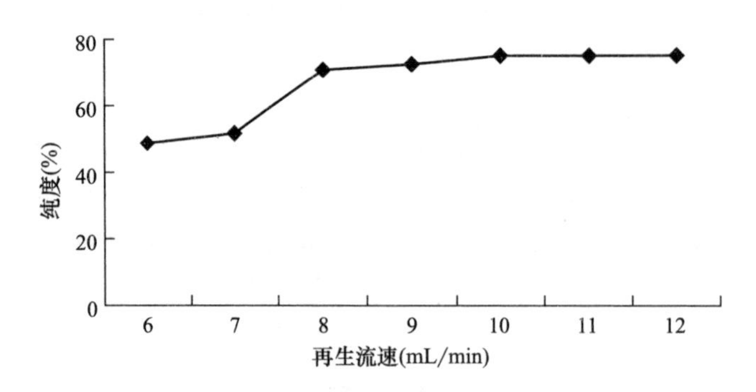

图 6-5　再生流速对甜叶菊苷纯度的影响

柱内充满甜叶菊苷提取液时，当制备柱切换至水洗 1 区时分别以 24mL/min、26mL/min、28mL/min、30mL/min、32mL/min、34mL/min、36mL/min 流速对制备柱进行冲洗，以高效液相色谱法检测解吸出口流出液中甜叶菊苷的纯度，检测结果如图 6-6 所示。

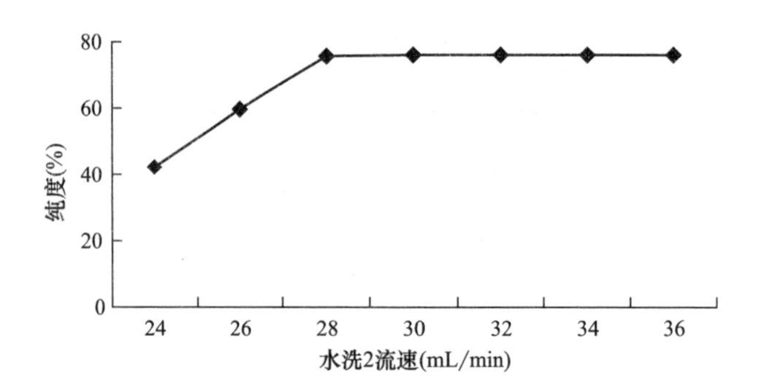

图 6-6　水洗 2 流速对甜叶菊苷纯度的影响

在水洗流速的七点三次重复的因素分析中，采用 SAS8.2 统计系统进行分析，得出 $F=1892330$，$P<0.001$，说明水洗流速的变化对解吸液中甜叶菊苷纯度的影响达到极显著水平。由图 6-6 可知，随着水洗流速的增加，解吸液中甜叶菊苷的纯度也逐渐增加，但是后续增加缓慢。经过方差分析，得出水洗流速为 30mL/min、32mL/min、34mL/min、36mL/min 对实验结果的影响差异不显著，因此，选择 28~32mL/min 进行旋转实验。

8. 旋转实验结果

基于单因素实验结果确定的最适工作条件，选择对实验影响较大的水洗 1 流速、解吸流速、再生流速、水洗 2 流速四个因素为自变量（分别以 X_1、X_2、X_3、X_4 表示），以甜叶菊苷纯度为响应值设计四因素共 36 个实验点的四元二次回归正交旋转组合的分析实验，保证实验点最少的前提下提高优化效率，运用SAS8.2系统处理，因素水平编码如表6-3所示。

表6-3　因素水平编码表

编码值	水洗1流速（mL/min）X_1	解吸流速（mL/min）X_2	再生流速（mL/min）X_3	水洗2流速（mL/min）X_4
+2	32.00	30.00	11.00	32.00
+1	31.00	29.00	10.50	31.00
0	30.00	28.00	10.00	30.00
-1	29.00	27.00	9.50	29.00
-2	28.00	26.00	9.00	28.00

（1）响应面优化实验结果。实验采取 $m=4$ 的四元二次回归正交旋转组合设计进行优化，实验安排以及实验结果如表6-4所示，并对36次实验所得的数据进行多元回归分析。

表6-4　实验安排表以及实验结果

实验号	X_1	X_2	X_3	X_4	纯度（%）
1	1	1	1	1	75.48
2	1	1	1	-1	75.36
3	1	1	-1	1	70.75
4	1	1	-1	-1	70.59
5	1	-1	1	1	55.81
6	1	-1	1	-1	63.37
7	1	-1	-1	1	51.24
8	1	-1	-1	-1	51.38
9	-1	1	1	1	77.59
10	-1	1	1	-1	78.43
11	-1	1	-1	1	59.89
12	-1	1	-1	-1	58.94
13	-1	-1	1	1	62.17
14	-1	-1	1	-1	62.25
15	-1	-1	-1	1	43.54
16	-1	-1	-1	-1	48.95
17	2	0	0	0	75.91

续表

实验号	X_1	X_2	X_3	X_4	纯度（%）
18	-2	0	0	0	60.57
19	0	2	0	0	72.64
20	0	-2	0	0	53.57
21	0	0	2	0	78.43
22	0	0	-2	0	68.46
23	0	0	0	2	78.81
24	0	0	0	-2	79.43
25	0	0	0	0	75.89
26	0	0	0	0	77.19
27	0	0	0	0	78.47
28	0	0	0	0	78.31
29	0	0	0	0	78.41
30	0	0	0	0	74.77
31	0	0	0	0	73.73
32	0	0	0	0	81.44
33	0	0	0	0	74.27
34	0	0	0	0	70.35
35	0	0	0	0	77.99
36	0	0	0	0	80.84

（2）多因素组合优化实验的分析。采用 SAS8.2 统计系统对优化实验进行响应面回归分析（RSREG），回归方程以及回归方程各项的方差分析结果如表 6-5 和表 6-6 所示，二次回归参数模型数据如表 6-7 所示。

表 6-5　回归方程的方差分析表

方差来源	自由度	平方和	均方和	F 值	P 值
回归模型	14	3644.1264	260.2947	20.54	<0.0001
误差	21	266.1553	12.6741		
总误差	35	3910.2817			

表 6-6　回归方程各项的方差分析表

回归方差来源	平方和	均方和	F 值	P 值
一次项	1823.3800	455.845	35.97	<0.0001
二次项	2582.2915	645.5729	31.21	<0.0001
交互项	238.4549	39.7425	3.14	0.0235

续表

回归方差来源	平方和	均方和	F 值	P 值
失拟项	156.6978	15.6698	1.57	0.2336
纯误差	109.4575	9.9507		

表 6-7　二次回归模型参数表

模型	非标准化系数	T	显著性检验
常数项	-9071.172302	-5.84	<0.0001
X_1	334.980595	6.26	<0.0001
X_2	279.864008	5.34	<0.0001
X_3	392.983889	4.05	0.0006
X_4	-128.540079	-3.12	0.0051
X_1^2	-4.643611	-6.89	<0.0001
X_1X_2	0.777500	0.87	0.3922
X_1X_3	-5.927361	-8.79	<0.0001
X_1X_4	-5.382500	-3.02	0.0065
X_2^2	-0.225000	-0.13	0.9006
X_2X_3	-13.369444	-4.96	<0.0001
X_2X_4	-0.753571	1.29	0.2099
X_3^2	1.598194	2.22	0.0376
X_3X_4	1.765000	3.03	0.0064
X_4^2	1.293036	1.51	0.1448

由表6-5和表6-6可以看出：二次回归模型的 F 值为20.54，$P<0.001$，大于在0.01水平上的 F 值，而失拟项的 F 值为0.2336，小于在0.05水平上的 F 值，说明该模型拟合结果好。一次项和二次项的 F 值均大于0.01水平上的 F 值，说明它们对提取率有极其显著的影响，而交互项的 F 值均大于0.05水平上的 F 值，说明其对提取率有显著的影响。

以甜叶菊苷纯度为 Y 值，得出编码值为自变量的四元二次回归方程为（去除不显著因素）：

$$Y = -9071.1723 + 334.9806X_1 + 279.8640X_2 + 392.9839X_3 - 128.5401X_4 - 4.6436X_1^2 - 5.9274X_1X_3 - 5.3825X_1X_3 - 13.3694X_2X_3 + 1.5982X_3^2 + 1.7650X_3X_4$$

（3）贡献率分析。利用SAS8.2统计分析系统可得各因素的 F 值为：$F_A = 13.64$，$F_B = 34.81$，$F_C = 15.92$，$F_D = 6.62$；再经贡献率计算可得：$\Delta_2 > \Delta_3 > \Delta_1 > \Delta_4$，所以得到各个不同因素对甜叶菊苷纯度的影响效果顺序为：解吸流速>

再生流速>水洗 1 流速>水洗 2 流速。

（4）最优提取条件的确定。为了进一步确证最佳点的值，采用 SAS8.2 系统的 Rsreg 语句对实验模型进行响应面典型分析，以获得最大的提取率时的各提取条件。经典型性分析得最优提取条件和纯度如表 6-8 所示。

表 6-8　最优提取条件及纯度

因素	标准化	非标准化	纯度（%）
X_1	0.0065	30.0131	80.66
X_2	0.3236	28.6471	
X_3	0.3923	10.3921	
X_4	-0.0186	29.9629	

纯度最高时水洗 1 流速、解吸流速、再生流速、水洗 2 流速的具体值分别为：30.01mL/min，28.65mL/min，10.39mL/min，29.96mL/min。该条件下得到的最高纯度为 80.66%。

（5）回归模型的验证实验。按照最优条件进行实验，重复三次。结果甜叶菊苷纯度为 80%±0.5%，实验值与模型的理论值非常接近，且重复实验相对偏差不超过 2%，说明实验重现性良好。结果表明，该模型可以较好地反映出一步法连续色谱连续分离纯化甜叶菊苷的最佳工艺条件。

9. 中试实验结果

在小试最佳工艺参数的基础上，并结合自制中试设备及实际情况将进样流速确定为 22.68L/h、水洗 1 流速为 32.4L/h、解吸流速确定为 12.96L/h、再生流速为 7.56L/h、水洗 2 流速为 32.4L/h、吸附循环流速为 32.4L/h、解吸循环流速为 37.8L/h。

按照实验设计的工艺路线及技术参数进行甜叶菊苷的分离纯化，连续工作 72h，再经后续色谱柱纯化后并对实验结果进行分析。中试实验所得甜叶菊苷的 HPLC 图谱如图 6-7 所示，中试实验甜叶菊苷 HPLC 图谱的分析结果如表 6-9 所示。

表 6-9　甜叶菊苷 HPLC 图谱分析结果

峰#	保留时间（min）	峰宽（min）	面积（mAU * s）	峰高（mAU）	峰面积（%）
1	4.164	0.1686	70.4665	5.3191	1.077
2	5.427	0.8422	205.2395	3.1252	3.1429
3	10.03	0.3830	124.7042	4.8017	1.9096
4	14.235	0.56	1871.6689	49.8583	28.6615

续表

峰#	保留时间（min）	峰宽（min）	面积（mAU＊s）	峰高（mAU）	峰面积（%）
5	16.509	0.7599	1079.1366	20.2455	16.5250
6	22.168	0.7871	3179.0983	59.5229	48.6822
总计			6530.3140	142.6728	100.0000

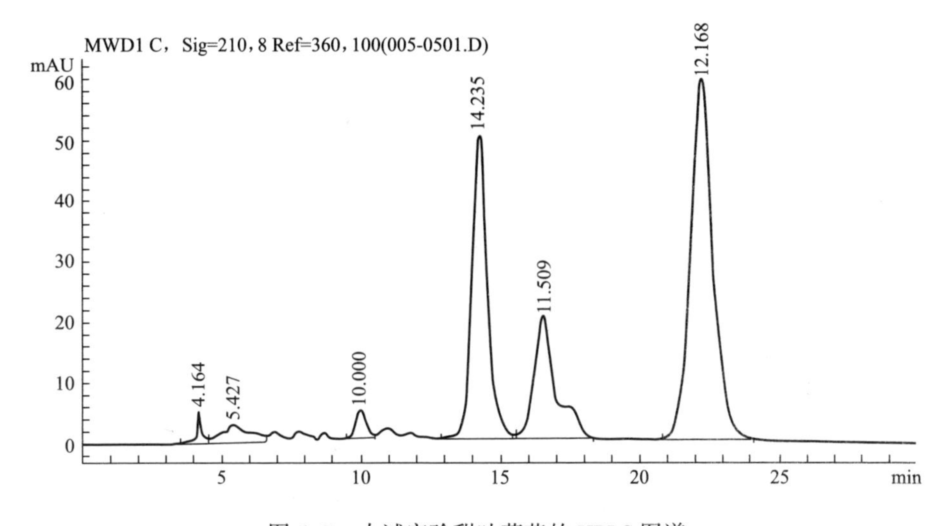

图 6-7　中试实验甜叶菊苷的 HPLC 图谱

由表 6-9 可以看出，中试实验所得甜叶菊苷总苷含量为 93.88%，其中 A_3 的含量达到了 48.68%，与小试所得数据基本一致。

10. 成本计算

根据中试实验所得数据对甜叶菊苷中试实验进行总结，计算出生产 1t 甜叶菊总苷成品需要去离子水 48t、乙醇 7.98t（回收率按 90%计算）、NaOH 0.84t、CaO 1.8t、$KAl(SO_4)_2$ 3.6t。

11. 成本对比

与传统甜叶菊苷生产工艺对比，应用超声波强化提取及连续色谱一步分离法新工艺生产 1t 甜叶菊总苷成品可节约去离子水 94%、乙醇 87%，树脂利用率提高 50%，纯度达到 90%以上。另外，此工艺可连续化生产，极大地减少了人力，降低了劳动强度，适合工业化生产，并且所得产品可以广泛应用于食品工业中。

四、结论

通过中试及小试实验，所得甜叶菊苷总苷含量为 93.88%，其中 A_3 的含量达到了 48.68%，产品达到国家级标准。说明本技术工艺不仅具有分离效率高、节省溶剂、成本低等特点，还便于连续化生产控制、与传统工艺相比，具有明显的推广优势。

参考文献

[1] 孙大庆，李洪飞，李良玉. 模拟移动床色谱法分离甜叶菊苷的工艺研究 [J]. 中国食品学报，2016，16 (2)：115-123.

[2] 倪军明，李军平. 甜菊糖工业发展现状与前景 [J]. 广州食品工业科技，2004，20 (39)：156-158.

[3] CHAN，PAUL. The effect of stevioside on blood pressure and plasma catecholamines in spontaneously hupenensive rats [J]. Life Science Including Pharmacology Letters，1998，63 (19)：1679-1684.

[4] 胡献丽，董文宾，郑月一，等. 甜菊及甜菊糖研究进展 [J]. 食品研究与开发，2005，26 (1)：36-38.

[5] Susan S. Schiffman，Elizabeth A. Sanely-Miller，Ihab E. Bishay. Time to maximum sweetness intensity of binary and ternary blends of sweeteners [J]. Food Quality and Preference，2007，(18)：405-415.

[6] 伏军芳. 甜菊糖苷的提取纯化工艺研究 [J]. 兰州：西北师范大学，2010，27 (2)：80-83.

[7] 李凌，井元伟，袁德成. 模拟移动床吸附分离技术及其应用 [J]. 计算机与应用化学，2007，24 (4)：441-444.

[8] 周口尢. 模拟移动床分离技术的发展和应用 [J]. 中国食品添加剂，2010，25 (5)：182-185.

[9] 吕裕斌. 模拟移动床分离天然产物的研究 [D]. 杭州：浙江大学，2006.

[10] Seidel-Morgenstem A，Kessler LC，Kaspereit M. New developments in simulated moving bed chromatography [J]. Chemical Engineering&Technology，2008，31 (6)：826-837.

[11] 蔡宇杰，丁彦蕊，等. 模拟移动床色谱技术及其应用 [J]. 无锡轻工业大学学报，2002，21 (4)：372.

[12] 滕祥金. 甜叶菊糖苷的提取纯化及分离检测方法的研究 [D]. 哈尔滨：东北农业大学，2007.

第七章　模拟移动床色谱纯化菊芋多聚果糖技术

菊粉，又名菊糖，学名为多聚果糖，具有清热解毒、抗病毒、抗菌、降血脂、降血糖等功效。菊芋经粗加工后得到菊芋多聚果糖粗品，但因其多聚果糖纯度低，不能作为保健品利用，不能出口。目前，我国已采用一些分离技术纯化菊芋多聚果糖，但是由于生产成本高、产品纯度不高等原因，无法实现大规模产业化生产。因此，必须对菊芋多聚果糖的高效纯化技术进行研究。在此背景下，本研究采用国际上先进的模拟移动床色谱技术纯化菊芋多聚果糖，旨在探索模拟移动床色谱高效纯化菊芋多聚果糖的方法，提高糖醇行业的生产效率。

一、实验材料与设备

1. 原料与试剂

菊芋多聚果糖粗品（白银熙瑞生物工程有限公司），活性炭（福建元力活性炭股份有限公司），阴阳离子树脂（陶氏化学）。盐酸、氢氧化钠等化学试剂（均为分析纯），强酸性阳离子 ZG106Na^{+}、ZG106Ca^{2+}（杭州争光树脂有限公司），强酸性阳离子 99Na^{+}320、99Ca^{2+}320（陶氏化学）。

2. 仪器与设备

恒温水浴槽 DK－450B（上海森信实验仪器有限公司），实验室搅拌器 AM1000L-P（上海保占机械有限公司），R－200 旋转蒸发仪（BÜ CHI），MD100-2 型电子分析天平（沈阳华腾电子有限公司），TGL16M 高速台式离心机（YINGTAI INSTRUMENT），装柱机 RPL-ZD10（大连日普利科技仪器有限公司），制备色谱 10×1000mm（带夹套）（国家杂粮工程技术研究中心制造），模拟移动床色谱分离实验设备 SMB-12E1. 2L 型（国家杂粮工程技术研究中心制造），顺序式模拟移动床色谱分离实验设备 SSMB-6Z6L 型（国家杂粮工程技术研究中心制造），顺序式模拟移动床色谱分离中试设备 SSMB-6Z600L 型（国家杂粮工程技术研究中心制造），1200s 液相色谱仪（美国安捷伦科技有限公司），WYT 糖度计（成都豪创光电仪器有限公司）。

二、实验方法

1. 菊芋多聚果糖粗品的前处理工艺流程

菊芋多聚果糖粗品→稀释→活性炭脱色→过滤→阴阳树脂脱盐→浓缩

菊芋多聚果糖粗品稀释至折光率20%~25%，加入活性炭60℃处理2h，板框过滤，然后依次过阴阳离子交换树脂脱盐，最后浓缩至折光率30%，达到顺序式模拟移动床色谱分离菊芋多聚果糖粗品的进料要求。

2. 分离树脂的筛选

分别量取一定体积的四种树脂（ZG106Na^+、ZG106Ca^{2+}、99Na^+320、99Ca^{2+}320）装入制备柱（500mm×16mm）中，用乙醇洗至流出液加水不混浊为止，然后用去离子水洗至流出液不含乙醇。以2BV/h的流速将制备的菊芋多聚果糖样液通入制备柱中进行分离，以纯度和收率为指标，研究不同树脂对菊芋多聚果糖纯化效果的影响。

3. 制备色谱评价实验

用去离子水将制备色谱柱冲洗干净，在柱温60℃，进料浓度30%，进料9mL，流速1.6mL/min的条件下进行实验，以去离子水为解吸剂，每2min收集一个样品，采用WYT糖度计测定浓度，采用高效液相色谱测定样品中菊芋多聚果糖的纯度。以管数为横坐标，干物质含量为纵坐标绘制菊芋多聚果糖粗品单柱洗脱曲线。

4. 初始工艺参数的转换方法

在使用SMB设备进行分离工艺参数优化之前，首先要根据制备色谱评价实验的最佳条件确定SMB分离工艺的初始参数，利用SMB和TMB之间具有的等效性，根据几何学和运动学转换规则，利用相对较为简单的TMB模型来预测SMB单元的稳态分离性能。

5. SMB纯化菊芋多聚果糖粗品的工艺研究

实验采用SMB-12E1.2L传统旋转阀式模拟移动床色谱分离设备（12根色谱柱，16mm×500mm），进行模拟移动床色谱（SMB）分离实验，在制备色谱单柱评价实验的基础上设计分区，并根据SMB与TMB的转化方法进行初始条件的确定。最后，在初始条件的基础上进行优化得到最佳的SMB纯化菊芋多聚果糖的工艺参数，SMB分离工艺流程如图7-1所示。

6. SSMB纯化菊芋多聚果糖粗品的小试工艺研究

实验采用SSMB-6E6L模拟移动床色谱分离设备（6根色谱柱，35mm×1000mm），进行模拟移动床色谱（SSMB）分离实验。SSMB技术在纯化菊芋多聚果糖的工艺流程中，每根色谱柱要经过三个步骤即大循环（S_1）、小循环（S_2）、全进全出（S_3），设备运转一个周期就要经过18个步骤。从1号柱开始，在1号柱时第一步为大循环，物料在体系中不进不出，只是进行循环；第二步为小循环，在1号柱上端进解吸剂D，在5号柱下端放出BD（菊芋多聚果糖组分）；第三步为全进全出，1号柱上端进解吸剂D，在1号柱下端放出AD（杂糖组分），在4号柱上端进F（原料），在5号柱下端放出BD（菊芋多聚果糖组

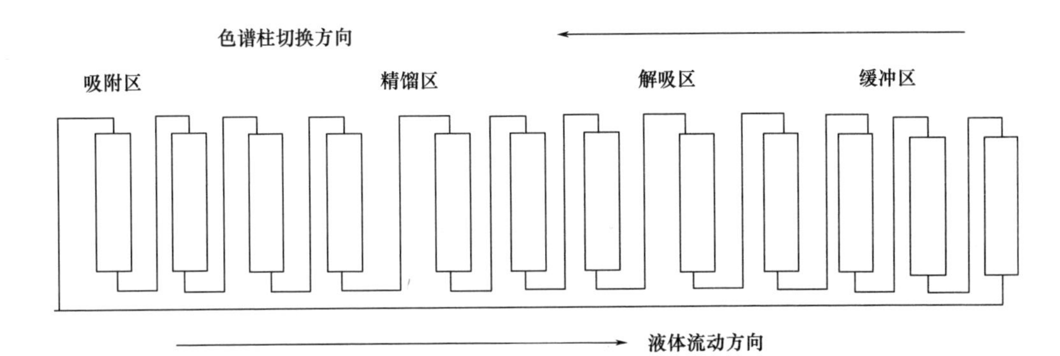

图 7-1　SMB 工艺流程图

分)；然后切换到 2 号柱，所有进料与出料口也都向下移动一根柱子，依次循环下去，SSMB 工艺流程，如图 7-2 所示。

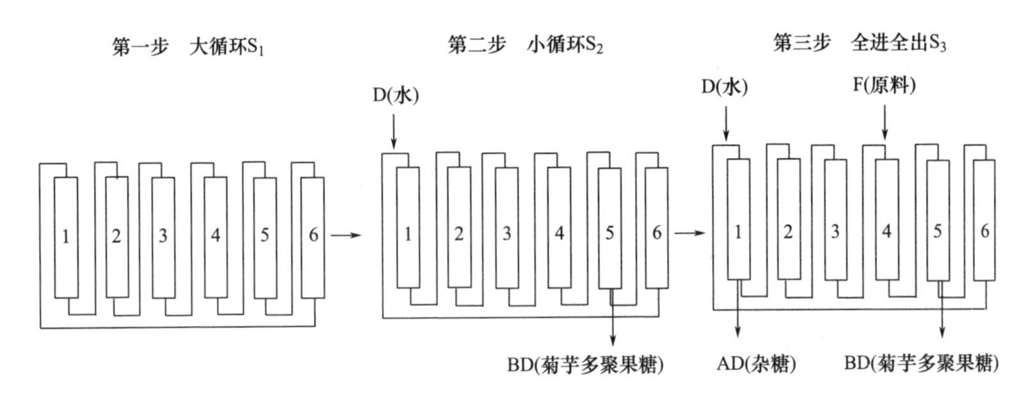

图 7-2　SSMB 工艺流程图

在制备色谱单柱评价实验的基础上，并根据物料平衡原理和 SSMB 基本原理进行 SSMB 小试纯化菊芋多聚果糖工艺参数的实验设计，以纯化菊芋多聚果糖的纯度和收率为指标进行优化，以达到最佳的纯化效果。

7. SSMB 纯化菊芋多聚果糖粗品的中试工艺研究

中试实验的工艺流程与小试的一致，每根色谱柱也要经过三个步骤即大循环（S_1）、小循环（S_2）、全进全出（S_3），运转一个周期需要经过 18 步。在 SSMB 小试实验研究结果的基础上对中试模拟移动床纯化菊芋多聚果糖粗品的工艺参数进行优化。

8. 数据分析方法

实验重复三次，采用 SAS8. 2 软件进行数据统计分析。

三、结果与分析

1. 树脂的筛选实验结果

树脂的筛选实验结果如图 7-3 所示。

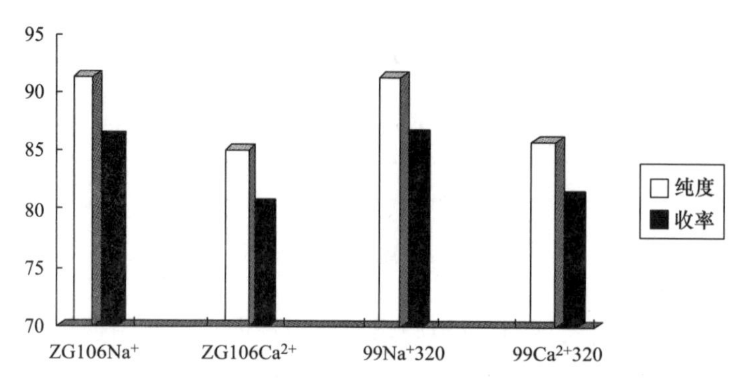

图 7-3 树脂的筛选实验结果

由图 7-3 树脂的筛选结果可以看出，Na^+型树脂的纯度及收率均大于 Ca^{2+}型树脂，因此，应选择 Na^+型树脂。对 ZG106Na^+、99Na^+320 树脂的纯化实验可以看出，两者纯度及收率的差异性不大，但是 ZG106Na^+为国产树脂，大约每吨 3 万元，而 99Na^+320 为进口树脂，大约每吨 3.8 万元，因此在性能相近的前提下选择 ZG106Na^+作为实验用树脂。

2. 制备色谱单柱评价实验结果

（1）原料液分析结果。采用高效液相色谱对原料液进行分析，分析结果如图 7-4 和表 7-1 所示。

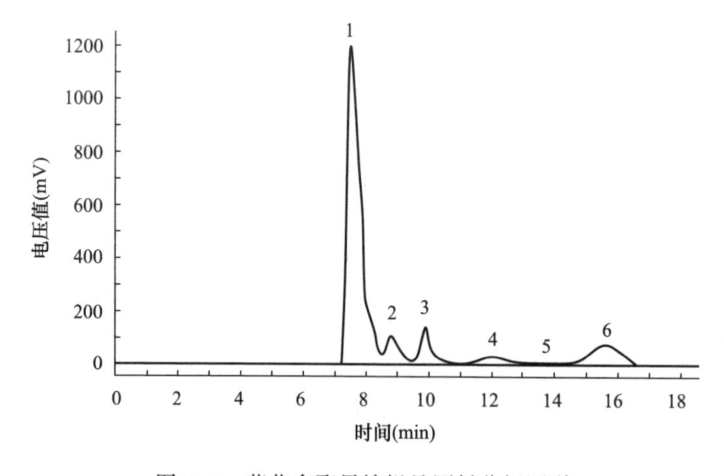

图 7-4 菊芋多聚果糖粗品原料分析图谱

表 7-1 多聚果糖原料分析结果

序号	保留时间（min）	化合物	纯度（%）	
1	7.492	多聚果糖	73.1358	79.2028
2	8.843		6.0670	
3	9.886	蔗糖	6.6874	
4	12.019	葡萄糖	3.3081	
5	13.789	未知糖	1.0860	
6	15.623	果糖	9.7157	

（2）制备色谱评价实验结果。多聚果糖单柱评价实验结果如表 7-2 所示，洗脱曲线图如图 7-5 所示。

表 7-2 制备色谱实验结果

管数（根）	体积（mL）	浓度（%）	多聚果糖纯度（%）	杂糖纯度（%）	多聚果糖干物质（mg）	杂糖干物质（mg）
10	32.00	5.00	100.00	0.00	160.00	0.00
11	35.20	13.50	100.00	0.00	432.00	0.00
12	38.40	15.00	94.64	5.36	454.27	25.73
13	41.60	13.00	90.80	9.20	377.73	38.27
14	44.80	11.50	84.79	15.21	312.03	55.97
15	48.00	10.00	80.84	19.16	258.69	61.31
16	51.20	7.50	69.85	30.15	167.64	72.36
17	54.40	3.00	20.28	79.72	19.47	76.53
18	57.60	1.50	9.20	90.80	4.42	43.58
19	60.80	1.00	6.90	93.10	2.21	29.79
20	64.00	0.50	5.80	94.20	0.93	15.07

从表 7-2 和图 7-5 可以看出，在洗脱曲线前段浓度变化较大，最高折光率达到 15.0%，说明在该条件下物质较集中，多聚果糖的纯度为 94.64%，但收率较低；此外，多聚果糖和杂糖的保留时间相差较大，分离度 0.35，有一定的分离趋势，可以通过参数优化达到纯化的效果。

3. SMB 实验结果

（1）SMB 初始条件的确定。考虑树脂对菊芋多聚果糖和低聚糖吸附强弱的不同，水洗的流速和水洗的效果以及树脂柱和设备的实际操作性能，确定模拟移动床色谱分离区各区的分配方式，如表 7-3 所示。根据制备色谱单柱评价实验结

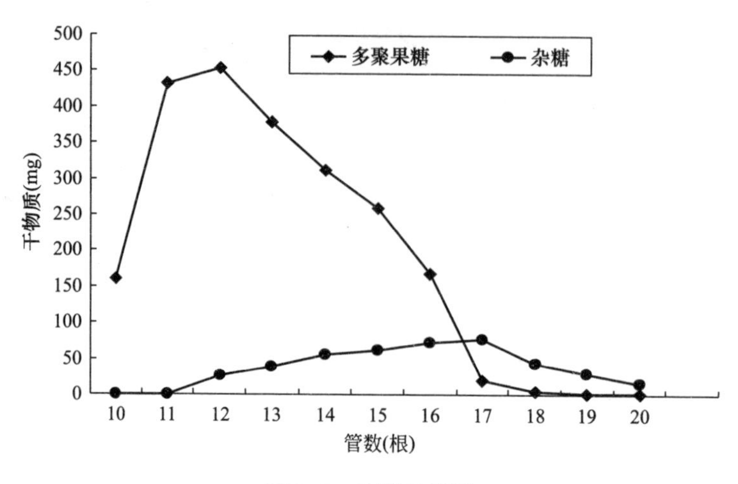

图 7-5 洗脱曲线图

果及 SMB 与 TMB 间的等效性，初步确定 SMB 纯化菊芋多聚果糖的初始理论工作参数，如表 7-4 所示。

表 7-3 SMB 区域分配方式

区域代号	区域名称	分配方式
Ⅰ区	吸附区	4 根制备柱（串联）
Ⅱ区	精馏区	3 根制备柱（串联）
Ⅲ区	解吸区	3 根制备柱（串联）
Ⅳ区	缓冲区	2 根制备柱（串联）

表 7-4 SMB 理论工作参数

参数	数值
操作温度（℃）	60
进料浓度（%）	50
切换时间 t（s）	362
进料液流量 Q_F（mL/h）	177
洗脱液流量 Q_{Elu}（mL/h）	531
萃取液流量 Q_{Eex}（mL/h）	328
萃余液流量 Q_{Raf}（mL/h）	353

（2）SMB 条件的优化设计。延长切换时间导致各区的保留体积增加，会提高Ⅱ区内的纯度和Ⅲ区内的得率，但同样降低Ⅳ区内的纯度和Ⅰ区内的得率。当改变切换时间进行调整不再有效时，应通过改变区内流速进行调整，这是 SMB

系统中一种微调的方法。即改变 Z_3/Z_{avg}（Z_{avg} 为Ⅰ区和Ⅱ区流速的平均值）的比率和 Z_4/Z_{avg} 的比率，也可单独改变其中一种。因此，要得到高纯度菊芋多聚果糖，可以通过切换时间和微调各个区域的流速来实现。延长切换时间提高了菊芋多聚果糖的纯度，相反，降低切换时间提高了菊芋多聚果糖的收率，如图 7-6 所示。降低 Z_3/Z_{avg} 提高了菊芋多聚果糖的收率，提高 Z_4/Z_{avg} 比率也可以提高菊芋多聚果糖的纯度，如图 7-7 所示。因此，我们要得到高纯度高收率的菊芋多聚果糖纯化工艺参数，可以通过切换时间和微调各个区域的流速来实现。

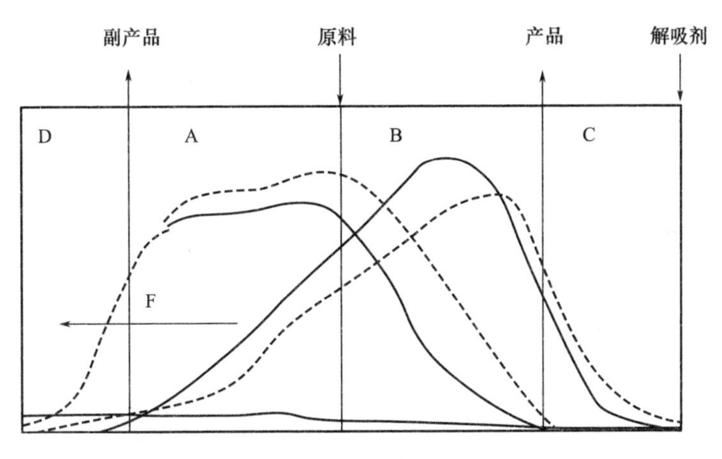

图 7-6　切换时间对分离效果的影响

A—工作区 1　B—工作区 2　C—工作区 3　D—工作区 4　F—流动方向

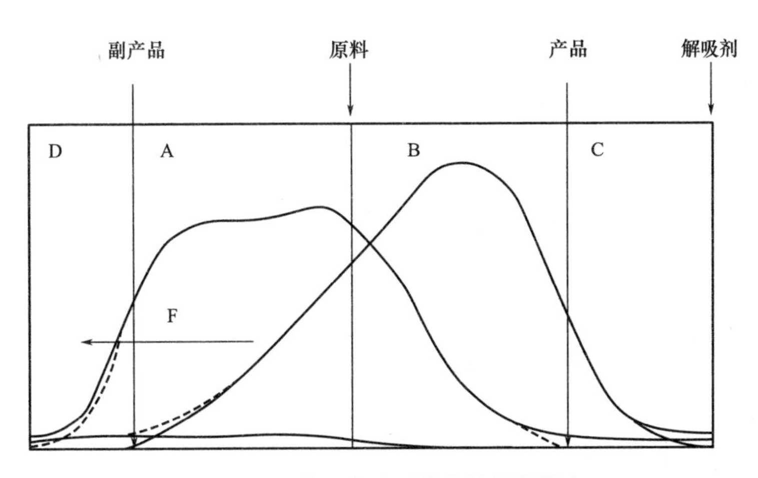

图 7-7　工作区流速对分离效果的影响

A—工作区 1　B—工作区 2　C—工作区 3　D—工作区 4　F—流动方向

经过微调得到最佳的操作条件，如表 7-5 所示。

表 7-5　SMB 最佳工作参数

参数	数值
操作温度（℃）	65
进料浓度（%）	20
切换时间 t（s）	348
进料液流量 Q_F（mL/h）	110
洗脱液流量 Q_{Elu}（mL/h）	385
萃取液流量 Q_{Eex}（mL/h）	195
萃余液流量 Q_{Raf}（mL/h）	298

在该条件下，多聚果糖组分的浓度为 8.2%，纯度为 92.5%，收率为 91.5%，杂糖组分的浓度为 3.1%，多聚果糖含量为 15.2%。

4. SSMB 小试分离工艺参数优化结果

SSMB 实验纯化多聚果糖的工艺参数及实验结果如表 7-6 所示。

表 7-6　SSMB 分离操作条件和实验结果

序号	进料量（g/h）	进水量（g/h）	循环量（mL）	浓度（%）	多聚果糖纯度（%）	多聚果糖收率（%）
1	728.00	1092.00	328.80	18.4±0.3[a]	93.8±0.1[e]	96.1±0.3[ab]
2	728.00	1456.00	328.00	15.1±0.3[d]	93.6±0.3[ef]	96.3±0.2[a]
3	910.00	1365.00	319.00	14.2±0.4[e]	96.1±0.3[d]	95.4±0.2[d]
4	910.00	1000.00	319.00	17.9±0.5[b]	96.9±0.1[c]	95.8±0.1[bc]
5	546.00	655.00	309.00	15.8±0.2[c]	97.5±0.3[ab]	94.1±0.4[f]
6	546.00	819.00	309.00	13.9±0.6[ef]	97.6±0.3[a]	94.7±0.2[e]

注　a~f 为组间的方差分析结果，$P<0.05$。

由表 7-6 可看出，综合考虑处理量、料水比、出口浓度、纯度和收率等指标，第 4 组实验的效果好于其他 5 组，因此确定 SSMB 纯化多聚果糖的最佳分离工艺参数为：进料浓度 30%、进料量为 910.00g/h、进水量为 1000.00g/h，循环量 319mL，此时出口浓度为 17.9%，纯度达到 96.9%，收率达到 95.8%，多聚果糖各组分液相分析图谱如图 7-8 所示。

由图 7-8（a）杂糖组分（出口 A）的液相分析图谱和结果可知，在杂糖组分中多聚果糖纯度 9.76%，浓度只有 4.5%，说明多聚果糖的损失很少，收率较高；由图 7-8（b）多聚果糖组分（出口 B）的液相分析图谱和结果可知，多聚

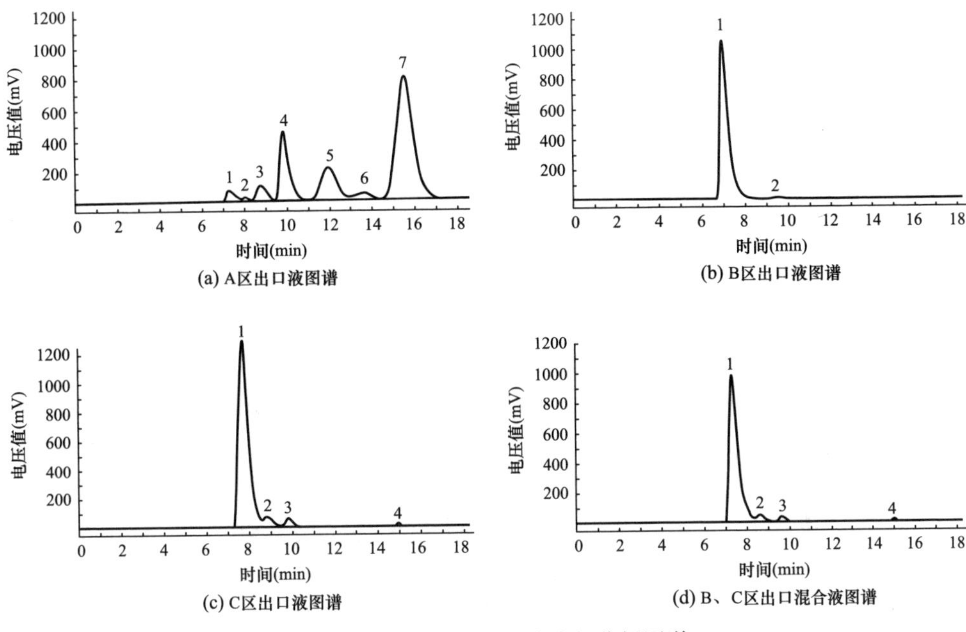

图 7-8　多聚果糖各组分液相分析图谱

果糖组分（出口 B）中多聚果糖的纯度达到了 99.84%，纯度高；由图 7-8（c）多聚果糖组分（出口 C）的液相分析图谱和结果可知，多聚果糖组分（出口 C）中多聚果糖的纯度为 96.66%，纯度较高；由图 7-8（d）多聚果糖组分（出口 B、C 混合液）的液相分析图谱和结果可知，多聚果糖组分（出口 B、C 混合液）中多聚果糖的纯度为 96.92%，纯度较高。

5. 不同技术纯化菊芋多聚果糖粗品效果的对比分析

我们将 TMB、SMB 与 SSMB 三种分离工艺的主要指标进行对比分析，以确定最佳的纯化工艺，分析结果如表 7-7 所示。

表 7-7　TMB、SMB 与 SSMB 实验结果比较

项目	TMB	SMB	SSMB
色谱分离柱数量	1	12	6
树脂添加量（L）	0.1	1.2	6
水料比	6.4∶1	3.5∶1	1.1∶1
进料浓度（%）	30	20	30
处理量（kg/d）	0.14	2.45	21.84
菊芋多聚果糖组分浓度（%）	10.3	8.2	17.9
菊芋多聚果糖纯度（%）	91.2	92.5	96.9
菊芋多聚果糖收率（%）	86.6	91.5	95.8

由表7-7可看出，SSMB分离工艺的各项指标均优于SMB及TMB工艺，TMB是最基础的分离模式，各种指标均低于其他两种，不能进行产业化生产，因此对其他两种工艺进行比较。SSMB的色谱柱数量比SMB的色谱柱少了6根，其设备投资相对减少；SSMB工艺的用水量较SMB的用水量减少了2.4倍，降低了运行成本；SSMB工艺的进料浓度和出口浓度均高于SMB工艺的进料浓度和出口浓度，增大了处理量，降低了物料浓缩成本，整体上降低了运行成本；此外，SSMB工艺的菊芋多聚果糖纯度96.9%及收率95.8%均显著高于SMB工艺的92.5%和91.5%。

6. SSMB中试分离实验

SSMB中试实验采用自制的中试型顺序式模拟移动床色谱装置，采用质量流量计实时测定床层中各组分及循环量的浓度变化，通过浓度的变化趋势对实验情况进行分析并进行相应的调整。最终确定最佳的条件为：进样量50L/h，进水量71L/h，循环量52L，此时菊芋多聚果糖的纯度97%、收率96.2%，优于小试实验的指标。

四、讨论与结论

本技术研究了顺序式模拟移动床色谱分离菊芋多聚果糖粗品的前处理工艺，在单因素实验的基础上采用响应面法优化脱色工艺参数，建立了二次回归模型，该模型与数据拟合程度较高，具有较好的实用性。经优化后的工艺参数为：菊芋多聚果糖粗品浓度25%，活性炭添加量3.71%，脱色温度59℃，脱色时间1.77h，菊芋多聚果糖粗品的脱色率达到93.5%±0.5%。离子交换脱盐的顺序为阴—阳—阴，洗脱流速为30mL/min，料液的电导率为（25.5±0.5）μS/cm。经本工艺处理得到菊芋多聚果糖粗品达到了顺序式模拟移动床分离菊芋多聚果糖粗品的进料要求。提高菊芋多聚果糖粗品的质量，降低顺序式模拟移动床分离菊芋多聚果糖粗品的前处理成本，提高顺序式模拟移动床分离菊芋多聚果糖粗品的效果，延长树脂寿命，保证产品质量，对促进我国糖醇产业的更新换代具有一定的作用。

通过制备色谱评价、模拟移动床色谱（SMB）和顺序式模拟移动床色谱（SSMB）纯化菊芋多聚果糖粗品的技术研究。SMB分离工艺采取连续进料、进解吸剂，在保证产品纯度的前提下必将降低进料量，增加解吸剂用量，致使溶剂消耗率上升，固定相生产率下降，相应地日处理量也有所降低；而SSMB分离工艺采取间歇式进料、进解吸剂，不仅解吸剂的利用率升高，出料的浓度与纯度也相对增加，同时SSMB分离设备在日处理量、运行成本、自动化程度等方面也更具优势。因此，确定采用SSMB技术纯化菊芋多聚果糖粗品，纯化后的菊芋多聚果糖纯度达到96.9%，在保证纯度的前提下收率也达到95.8%。

本技术可以有效地纯化菊芋多聚果糖粗品，为菊芋多聚果糖粗品利用的工业化生产提供了一种高效、低耗、环保的纯化技术，可以广泛地应用到其他功能性糖醇及料液的分离纯化中，为实现大规模功能糖生产奠定了理论与实验基础。同时，该技术还可以应用到中草药、功能性食品等天然活性成分的纯化中，提高产品纯度，降低生产成本。因此，进一步开发和利用模拟移动床色谱技术可以解决我国活性物质无法大规模产业化生产的困境。

参考文献

[1] 罗登林，许威，陈瑞红. 菊粉溶解性能与凝胶质构特性实验［J］. 农业机械学报，2012，43（3）：118-122.
[2] 孙蕊，贾鹏禹，谭策. 成品菊粉中果聚糖含量的液相色谱快速分析方法［J］. 黑龙江八一农垦大学学报，2015，27（3）：71-74.
[3] 李良玉，李洪飞，王学群. 模拟移动床分离高纯果糖的研究［J］. 食品工业科技，2012，33（3）：302-304.
[4] 李良玉，宋大巍，孙蕊. 模拟移动色谱法纯化葡萄糖母液的技术研究［J］. 核农学报，2015，29（10）：1970-1978.
[5] 李良玉，孙蕊，李朝阳. 顺序式模拟移动色谱纯化木糖醇母液［J］. 天然产物研究与开发，2015，27（10）：1789-1793.
[6] 曹龙奎，王菲菲，于宁. 模拟移动床利用安全因子法分离第三代高纯果糖［J］. 食品科学，2011，32（14）：34-39.
[7] 尚红梅. 菊苣菊粉的纯化与活性研究［D］. 咸阳；西北农林科技大学，2007.

第八章　模拟移动床色谱高效纯化低聚半乳糖的技术

低聚半乳糖（Galacto-oligosaccharide），是乳糖经乳糖酶水解产生的，是肠道中有益菌双歧杆菌的增殖因子。低聚半乳糖具有调节肠道菌群、改善脂质代谢、改善矿物质吸收的功能，同时具有低致龋齿性、不易消化和低能量的特点。低聚半乳糖作为一种健康的食品甜味添加剂适用于儿童、老年人、糖尿病和肥胖症患者等，可见其应用前景极为广阔。但是，酶法制备的低聚半乳糖纯度不高，限制了低聚半乳糖在我国的应用。很多专家学者、科研人员投身于低聚半乳糖的纯化研究中，采用了酶法、微生物法、膜分离、色谱柱法等分离技术，虽然取得了一定的成果，但是由于各自的原因均难以进行工业化生产。

本研究采用国际上先进的模拟移动床色谱技术纯化低聚半乳糖，旨在探索模拟移动床色谱高效纯化低聚半乳糖产物的方法，为低聚半乳糖的应用打下基础。

一、实验材料与仪器

低聚半乳糖原料（新金山生物科技有限公司提供），强酸性阳离子 106 Na^+（杭州争光树脂有限公司），模拟移动床色谱分离实验设备 SMB-12E1.2L 型（国家杂粮工程技术研究中心制造），顺序式模拟移动床色谱分离实验设备 SSMB-6Z6L 型（国家杂粮工程技术研究中心制造），制备色谱系统（国家杂粮工程技术研究中心制造），1200s 液相色谱仪（美国安捷伦科技有限公司），电导率仪（梅特勒—托利仪器有限公司），WYT 糖度计（成都豪创光电仪器有限公司）。

二、实验方法

1. 检测方法

（1）糖浓度的测定方法。采用 WYT 糖度计测定。

（2）纯度的测定方法。高效液相色谱法测定。色谱条件：色谱柱为钙柱，流动相：纯净水，柱温：82℃，流速：0.6mL/min，进样量：10μL，视差检测器。

（3）收率的计算方法。收率按照下式进行计算：

$$收率=\frac{\rho_1\times V_1\times C_1}{\rho_0\times V_0\times C_0}\times 100\%$$

式中：C_1 为分离后低聚半乳糖组分的总糖浓度（mg/mL）；C_0 为原料液总糖

浓度（mg/mL）；ρ_1 为分离后低聚半乳糖组分中低聚半乳糖的纯度（%）；ρ_0 为原料液中低聚半乳糖纯度（%）；V_1 为分离后低聚半乳糖组分溶液体积（mL）；V_0 为原料液的体积（mL）。

（4）分离度（Rs）的计算方法。分离度按照下式进行计算：

$$Rs = \frac{2(t_2 - t_1)}{W_2 + W_1}$$

式中：t_2 为杂糖的保留时间；t_1 为低聚半乳糖的保留时间；W_1 为低聚半乳糖色谱峰峰宽；W_2 为杂糖色谱峰峰宽。

2. 制备色谱评价实验

（1）柱温对分离度的影响实验。用去离子水将制备色谱柱冲洗干净，进料浓度 50%，进料 9mL，流速 1.6mL/min，以去离子水为解吸剂，分别在 30℃、40℃、50℃、60℃、70℃五个水平进行实验，每 2min 收集一个样品，采用高效液相色谱测定样品中低聚半乳糖的纯度，以分离度为指标，绘制柱温对分离度的影响曲线，确定最佳柱温。

（2）进样浓度对分离度的影响实验。用去离子水将制备色谱柱冲洗干净，进料 9mL，流速 1.6mL/min，柱温 60℃，以去离子水为解吸剂，进料浓度分别在 30%、40%、50%、60%、70%五个水平进行实验，每 2min 收集一个样品，采用高效液相色谱测定样品中低聚半乳糖的纯度，以分离度为指标，绘制进料浓度对分离度的影响曲线，确定最佳的进料浓度。

（3）洗脱流速对分离度的影响实验。用去离子水将制备色谱柱冲洗干净，进料浓度 50%，进料 9mL，柱温 60℃，以去离子水为解吸剂，洗脱流速分别为 1.0mL/min、1.2mL/min、1.4mL/min、1.6mL/min、1.8mL/min、2.0mL/min、2.2mL/min 七个水平进行实验，每 2min 收集一个样品，采用高效液相色谱测定样品中低聚半乳糖的纯度，以分离度为指标，绘制洗脱流速对分离度的影响曲线，确定最佳洗脱流速。

（4）洗脱曲线的绘制。在单因素实验的基础上得到最佳制备色谱分离条件，按照最佳条件进行制备色谱分离实验，根据实验结果绘制洗脱曲线图。

3. 初始工艺参数的转换方法

在使用 SMB 设备进行分离工艺参数优化之前，首先要根据制备色谱评价实验的最佳条件确定 SMB 分离工艺的初始参数，利用 SMB 和 TMB 之间具有的等效性，根据几何学和运动学转换规则，利用相对较为简单的 TMB 模型来预测 SMB 单元的稳态分离性能。

4. SMB 纯化低聚半乳糖的工艺研究

实验采用 SMB-12E1.2L 传统旋转阀式模拟移动床色谱分离设备（12 根色谱柱，16mm×500mm），进行模拟移动床色谱（SMB）分离实验，在制备色谱单柱评价实验的基础上设计分区，并根据 SMB 与 TMB 的转化方法进行初始条件的确定。最后，在初始条件的基础上进行优化得到最佳的 SMB 纯化低聚半乳糖的工艺参数，低聚半乳糖 SMB 工艺流程如图 8-1 所示。

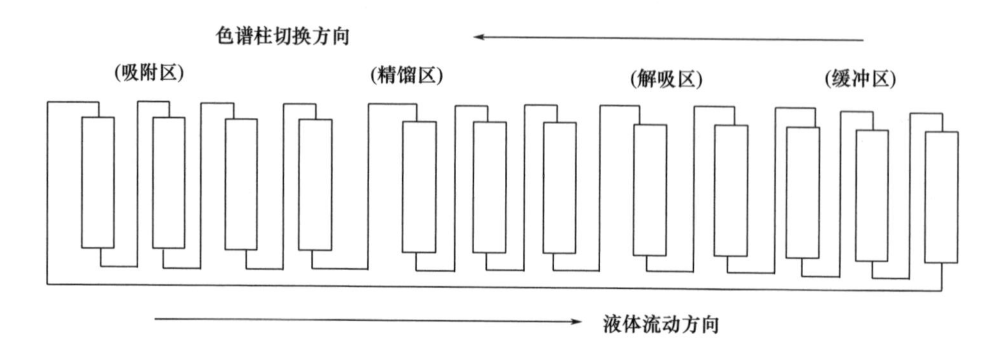

图 8-1　SMB 工艺流程图

5. SSMB 纯化低聚半乳糖的工艺研究

实验采用 SSMB-6E6L 模拟移动床色谱分离设备（6 根色谱柱，35mm×1000mm），进行模拟移动床色谱（SSMB）分离实验。SSMB 技术在纯化低聚半乳糖的工艺流程中，每根色谱柱要经过三个步骤即全进全出（S_1）、大循环（S_2）、小循环（S_3），设备运转一个周期就要经过 18 个步骤。从 1 号柱开始，在 1 号柱时第一步为全进全出，从 1 号柱上端进解吸剂 D，从 1 号柱下端放出 AD（杂糖组分），从在 4 号柱上端进 F（原料），从在 5 号柱下端放出 BD（低聚半乳糖组分）；第二步为大循环，物料在体系中不进不出，只是进行循环；第三步为小循环，从 1 号柱上端进解吸剂 D，从 5 号柱下端放出 BD（低聚半乳糖组分）。然后切换到 2 号柱，所有进料与出料口也都向下移动一根柱子，依次循环下去。低聚半乳糖 SSMB 工艺流程如图 8-2 所示。

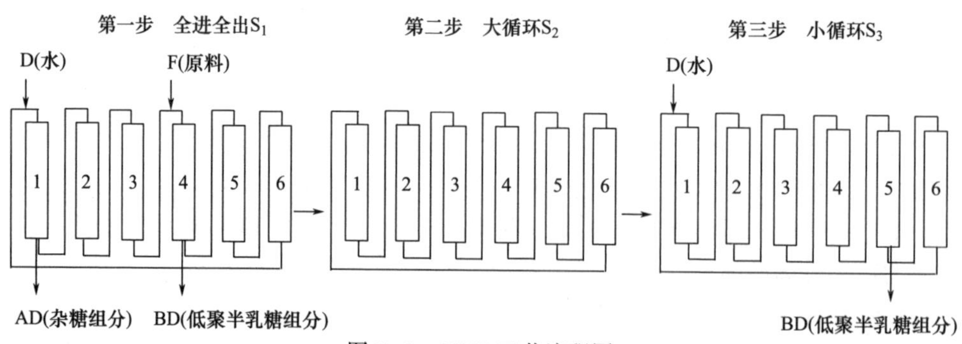

图 8-2　SSMB 工艺流程图

在制备色谱单柱评价实验的基础上，根据物料平衡原理和 SSMB 基本原理进行 SSMB 纯化低聚半乳糖工艺参数的设计，并以纯化低聚半乳糖的纯度和收率为指标进行优化，以达到最佳的纯化效果。

三、结果与分析

1. 原料液分析结果

采用高效液相色谱对原料液进行分析，分析结果如图 8-3 和表 8-1 所示。

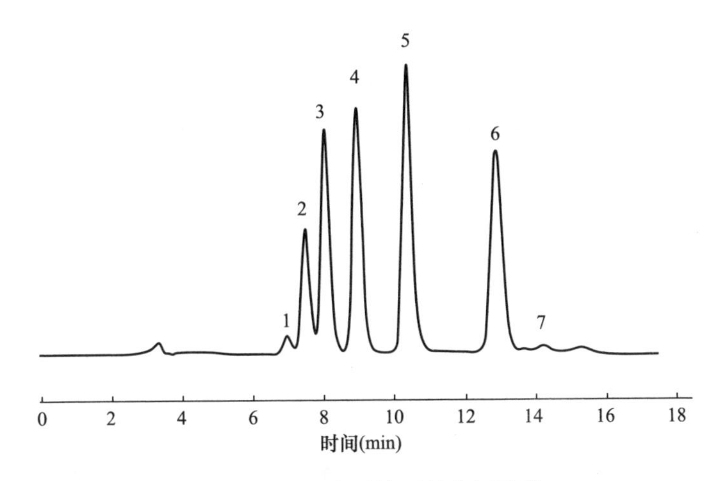

图 8-3　低聚半乳糖原料分析图谱

表 8-1　低聚半乳糖原料分析结果

出峰次序	保留时间（min）	含量（%）	组分名
1	6. 52	2. 34	Hexa-Hepta-Octasaccharides（六糖）
2	6. 93	5. 23	Pentasaccharides（五糖）
3	7. 56	16. 69	Tetrasaccharides（四糖）
4	8. 62	18. 52	Trisaccharides（三糖）
5	9. 99	31. 97	乳糖
6	11. 92	24. 42	葡萄糖
7	13. 15	0. 83	半乳糖

2. 制备色谱评价实验结果

（1）柱温对制备色谱分离度影响的结果与分析。制备色谱评价实验中柱温对分离度的影响结果如图 8-4 所示。

如图 8-4 所示，在 30~60℃之间，分离度随温度的升高而逐渐增大，这是由于随着温度的升高可以提高扩散速率，使传质速率加快，降低糖液的黏稠度和比

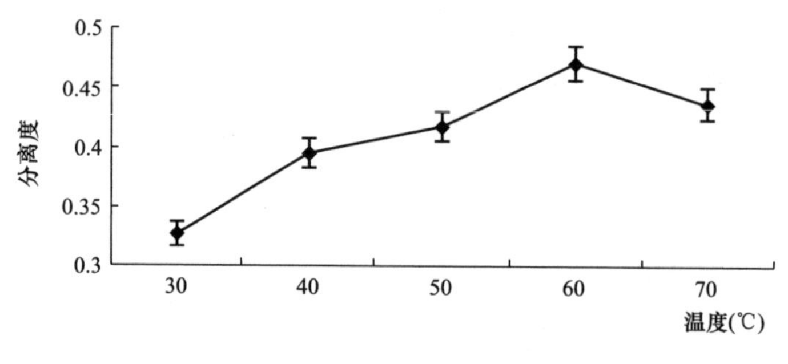

图 8-4 柱温对分离度的影响

重，使物料通过树脂层的压降减少，有利于物料的分离。当温度达到 60℃时，分离度最高，超过 60℃后分离度下降，这主要是由于温度过高会导致吸附剂的绝对选择性降低，导致分离度下降。根据实验结果与实际情况确定最佳的柱温为 60℃。

（2）进料浓度对分离度影响的结果与分析。制备色谱评价实验中进料浓度对分离度的影响结果如图 8-5 所示。

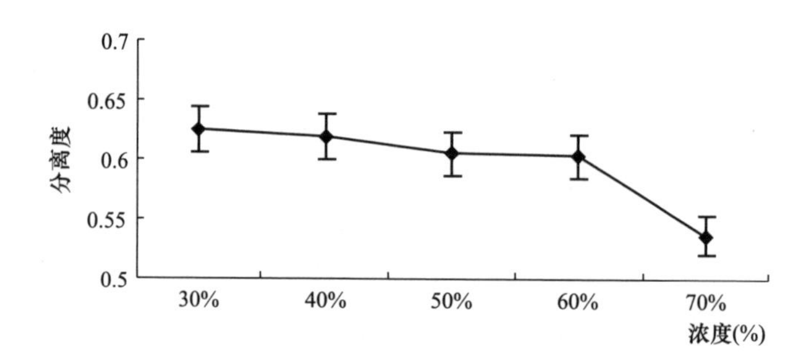

图 8-5 进样浓度对分离度的影响

如图 8-5 所示，随着原料液浓度的增大，分离度逐渐减小，当进料浓度超过 60%时分离度急剧下降。这是由于增加进料浓度会使树脂的含水量降低，色谱柱的负荷增大，导致在树脂颗粒中的扩散速率降低；进料浓度的提高也增加了移动相黏度，降低膜扩散速率，使穿过树脂层的压降增加，因此，导致分离度也随之下降。但是原料液浓度太低，虽然分离效果较好，但提高进料浓度可以提高生产速率，因为对于同体积流速的分离柱，加入溶质的量增加了。同时改变进料浓度可影响溶质在固定相和移动相内的平衡分布，一般来说，提高进料浓度，绝对选择性也会提高。根据实验结果与实际情况确定最佳的进样浓度为 60%。

（3）洗脱流速对分离度影响的结果与分析。制备色谱评价实验中洗脱流速对分离度的影响结果如图 8-6 所示。

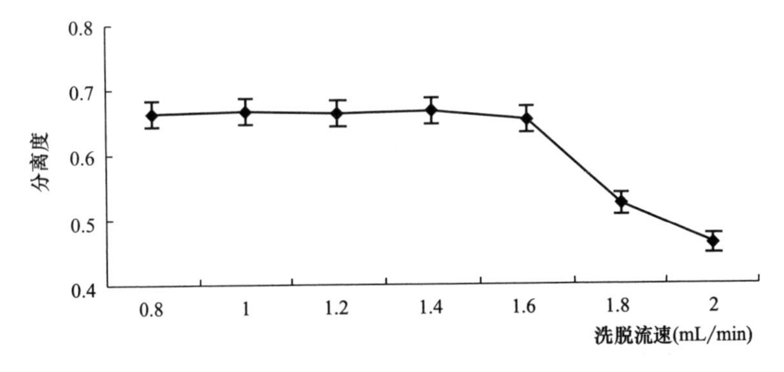

图 8-6 洗脱流速对分离度的影响

由图 8-6 可知，洗脱流速在 0.8～1.6mL/min 之间时，分离度变化不大，差异不显著，当洗脱流速大于 1.6mL/min 后，分离度下降。洗脱流速较低时，吸附剂对阿拉伯糖的吸附充分，分离效果好，当洗脱流速增大后可降低树脂周围液体静止边界层的厚度，降低膜扩散传质阻力，使液体通过分离柱的压力损失升高，影响物料的分离。根据实验结果与实际情况确定最佳的洗脱流速为 1.6mL/min。

(4) 洗脱曲线的绘制。在单因素的基础上，采用进料 9mL，流速 1.6mL/min，柱温 60℃，进料浓度 60%进行实验，每 2min 收集一个样品，采用高效液相色谱测定样品中低聚半乳糖的纯度，以分离度为指标，绘制低聚半乳糖的洗脱曲线，实验结果如表 8-2 所示，洗脱曲线图如图 8-7 所示。

表 8-2 制备色谱实验结果

管数（根）	体积（mL）	折光率（%）	低聚半乳糖纯度（%）	杂糖纯度（%）	低聚半乳糖干物质（mg）	杂糖干物质（mg）
12	38.4	4	100	0	128	0
13	41.6	8.5	96.35	3.65	262.072	9.928
14	44.8	12.5	86.22	13.78	344.88	55.12
15	48	15.5	71.69	28.31	355.5824	140.4176
16	51.2	18	58.31	41.69	335.8656	240.1344
17	54.4	20.5	47.09	52.91	308.9104	347.0896
18	57.6	22.5	37.2	62.8	267.84	452.16
19	60.8	21.5	27.85	72.15	191.608	496.392
20	64	18	19.7	80.3	113.472	462.528
21	67.2	14	14.13	85.87	63.3024	384.6976

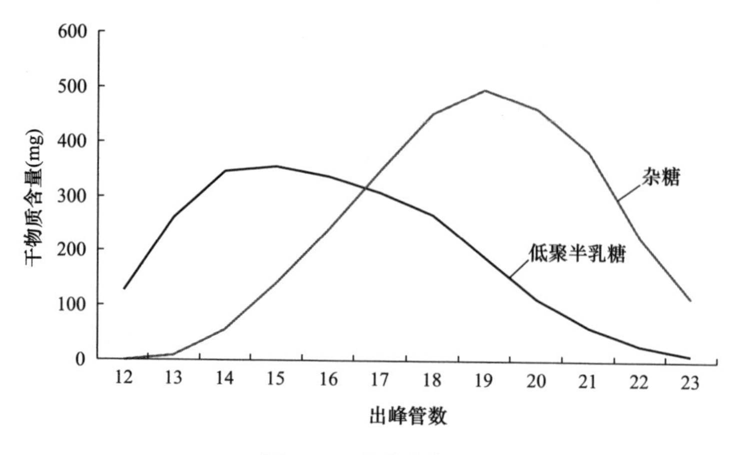

图 8-7　洗脱曲线图

从表 8-2 和图 8-7 可以看出，低聚半乳糖和杂糖的保留时间相差较大，通过计算分离度达到 0.69，虽然没有完全分离，还有一些重合部分，但通过模拟移动床色谱加长分离距离和时间，增加洗脱进水量，并通过实验的优化，完全可以达到很好的分离效果。

3. SMB 纯化低聚半乳糖的实验结果

（1）SMB 初始条件的确定。根据 SMB 与 TMB 间的等效性和转换关系，考虑树脂对低聚半乳糖和杂糖吸附强弱的不同，水洗的流速和水洗的效果以及树脂柱和设备的实际操作性能，确定模拟移动床色谱分离区各区的分配方式，如表 8-3 所示。在制备色谱实验的基础上，根据 SMB 与 TMB 的关系以及 SMB-12E1.2L 设备的特点，确定模拟移动床纯化低聚半乳糖的初始条件，如表 8-4 所示。

表 8-3　SMB 区域分配方式

区域代号	区域名称	分配方式
Ⅰ区	吸附区	4 根制备柱（串联）
Ⅱ区	精馏区	3 根制备柱（串联）
Ⅲ区	解吸区	3 根制备柱（串联）
Ⅳ区	缓冲区	2 根制备柱（串联）

表 8-4　SMB 理论工作参数

参数	数值
操作温度（℃）	60
进料浓度（%）	50
切换时间 t（s）	452

续表

参数	数值
进料液流量 Q_F（mL/h）	96
洗脱液流量 Q_{Elu}（mL/h）	336
萃取液流量 Q_{Eex}（mL/h）	276
萃余液流量 Q_{Raf}（mL/h）	148

（2）SMB 条件的优化设计。延长切换时间导致各区的保留体积增加，这会提高Ⅱ区内的纯度和Ⅲ区内的得率，但同样降低了Ⅳ区内的纯度和Ⅰ区内的得率，调整示意图如图 8-8 所示。当改变切换时间进行调整不再有效时，应通过改变区内流速进行调整，这是 SMB 系统中一种微调的方法。即改变 Z_3/Z_{avg}（Z_{avg} 为Ⅰ区和Ⅱ区流速的平均值）的比率和 Z_4/Z_{avg} 的比率，也可单独改变其中一种。提高 Z_4/Z_{avg} 提高了低聚半乳糖的回收率，相反，降低 Z_3/Z_{avg} 比率也可以提高低聚半乳糖纯度，调整示意图如图 8-9 所示。因此，要得到高纯度低聚半乳糖，可以通过切换时间和微调各个区域的流速来实现。

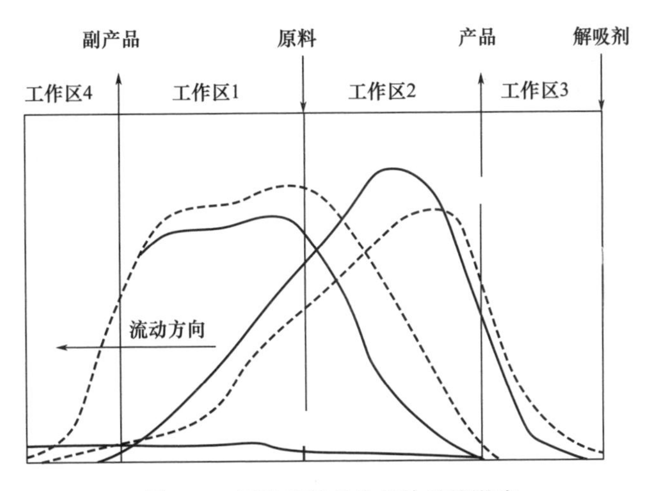

图 8-8　切换时间对分离效果的影响

经过微调得到最佳的操作条件，如表 8-5 所示。

在该条件下，低聚半乳糖组分的浓度为 7.0%，纯度为 83.2%，收率为 80.32%，杂糖组分的浓度为 24.0%，纯度为 11.72%。

4. SSMB 分离工艺参数优化结果

根据单柱实验结果，确定 SSMB 的进料浓度 60%、温度 60℃，通过 SSMB 法纯化低聚半乳糖的技术参数优化，实验结果如表 8-6 所示。

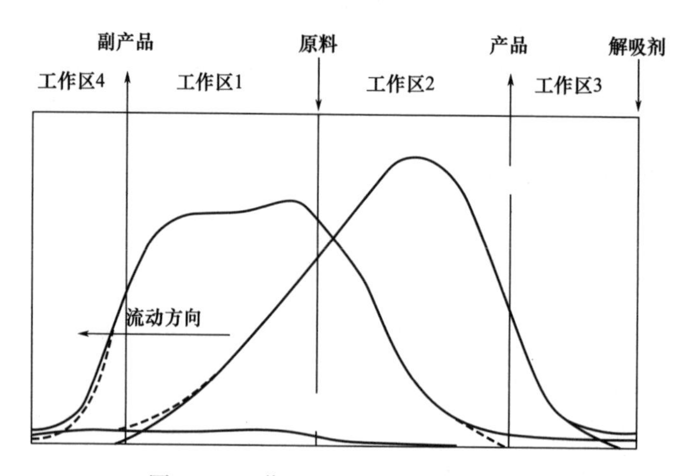

图 8-9　工作区流速对分离效果的影响

表 8-5　SMB 最佳工作参数

参数	数值
操作温度（℃）	60
进料浓度（%）	50
切换时间 t（s）	469
进料液流量 Q_F（mL/h）	98
洗脱液流量 Q_{Elu}（mL/h）	343
提取液流量 Q_{Eex}（mL/h）	282
提余液流量 Q_{Raf}（mL/h）	146

表 8-6　SSMB 分离操作条件和实验结果

序号	进料量（mL/h）	进水量（mL/h）	循环量（mL）	浓度（%）	低聚半乳糖纯度（%）	低聚半乳糖收率（%）
1	312	804.3	437	26.5	93.2	83.4
2	312	603.3	437	33.5	92.7	85.1
3	312	482.6	437	36.0	89.5	89.3
4	390	1005.4	437	29.5	92.6	86.2
5	390	754.1	437	36.0	90.3	88.4
6	390	603.2	437	38.5	86.1	90.5
7	467	1203.9	446	30.5	95.8	89.8
8	467	722.4	446	34.0	95.1	91.3
9	467	577.9	446	35.5	90.1	90.7

由表8-6可看出，综合考虑进样量、料水比、出口浓度、纯度和收率等指标，第8组实验的效果好于其他8组，因此确定最佳的分离条件为：进料量467mL/h、进水量722.4mL/h，此时出口浓度34%，纯度达到95.1%，收率达到91.3%。经SSMB分离后低聚半乳糖组分的液相色谱分析结果如图8-10所示和表8-7。

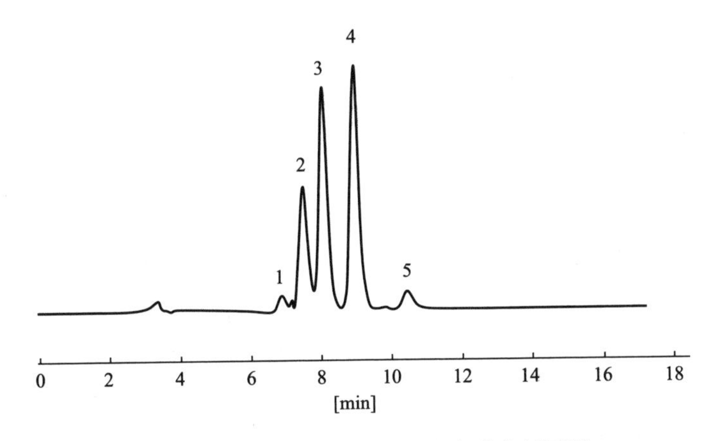

图8-10 低聚半乳糖组分液相色谱分析图谱

表8-7 低聚半乳糖组分液相色谱分析结果

出峰次序	保留时间（min）	含量（%）	组分名
1	6.52	4.06	Hexa-Hepta-Octasaccharides（六糖）
2	6.93	20.38	Pentasaccharides（五糖）
3	7.56	34.22	Tetrasaccharides（四糖）
4	8.62	36.45	Trisaccharides（三糖）
5	9.99	4.89	乳糖

四、讨论

为了进一步比较分析SSMB与SMB分离工艺的各项指标，考察SSMB分离工艺的优势，将两种分离工艺的主要指标进行了比较，结果如表8-8所示。

表8-8 SMB与SSMB实验结果比较

项目	SMB	SSMB
色谱分离柱数量（根）	12	6
树脂添加量（L）	1.2	6
水料比	3.5：1	1.5：1

续表

项目	SMB	SSMB
进料浓度（%）	50	60
处理量（kg/d）	2.8	14.4
低聚半乳糖组分浓度（%）	7.0	34
低聚半乳糖纯度（%）	83.2	95.1
低聚半乳糖收率（%）	80.32	91.3

由表8-8可看出，SSMB分离工艺的各项指标均优于SMB分离工艺，SSMB的色谱柱数量比SMB的色谱柱少了6根，其设备投资相对减少；SSMB工艺的用水量较SMB的用水量减少了57%，降低了运行成本；SSMB工艺的进料浓度和出口浓度均高于SMB工艺的进料浓度和出口浓度，增大了处理量，降低了物料浓缩成本，整体上降低了运行成本；此外，SSMB工艺的低聚半乳糖纯度95.1%及收率91.3%均显著高于SMB工艺的83.2%和80.32%。通过分析可以看出，SSMB工艺明显优于SMB工艺，其原因在于SMB分离工艺采取连续进料、进解吸剂，在保证产品纯度的前提下必将降低进料量，增加解吸剂用量，致使溶剂消耗率上升，固定相生产率下降，相应地日处理量也有所降低。而SSMB分离工艺采取间歇式进料、进解吸剂，不仅解吸剂的利用率升高，出料的浓度与纯度也相对增加，同时SSMB分离设备在日处理量、运行成本、自动化程度等方面也更具优势。

五、结论

通过制备色谱评价、模拟移动床色谱（SMB）和顺序式模拟移动床色谱（SSMB）纯化低聚半乳糖的技术研究，并通过对SMB与SSMB工艺参数的对比分析，确定采用SSMB技术纯化低聚半乳糖。最佳技术参数为：进料浓度60%，柱温60℃，进料量为467mL/h、进水量为722.4mL/h，在此条件下低聚半乳糖出口浓度为34%，纯度达到95.1%，收率达到91.3%。本研究可以有效地纯化低聚半乳糖，为低聚半乳糖的工业化生产提供了一种高效、低耗、环保的纯化技术，为我国低聚半乳糖的产业化生产和应用提供技术支持。

参考文献

[1] 李良玉.模拟移动床色谱高效纯化低聚半乳糖的技术研究［J］.中国食品学报，2016，16（3）：138-145.

[2] GIBSON R G，ROBERFROID M B. DIETARYMODULATION of the human colonicmicrobiota：

intro-ducing the concept of prebiotics [J]. Journal ofNutrition, 1995, 125: 1401-1412.
[3] TANAKA R, TAKAYAMA H, MOROTOMI M, et al. Effects of admin-istration of TOS and Bificobacterium breve 4006 on the human fecal flora [J]. Bificobacteria Microflora, 1983, 2: 17-24.
[4] ANTONIO M F, SILVIA R, ANTONIO G, et al. Goats' milk as a natural source of lactose-derivedoligosaccharides: Isolation by membrane technology [J]. International Dairy Journal, 2006, 16: 173-181.
[5] 贾建萍，裘娟萍. 低聚半乳糖的研究进展 [J]. 中国乳品工业，2003，31 (1)：23-26.
[6] RAYMOND R M. Galactosyl-oligosaccharide formation during lactosehydrolysis: a review [J]. Food Chemistry, 1998, 63 (2): 147-154.
[7] 徐晨，陈历俊，石维忱，等. 低聚半乳糖的研究进展及应用 [J]. 中国食品添加剂，2011 (1)：205-209.
[8] 潘彬也. 低聚半乳糖的纯化研究 [D]. 上海：上海交通大学，2012.
[9] 刘宗利，王乃强，王明珠. 模拟移动床色谱分离技术在功能糖生产中的应用 [J]. 农产品加工，2012，03：70-77.
[10] 吕裕斌. 模拟移动床分离天然产物的研究 [D]. 杭州：浙江大学，2006.
[11] 潘百明，韦志园. 马蹄皮果酒制作的工艺研究 [J]. 酿酒科技，2012，11：98-101.
[12] 蔡宇杰. 模拟移动床色谱分离木糖母液的研究 [D]. 无锡：江南大学，2002.
[13] 雷华杰. 从木糖母液中回收L-阿拉伯糖的工艺研究 [D]. 杭州：浙江大学，2010.
[14] 信成夫，景文利，于丽，等. 层析法制备高纯度乳果糖浆 [J]. 食品研究与开发，2012，10 (33)：127-130.
[15] VERA G. MATA, ALIRIO E. Rodrigues. Separation of ternary mixtures by pseudo-simulated moving bed chromatography [J]. Journal of Chromatography A, 2001, 939: 23-40.
[16] HHLLINGSWORTH R L, HASLETT M I. Proeess for the preparation and separation of arabinose and xylose from a mixture of saccharides [P]. US20060100423A1, 2006-05-11.
[17] SJOMAN E, MANTTARI M, NYSTROM M, et al. Separation of xylose from glueose by nanofiltration from concentrated monosaeeharide solutions [J]. Journal of Membrane Seience, 2007, 292: 106-115.
[18] 李良玉，李洪飞，王学群，等. 模拟移动床分离高纯果糖的研究 [J]. 食品工业科技，2012，33 (3)：302-304.
[19] 曹龙奎，王菲菲，于宁. 模拟移动床利用安全因子法分离第三代高纯果糖 [J]. 食品科学，2011，32 (14)：34-39.

第九章　模拟移动床色谱分离玉米皮渣还原糖的技术研究

玉米是我国主要粮食作物之一，年产量稳居世界第二位。不仅是人类食粮、动物饲料，还是工业生产中原料的主选。目前，我国玉米加工副产物的综合利用技术还未得到完善。玉米皮渣是玉米湿法加工淀粉过程中产生的副产物，产量较大，其中皮渣的质量约占玉米粒质量的10%，不仅含有淀粉，而且含有大量的膳食纤维等多糖类，可通过降解处理，分解不溶性的、结构复杂的纤维类，转化成可溶、便于利用的单糖。本研究通过研究玉米皮渣的水解技术并对所得糖液进行模拟移动床色谱分离纯化处理及分析，不仅有效地延长了玉米产业链，而且对玉米各组分的高附加值综合利用提供了理论依据和技术支持，具有重要的实践意义。

第一节　超声微波辅助玉米皮渣降解工艺的研究

玉米皮渣中含有丰富的纤维素、半纤维及木质素，不易降解。目前报道的玉米皮渣中糖类的提取方法主要有水法提取、微波辅助提取、超声波辅助提取等，但这些提取方法的提取率较低，提取时间较长。应用超声—微波辅助技术提取玉米皮渣中功能糖的研究尚未见报道。本文将对此方法处理玉米皮渣的工艺条件进行研究。

一、实验材料与仪器

1. 试剂与材料

玉米皮渣（黑龙江省昊天玉米淀粉开发有限公司），浓硫酸（天津市大茂化学试剂厂），3,5-二硝基水杨酸（上海天莲精细化工有限公司），结晶酚（天津市大茂化学试剂厂），酒石酸钾钠（上海天莲精细化工有限公司），亚硫酸氢钠（天津市大茂化学试剂厂），氢氧化钠（北京北化精细化学品有限公司），石油醚（天津永晟精细化工有限公司），氧化钙（北京北化精细化学品有限公司）。

2. 实验仪器

UVmini-1240 紫外/可见分光光度计（日本岛津仪器公司），电子分析天平（北京赛多利斯仪器系统有限公司），MJ-10A 多功能粉碎机（上海市浦恒信息科技有限公司），CW-2000A 超声—微波协同萃取/反应仪（上海新拓分析仪器科技有限公司)，TDL-5-A 高速离心机（YINGTAI instrument），FIWE3/6 纤维素测定仪（意大利 VELP 公司），HH-2 数显恒温水浴锅（金坛市科兴仪器厂）。

二、实验方法

1. 工艺流程

玉米皮渣→烘干（35℃）→粉碎（过 100 目）→石油醚脱脂→超声微波协同酸处理→离心（4000r/min）→取上层液体→调 pH＝4.8→脱色→脱盐→离子色谱测定糖含量

2. 原料预处理

选取湿法加工玉米淀粉后的优质玉米皮渣，进行干燥，于 35℃条件下烘干至水分含量低于 8%，粉碎，过 100 目筛备用。采用索氏提取进行脱脂，脂肪含量低于 0.02%。

3. 还原糖含量的测定

DNS（3，5-二硝基水杨酸）法是利用还原糖在碱性条件下与二硝基水杨酸发生氧化还原反应，煮沸时显示棕红色。在一定浓度范围内，颜色的深浅与还原糖含量成正比例关系。显色后，分别对葡萄糖标品和混糖样品做全波长扫描测定，选定最佳检测波长。

计算公式如下：

$$\text{还原糖含量}=\frac{\text{还原糖毫克数}\times\text{稀释倍数}}{\text{样品重量}}\times 100\%$$

4. 超声—微波协同辅助提取玉米皮渣还原糖

结合单因素实验，采用中心组合设计（CCD）原理，以硫酸浓度 A、料液比 B、微波功率 C、降解时间 D、水解温度 E 为自变量，还原糖水解得率为指标，设计五因素五水平的响应面分析实验，如表 9-1 所示。

表 9-1　响应面因素水平与编码

实验因素		水平				
		-2	-1	0	1	2
A	硫酸浓度（%）	2	2.5	3	3.5	4
B	料液比（g/mL）	1∶20	1∶25	1∶30	1∶35	1∶40
C	微波功率（W）	150	350	500	650	800
D	降解时间（min）	50	55	60	65	70
E	水解温度（℃）	70	75	80	85	90

5. 降解液及剩余物的测定

（1）降解液的测定。采用高效液相离子色谱法对最优条件下玉米皮渣降解液中还原糖的主要成分进行分析，色谱柱为 CarborPac PA20 3mm×250mm；检测器为脉冲安培检测器；梯度淋洗条件：0~20min、3mmol/L NaOH，20~25min、3~100mmol/L NaOH，25~45min、100mmol/L NaOH+100mmol/L NaAc，45~55min、100mmol/L NaOH+100mmol/L NaAc，55.1~57.1min、200mmol/L NaOH，57.2~67min、3mmol/L NaOH。

（2）降解剩余物木质纤维成分的测定。将降解剩余物干燥，精确称取 1g 的固体粉末进行纤维素、半纤维素和木质素含量测定。

（3）剩余物的红外（FTIR）分析。将降解后的剩余物干燥，取定量的固体粉末经溴化钾研磨压片，进行红外光谱仪测定。

（4）剩余物的核磁共振碳谱（^{13}C-NMR）分析。精确称取剩余物固体粉末 2mg，在核磁共振谱仪上进行核磁碳谱检测。

（5）剩余物的 X-射线（XRD）分析。将溶解剩余物进行 X 射线检测。检测条件为 Cu 靶，管电压为 40kV，管电流为 30mA，扫描范围 5°~40°，扫描速度为 4°/min。

（6）剩余物的扫描电镜（SEM）分析。溶解剩余物干燥后，粘在样品台上，真空喷金，观察各个样品的表观形貌。

6. 数据统计分析

所得数据均为三次重复的平均值，采用 SPSS13.0 进行方差分析，若方差分析效应显著，则使用 Duncan test 进行多重比较。响应面分析实验所得数据使用 Design-Expert. V8.0.6 软件进行数据分析（下面章节同本章）。

三、实验结果与讨论

1. 玉米皮渣的成分

根据国家标准对干燥玉米皮渣原料中粗蛋白质（GB/T 5009.5—2010），粗脂肪（GB/T 14772—2008）、灰分（GB/T 5009.4—2010）、水分（GB/T 5009.3—2010）和总糖含量进行测定。测定结果如图 9-1 所示。

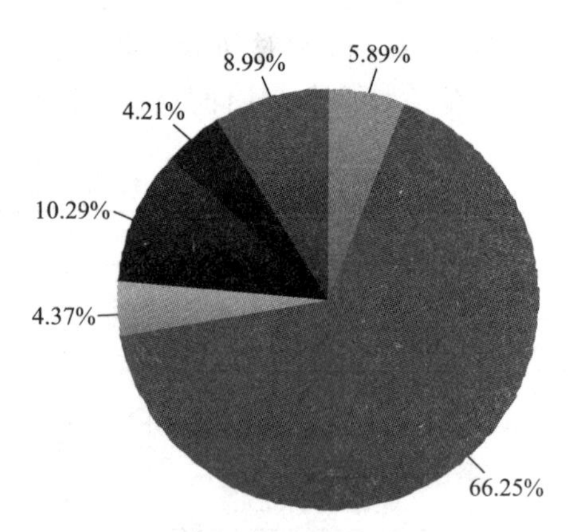

图 9-1　玉米皮渣中成分检测结果

2. 检测波长的确定

玉米皮渣糖液显色后的检测结果如图 9-2 所示，由图可知在波长 520nm 处糖液有最大吸收峰，因此测定还原糖含量的检测波长确定为 520nm。

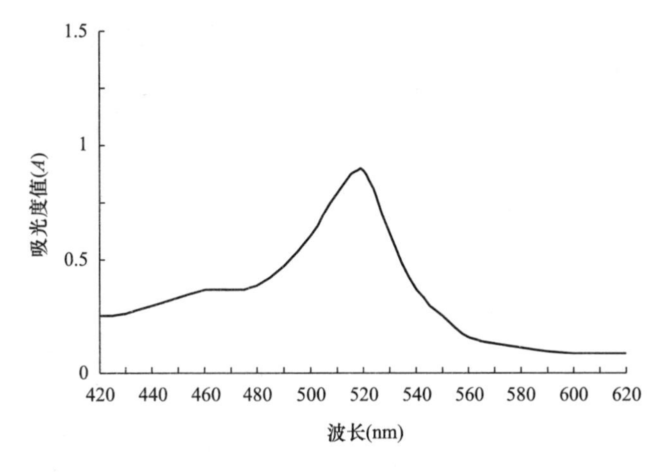

图 9-2　玉米皮渣糖液显色扫描图

3. 还原糖标准曲线

DNS 法测定降解液中还原糖含量，在最大吸收波长 520nm 处测得不同浓度葡萄糖标准溶液的吸光度值，作还原糖标准曲线，如图 9-3 所示，将此数据进行回归处理，可得回归方程为 $y=1.2557x+0.1163$（$R^2=0.9991$），在吸光度值 0.081～1.192 范围内，线性关系良好，符合 Beer 定律。

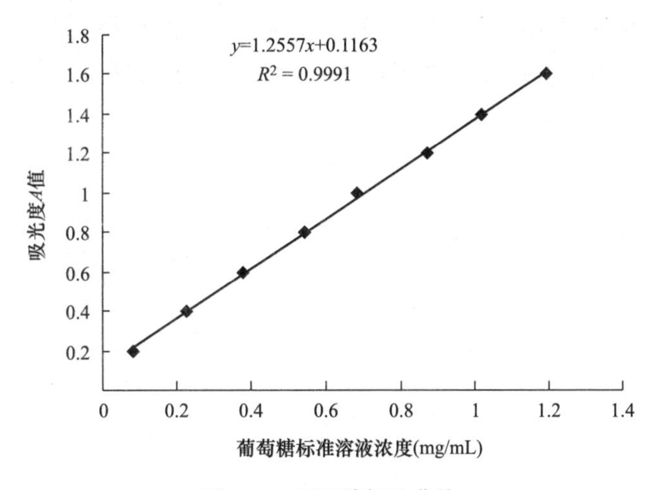

图 9-3　还原糖标准曲线

4. 超声—微波协同辅助提取玉米皮渣还原糖的单因素实验

（1）微波功率对玉米皮渣降解率的影响。称取 3.00g 玉米皮渣粉（下同），按硫酸浓度 3%，降解时间 30min，料液比 1∶30，水解温度 80℃的条件，分别在不同功率下降解，结果如图 9-4 所示。由图可知，与超声波同时作用，微波功率

500W 时，测得降解液中还原糖含量最高，说明此条件下降解玉米皮渣效果较好，继续增大微波功率后还原糖含量呈现逐渐下降趋势。而超声波关闭状态下，微波功率增至 650W 时，降解液中还原糖含量才达到最大值。因为超声波能产生高频振荡，强化传质，对植物组织有较强的破碎作用，同时超声热效应可提高还原糖的溶解度，因此超声波微波协同作用可用于还原糖的降解实验。

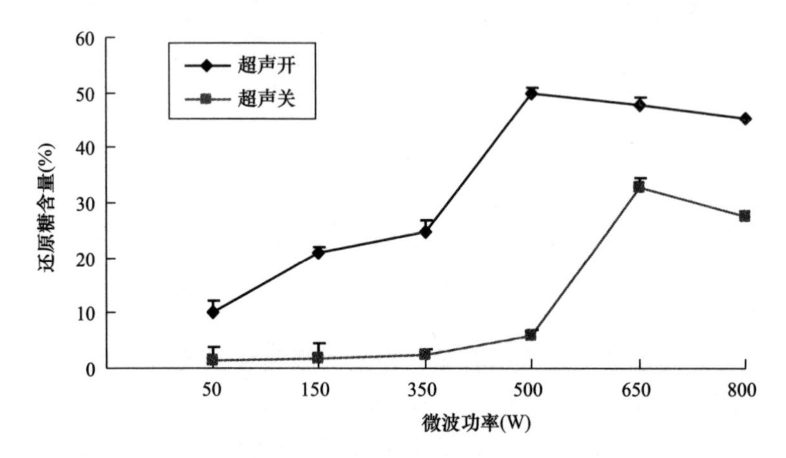

图 9-4　微波功率对还原糖含量的影响

（2）降解时间对玉米皮渣降解率的影响。在微波功率为 500W，硫酸浓度 3%，料液比 1∶30，水解温度 80℃ 的条件下，研究不同降解时间对玉米皮渣降解作用的影响，结果如图 9-5 所示。

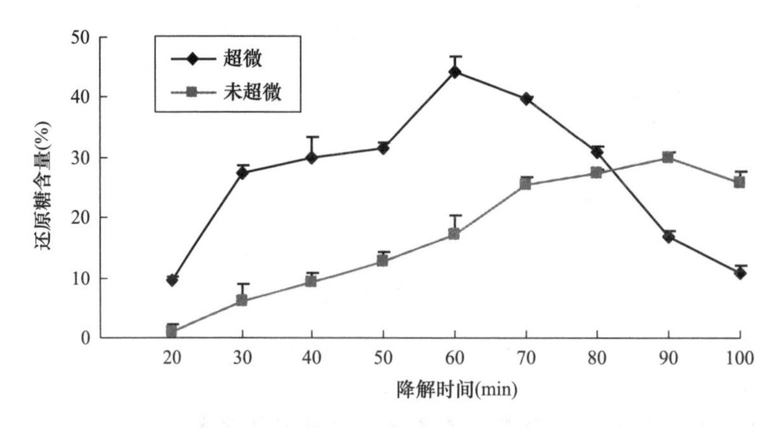

图 9-5　降解时间对还原糖含量的影响

由图 9-5 可知，超声微波协同作用时，随着降解时间的延长，降解液中还原糖含量逐渐增加，降解 60min 时还原糖含量达到最高值 44.40%，超过 60min 开始下降。这说明过长的降解时间对降解效率的提高意义不大，并且易导致单糖转化为其他物质，从而影响还原糖的含量，使其降低。未超声微波作用时，降解90min时还原糖含量达到最高值30.05%，超过90min还原糖含量降低。由此可知，超声微波协同作用不仅显著地缩短降解时间，而且提高了降解液中还原糖的含量。故超声微波协同作用降解时间定为60min为宜。

（3）硫酸浓度对玉米皮渣降解作用的影响。在微波功率500W，降解时间60min，料液比1∶30，水解温度80℃的条件下，分别对不同硫酸浓度进行单因素实验，结果如图9-6所示。

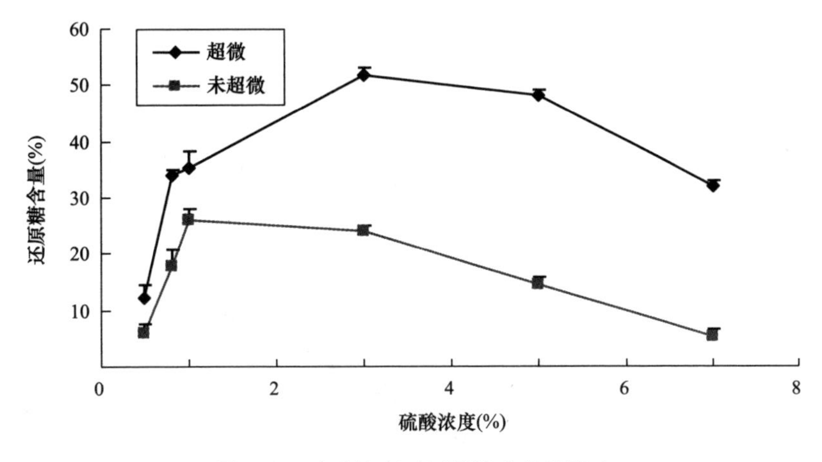

图9-6　硫酸浓度对还原糖含量的影响

从图9-6中可以看出，超声微波协同作用时，随着硫酸浓度的增大，降解液中还原糖含量呈现先增大后减小的趋势，酸浓度为0.5%~3.0%时还原糖含量呈增加趋势，超过3.0%时呈现下降趋势，在3.0%时还原糖含量最大（51.83%）。未超微时，酸浓度在1.0%时，降解液中还原糖含量最高为25.88%，酸浓度超过1.0%时还原糖含量降低。在反应体系中，当还原糖含量达到最高，余酸浓度达到一定程度时，会与生成的还原糖发生反应，加速戊糖转化为糠醛的速度，从而导致还原糖总量的下降。故硫酸浓度宜为3.0%。

（4）料液比对玉米皮渣还原糖提取率的影响。硫酸浓度3%，降解时间60min，在微波功率为500W，水解温度80℃时，分别在不同料液比条件下降解，结果如图9-7所示。

由图9-7可知，料液比在（1∶10）~（1∶30）范围内时还原糖含量与料液比呈正相关，而随着料液比的继续增加，还原糖含量则呈现下降趋势，原因是戊糖与余酸发生反应，使还原糖含量降低。因此选取料液比为1∶30。

（5）水解温度对玉米皮渣还原糖提取率的影响。在微波功率为500W，硫酸

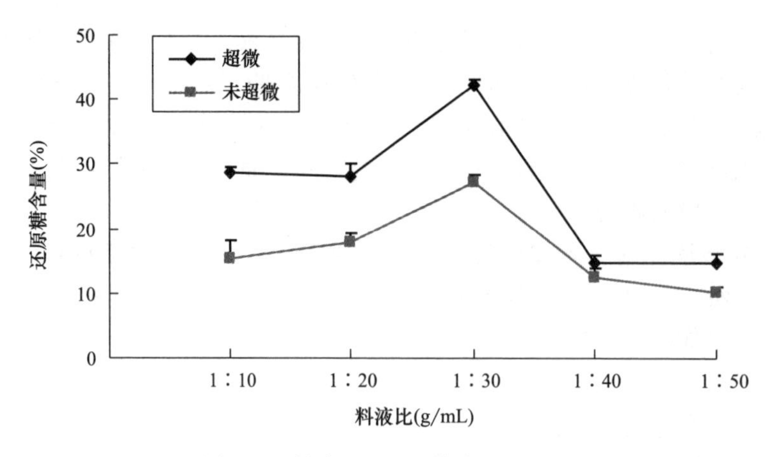

图 9-7　料液比对还原糖含量的影响

浓度 3%，降解时间 60min，料液比 1∶30 时，在不同水解温度下进行降解实验，结果如图 9-8 所示。

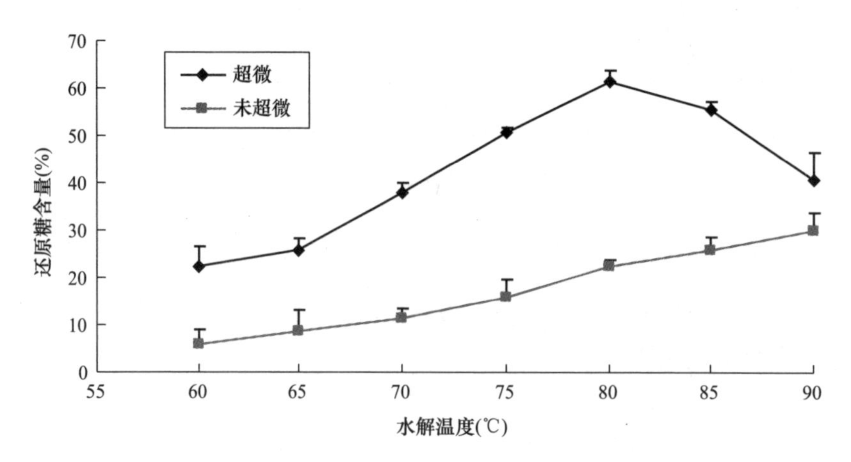

图 9-8　水解温度对还原糖含量的影响

由图 9-8 可知，超声微波协同作用时，还原糖含量随着水解温度的升高而增大，80℃时达到最大值。未超微作用时，还原糖含量随着水解温度的升高而增大，未出现最大值。由此可知，超微作用可大大节省能耗。故选取水解温度 80℃为宜。

5. 超声—微波协同辅助提取玉米皮渣中还原糖工艺的响应面实验

结合单因素实验，采用中心组合设计（CCD）原理，得出玉米皮渣降解工艺结果如表 9-2 所示，对所得数据进行多元回归分析得出方差分析结果，如表 9-3 所示。由表 9-3 可知，模型 $P<0.0001$，二次方程模型极显著，且失拟项 $P=$

0.1137>0.05，说明此回归方程对数据的拟合性较好。硫酸浓度、料液比和微波功率三个因素的一次项均达到极显著水平（P 值均<0.0001），水解温度（$P=0.0105<0.05$）显著，表明这四个因素对降解液中还原糖含量的线性效应极显著，交互项 CE（$P=0.0304<0.05$）显著，AE（$P=0.0017<0.01$），BC（$P=0.0030<0.01$），BD（$P=0.0024<0.01$）极显著，说明各影响因素对降解液中还原糖含量的影响作用不是单纯的线性关系。自变量对响应值的影响用回归方程（模型）表示为：

$$Y = 65.78 + 3.84A - 3.93B + 7.38C - 0.69D + 1.81E + 0.42AB - 0.57AC + 0.69AD + 2.97AE - 2.72BC - 2.83BD - 0.55BE + 0.26CD - 1.79CE - 0.83DE - 11.40A^2 - 8.49B^2 - 9.40C^2 - 9.14D^2 - 0.46E^2$$

表 9-2　响应面分析方案及结果

实验号	编码水平					水解得率（%）
	A	B	C	D	E	
1	0	0	0	0	2	68.45
2	0	0	0	0	0	67.87
3	−1	−1	1	−1	−1	37.21
4	2	0	0	0	0	25.96
5	1	1	−1	−1	1	34.58
6	0	0	0	0	0	65.63
7	1	1	1	−1	−1	31.35
8	−1	1	−1	−1	−1	17.27
9	0	0	0	0	0	67.02
10	−2	0	0	0	0	15.88
11	0	−2	0	0	0	42.71
12	0	0	−2	0	0	14.55
13	0	2	0	0	0	22.39
14	1	−1	−1	−1	−1	14.61
15	1	1	−1	1	−1	14.93
16	0	0	0	0	0	65.19
17	1	−1	1	1	−1	43.23
18	0	0	0	2	0	31.58
19	0	0	2	0	0	43.30
20	−1	−1	−1	1	−1	15.17
21	−1	1	−1	1	1	6.92
22	−1	1	1	1	−1	23.24

续表

实验号	编码水平					水解得率（%）
	A	B	C	D	E	
23	0	0	0	0	0	62. 19
24	1	1	1	1	1	30. 50
25	0	0	0	-2	0	28. 35
26	0	0	0	0	0	65. 32
27	-1	-1	-1	-1	1	16. 56
28	-1	-1	1	1	1	34. 26
29	-1	1	1	-1	1	25. 56
30	1	-1	-1	1	1	32. 39
31	0	0	0	0	-2	60. 88
32	1	-1	1	-1	1	45. 57

表 9-3　方差分析

方差来源	平方和	自由度	均方差	*F* 值	*P* 值
模型	11538. 25	20	576. 91	69. 60	<0. 0001**
A	353. 51	1	353. 51	42. 65	<0. 0001**
B	370. 60	1	370. 60	44. 71	<0. 0001**
C	1305. 52	1	1305. 52	157. 51	<0. 0001**
D	11. 47	1	11. 47	1. 38	0. 2643
E	78. 66	1	78. 66	9. 49	0. 0105*
AB	2. 85	1	2. 85	0. 34	0. 5696
AC	5. 28	1	5. 28	0. 64	0. 4417
AD	7. 52	1	7. 52	0. 91	0. 3613
AE	140. 96	1	140. 96	17. 01	0. 0017**
BC	118. 65	1	118. 65	14. 31	0. 0030**
BD	127. 97	1	127. 97	15. 44	0. 0024**
BE	4. 85	1	4. 85	0. 59	0. 4604
CD	1. 07	1	1. 07	0. 13	0. 7267
CE	51. 09	1	51. 09	6. 16	0. 0304*
DE	11. 07	1	11. 07	1. 34	0. 2723
A^2	3812. 08	1	3812. 08	459. 92	<0. 0001**
B^2	2115. 54	1	2115. 54	255. 23	<0. 0001**
C^2	2591. 14	1	2591. 14	312. 61	<0. 0001**

续表

方差来源	平方和	自由度	均方差	*F* 值	*P* 值
D^2	2449.76	1	2449.76	295.56	<0.0001 **
E^2	6.31	1	6.31	0.76	0.4017
残差	91.17	11	8.29		
失拟项	72.15	6	12.03	0.113	
纯误差	19.02	5	3.80		
总误差	11629.42	31		$R^2=0.9704$	

注　** 为差异极显著，$P<0.01$；* 为差异显著，$P<0.05$。

根据回归方程可绘制响应曲面图，玉米皮渣降解液还原糖含量影响较显著的交互作用曲面图如图 9-9 所示。

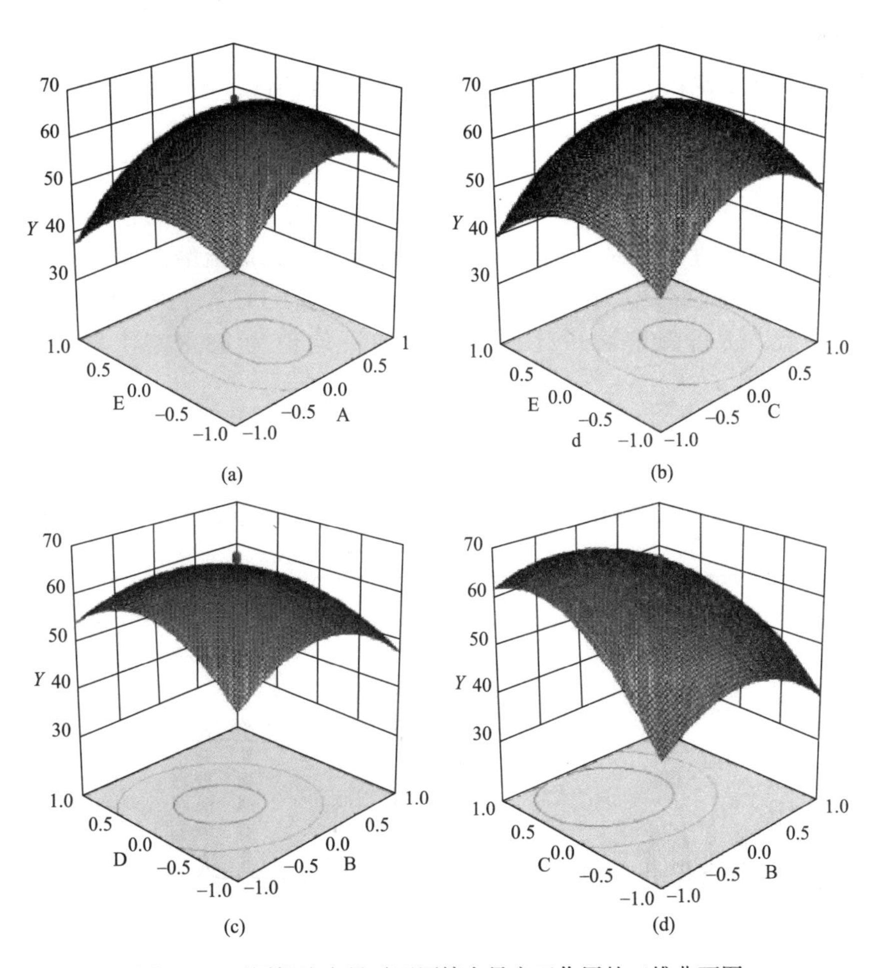

图 9-9　不同提取变量对还原糖含量交互作用的三维曲面图

图 9-9（a）为硫酸浓度和水解温度的交互作用曲面图，当其他因素固定时，硫酸浓度在 2%~3%范围内，水解温度在 70~80℃范围内时，两者存在显著的增效作用，即降解液中还原糖含量随着硫酸浓度和水解温度的增加而增加；当硫酸浓度在 3%~4%范围内，水解温度在（80~90℃）范围内时，还原糖含量随两者的增加而减小。同理，由图 9-9（b）可知，微波功率在 150~500W 范围内，水解温度在 70~80℃范围内时，两者存在显著的增效作用，还原糖含量随两者的增加而增加；微波功率在 500~800W 范围内，水解温度在 80~90℃范围内时，还原糖含量随两因素的增加而降低。由图 9-9（c）可知，料液比与降解时间对还原糖含量的交互作用呈现抛物线形，等高线为椭圆形，说明两者共同作用时对还原糖含量的影响较为明显。当料液比为 1：20~1：40 的某一固定值，降解时间为 50~70min 之间的某一固定值时，还原糖含量有一最大值；低于此值时，还原糖含量随料液比和降解时间的增加而增大；高于此值时，还原糖含量随两者的增加而减少。图 9-9（d）为料液比与微波功率的交互作用曲面图，料液比在 1：20~1：30 范围内，微波功率在 150~500W 范围内，两者对还原糖含量有增效作用。

通过以上分析，得出最佳工艺条件为：硫酸浓度 3.07%，料液比 1：29.88，微波功率 545.87W，降解时间 60.63min，水解温度 83.27℃，还原糖含量 68.84%。对实验进行可靠性验证，考虑实际操作，选取硫酸浓度 3%，料液比 1：30，微波功率 545W，降解时间 60min，水解温度 83℃条件进行验证，取三次实验平均值，所得降解液中还原糖含量的平均值为 68.82%，与理论值相差 0.02%。

6. 糖组分分析

采用离子色谱法分析降解液中还原糖组分，混糖标准品的离子色谱图如图 9-10 所示，降解液中糖组分离子色谱图如图 9-11 所示。

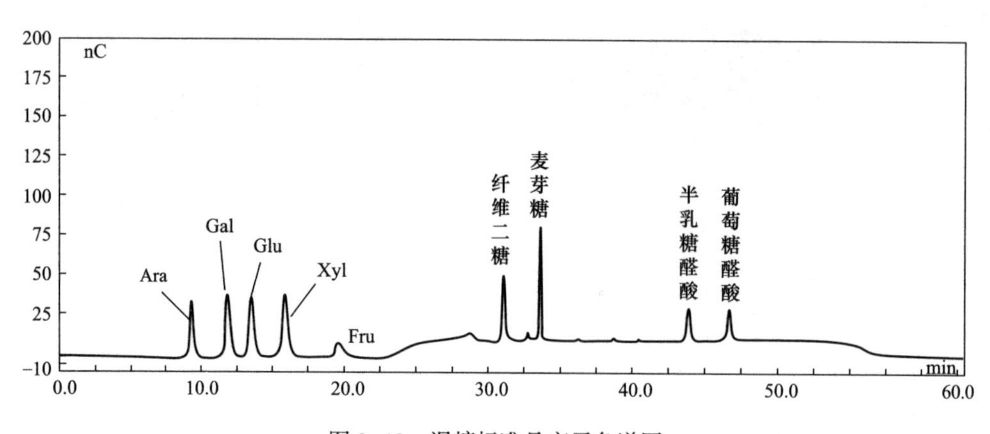

图 9-10 混糖标准品离子色谱图

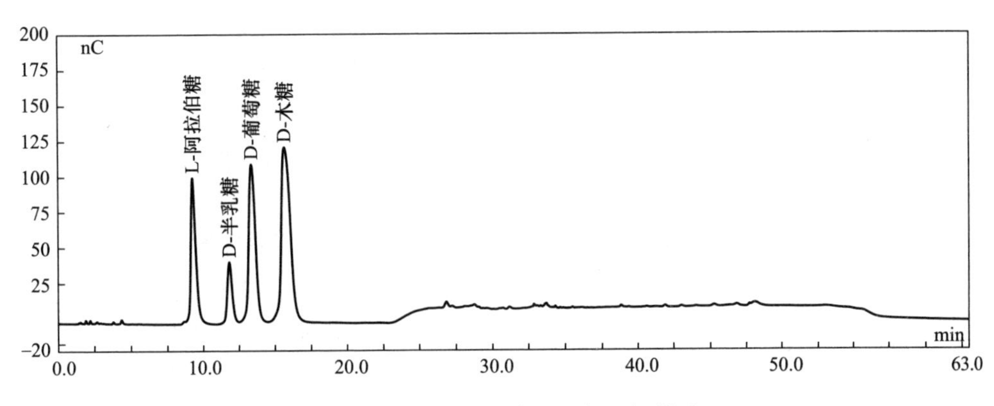

图 9-11　降解液中糖组分离子色谱图

根据出峰时间从左到右依次为 L-阿拉伯糖，D-半乳糖，D-葡萄糖，D-木糖。由图 9-11 可知，降解液中 L-阿拉伯糖含量 19.73mg/mL，D-半乳糖含量 4.56mg/mL，D-葡萄糖含量 18.69mg/mL，D-木糖含量 24.19mg/mL。

7. 剩余物分析

（1）FTIR 分析。玉米皮渣红外光谱图如图 9-12 所示。

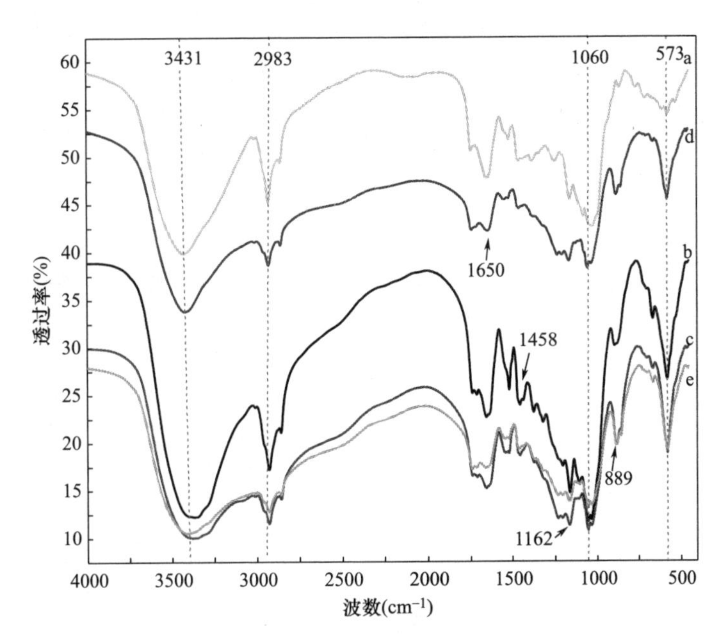

图 9-12　玉米皮渣红外光谱图

a—原料　b—酸解剩余物　c—微波酸解剩余物　d—超声酸解剩余物

e—超声—微波协同酸解剩余物

由图 9-12 可以看出，5 个红外图谱非常相似，峰形状变化不大，但有些吸收峰强度发生了较大的变化。3431cm^{-1} 处的吸收峰是碳水化合物（纤维素、半纤维素和单糖等）中 O—H 键的伸缩振动峰，2983cm^{-1} 处的吸收峰是来自于木质素中脂肪族的或聚多糖以及半纤维素的 C—H 键的振动吸收，曲线 d、c、e 中，此峰明显减弱，说明此三种处理均可使 C—H 键发生断裂。1458~1650cm^{-1} 之间的吸收峰是羧基 COO—中 C—O 对称伸缩振动及 C ═O 的不对称伸缩振动所引起的。1650cm^{-1} 处的吸收峰是木质素（—C ═O）的特征峰，曲线 d、e 中此峰均显著减弱，木质素在反应过程中发生降解，说明超声处理有利于木质素的溶解，对其结构有一定的破坏作用。1060cm^{-1} 处的吸收峰是半纤维素的特征吸收峰，是糖苷键 C—O—C 的伸缩振动，曲线 b 基本不变，但 d、c、e 曲线中，该峰的吸收强度明显减弱，说明半纤维素分子可能发生大部分的降解，结构发生破坏。1162cm^{-1} 附近的谱带是木聚糖的典型吸收峰。曲线 c、e 中的 889cm^{-1} 代表 C—H 键的振动或者环状振动，同时也是纤维素的特征峰。573cm^{-1} 处的吸收峰主要是 β-糖苷键连接的吡喃式木糖单元的特征吸收峰。因此可知，四种不同处理的剩余物的结构基本一致，部分木质纤维成分降解，出现红移现象。

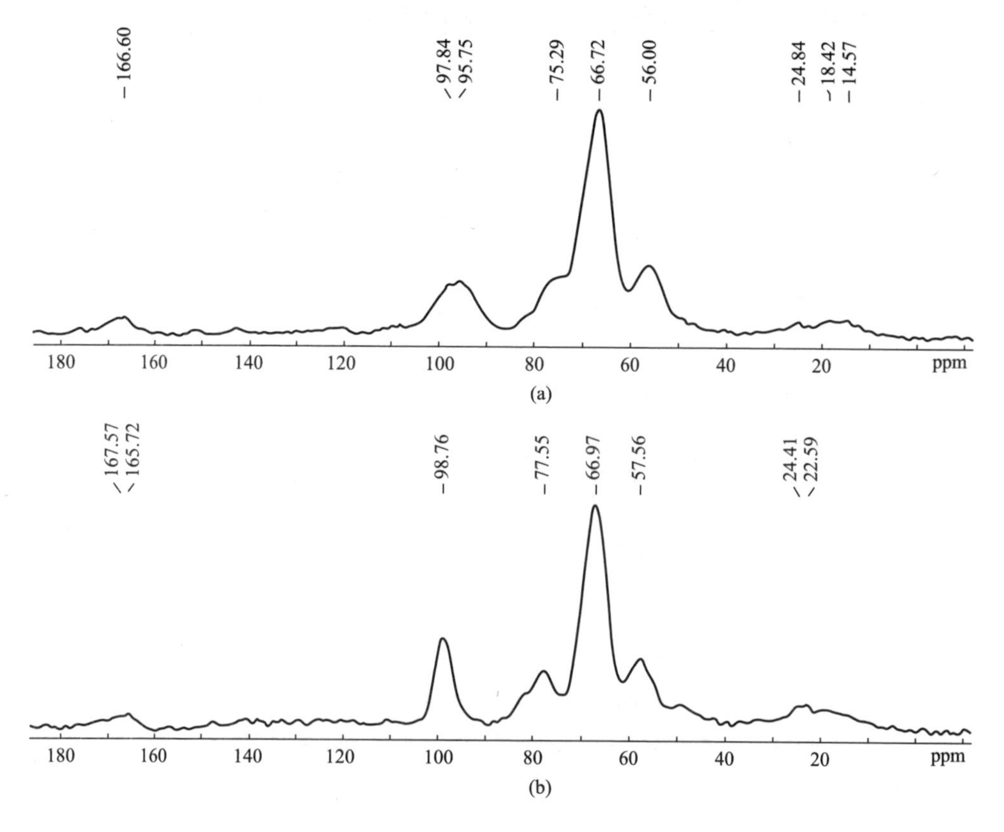

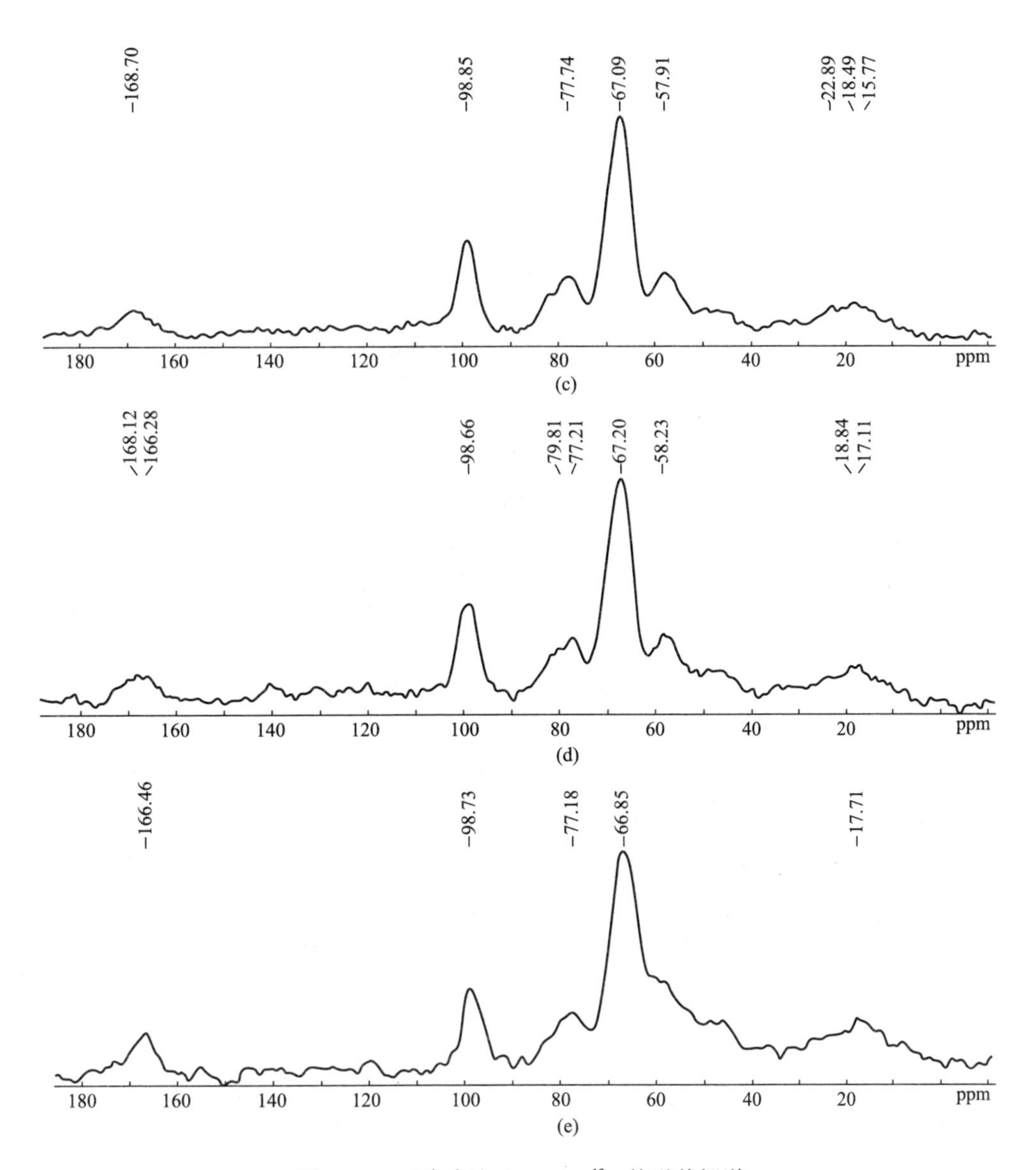

图 9-13　玉米皮渣 CP/MAS ^{13}C 核磁共振谱

(2) ^{13}C-NMR 分析。固体核磁共振是研究纤维素晶体结构和形态比较有效的方法之一，玉米皮渣 CP/MAS ^{13}C 核磁共振谱如图 9-13 所示。对图谱进行分析，结果见表 9-4。如图 9-13（a）所示，97.84ppm 信号峰为 C-1 的化学位移；75.29ppm 信号峰为 C-3 的化学位移；66.72ppm 为结晶纤维素 C-6 的共振峰；56.00ppm 处的信号峰源自于半纤维素葡萄糖醛酸取代基上的甲氧基；24.84ppm 处的信号峰证明玉米皮渣中含有大量的乙酰基；而 18.42ppm 和 14.57ppm 信号峰的存在说明了木质素存在于玉米皮渣中。图 9-13（b）、（c）、（d）、（e）与

(a) 相比，98.76ppm 和 77.55ppm 处的信号峰变尖锐，说明酸解可降解部分木质纤维成分；图（b）中脂肪族饱和烷基消失，说明木质素结构被破坏，部分被分解；图 9-13（c）、(d)、(e) 比较发现，(c) 中 22.89ppm 处信号峰消失或减弱，说明超声处理后发生了明显的乙酰化作用，纤维素的结晶结构被破坏，纤维素和半纤维素被部分溶解；同时（e）中 58.23ppm 信号峰消失或减弱，表明超声—微波协同处理可破坏半纤维素的结构，使其发生降解。

表 9-4　玉米皮渣谱图解析

化学位移（ppm）	归属
168.70～165.72	羧基-COOH
98.85～95.75	葡萄糖醛酸取代基上的 C-1
79.81～75.29	纤维素 C-2、C-3、C-5
67.20～66.72	纤维素 C-6
58.23～56.00	半纤维素葡萄糖醛酸取代基上的甲氧基
24.84～22.59	乙酰基上的甲基
18.84～14.57	木素脂肪族饱和烷基-CH_3

（3）XRD 分析。纤维素是天然的结晶体，木质素和半纤维素为无定形态。结晶区和无定形区分别由 2θ 为 16°和 22°～22.5°测定，XRD 分析结果如图 9-14 所示。从图中可以看出，五种样品均在 22°左右出现一极大峰值，此处的衍射峰为纤维素 002 晶面衍射峰；图中 a、b 在 16°出现的峰为 101 面的衍射强度峰，是无定形区相关的衍射峰。不同处理的样品在 22°和 16°的相对衍射强度均发生了较大的变化。b、c、d 中无定形区强度明显下降，e 中消失，主要是由于半纤维

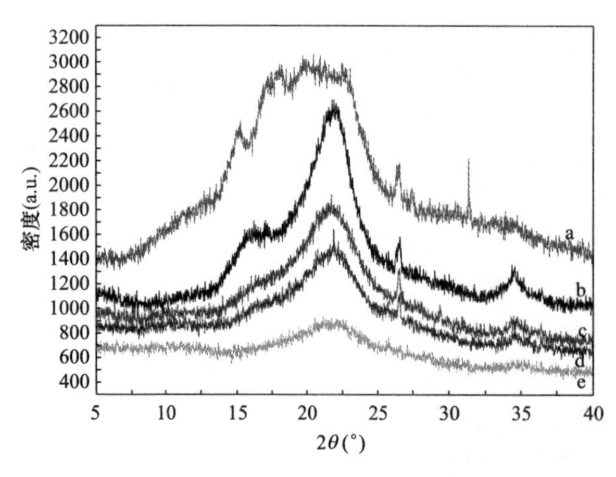

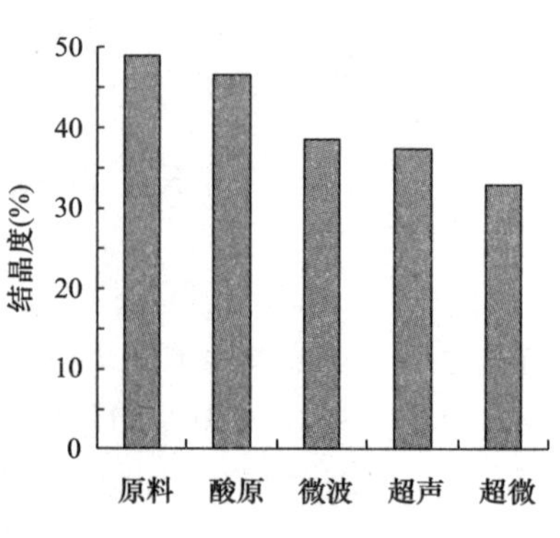

图 9-14　玉米皮渣 X 衍射谱图及结晶度变化

素中非纤维素及聚多糖的大量移除以及木质素中不定形区的溶解。四种处理的结晶度均降低（超声微波协同处理的结晶度为32.95%），说明结晶区发生部分溶解，由此可知超声—微波协同酸解玉米皮渣更有利于木质纤维成分的降解。峰值2θ在26°和35°附近时有尖锐的峰，说明处理后有部分结晶生成或重定向。这可能是由于酸解过程中移除非纤维类多糖及不定形态的溶解导致的木质纤维素的晶体结构发生改变引起的。

（4）SEM分析。玉米皮渣电镜扫描图如图9-15所示。

图9-15　玉米皮渣电镜扫描图

图9-15（a）纤维结构规律，排列紧密，成规则的片状，表面平整，淀粉颗粒清晰可见。酸解后图9-15（b）、（c）、（d）、（e）纤维结构均有破坏，大结构被分解成不同程度的小碎片，且淀粉颗粒减少或消失；图9-15（b）中经酸解作用后，剩余物质呈不规则形状，淀粉颗粒显著减少；图9-15（c）、（d）与（b）相比，颗粒更小，表面凹凸不平，说明对纤维素、半纤维素和木质素的破坏程度均强于9-15（b）；图9-15（e）中颗粒最小，且表面有半纤维素及木质素的降解所呈现出的空洞和裂痕。

（5）不同处理的降解剩余物组分含量。由于FIWE3/6纤维素测定仪测定的纤维素、半纤维素及木质素的含量是占所称取物料重量的百分比，如表9-5所示，表中的各物质含量为与原料中各物质含量的差值，即$W_{\Delta原酸纤维素}=W_{原酸纤维素}-W_{原料纤维素}$。由表9-7可以看出，与前三种处理方式相比，超声—微波协同酸解处理工艺中纤维素、半纤维素和木质素的变化量均最大，说明三种成分的降解率均最大，与降解液中还原糖含量基本相符。协同处理比单一处理方法更易于纤维成分的溶解。

表 9-5 降解剩余物组分含量

预处理方式	Δ纤维素（%）	Δ半纤维素（%）	Δ木质素（%）	还原糖含量（%）
原酸处理	9.19	10.75	2.98	29.50
超声酸解处理	15.97	15.07	3.01	31.79
微波酸解处理	14.66	15.97	3.32	30.78
超声—微波协同酸解	40.47	25.93	4.19	65.82

四、小结

超声微波协同降解玉米皮渣的最优工艺条件为硫酸浓度 3%、降解时间 60min、微波功率 545W、料液比 1∶30（g/mL）、水解温度 83℃，还原糖含量为 68.84%。比未经超声微波处理的提高 23.74%。通过离子色谱法对降解液进行分析，发现 L-阿拉伯糖含量 19.73mg/mL，D-半乳糖含量 4.56mg/mL，D-葡萄糖含量 18.69mg/mL，D-木糖含量 24.19mg/mL。因此说明此优化条件能够较好地降解制备 D-葡萄糖、D-木糖和 L-阿拉伯糖，为后期分离纯化三种糖奠定坚实的基础。

对降解剩余物分析，FTIR 显示四种不同处理的剩余物结构基本一致，部分木质纤维成分降解，出现红移现象；XRD 显示超声微波处理降解强度最大，结晶度最小；^{13}C-NMR 和 SEM 分析发现超声微波协同处理的降解情况优于常规处理。

第二节 蒸汽爆破处理玉米皮渣降解工艺的研究

本节采用蒸汽爆破技术对玉米皮渣进行预处理，改变纤维素的晶体结构，破坏木质素保护层，从而促进纤维素的降解作用。蒸汽爆破技术具有从分子水平上打破大分子晶格的效果。目前，此技术广泛应用于制糖、建材、发酵剂、木质纤维物料预处理和食品生产以及饲料加工等领域，其中纤维类物料的预处理应用最为广泛。汽爆处理具有处理时间短、能耗低、无污染等优点。本文将汽爆技术应用于玉米皮渣的处理，探究经此处理后是否可提高纤维素的降解率。

一、实验材料与仪器

1. 实验试剂及材料

玉米皮渣（黑龙江省昊天玉米淀粉开发有限公司），浓硫酸（天津市大茂化学试剂厂)，3,5-二硝基水杨酸（上海天莲精细化工有限公司)，结晶酚（天津市大茂化学试剂厂)，酒石酸钾钠（上海天莲精细化工有限公司)，亚硫酸氢钠(天津市大茂化学试剂厂)，氢氧化钠（北京北化精细化学品有限公司)，氧化钙(北京北化精细化学品有限公司)。

2. 实验仪器

QBS-80 型汽爆工艺实验台（河南鹤壁正道重型机械厂)，SHZ-D（Ⅲ）循环水式多用真空泵（巩义市予华仪器有限责任公司)，HH-2 数显恒温水浴锅(金坛市科兴仪器厂)，MJ-10A 多功能粉碎机（上海市浦恒信息科技有限公司)，T6 新世纪紫外可见分光光度计（北京普析通用仪器有限责任公司)，AR2100 电子分析天平（奥豪斯国际贸易有限公司)，TDL-5-A 高速离心机（YINGTAI instrument)，MLS-3781L-PC 高压灭菌器（日本松下集团)。

二、实验方法

1. 工艺流程

玉米皮渣→烘干（35℃）→蒸汽爆破→烘干（35℃）→粉碎（过 100 目）→酸解→离心（4000r/min）→取上层液体→调 pH 至 7.0→脱色→脱盐→离子色谱测定糖含量

2. 原料预处理

选取湿法加工玉米淀粉后的优质玉米皮渣，于 35℃ 的条件下进行干燥。将玉米皮渣加入汽爆缸中，通入高温饱和水蒸气，使汽缸内压力达到设定压力，同时维持此压力一定时间，当维压结束时打开气动阀门，瞬间泄压的同时完成物料的爆破，收集腔内喷出的物料即为蒸汽爆破后的样品。

3. 汽爆参数的确定

对汽爆参数中的汽爆压力、维压时间和物料含水量三因素进行单因素实验，并通过正交实验 L_9（3^4）确定最佳汽爆条件。

4. 汽爆玉米皮渣提取还原糖

对影响汽爆玉米皮渣降解的因素硫酸浓度、料液比、水解温度和水解时间进行单因素实验，并结合单因素结果，采用 Box-Behnken 实验设计四因素三水平的响应面分析实验，如表 9-6 所示。

表 9-6　响应面因素水平编码表

实验因素		水平		
		-1	0	1
A	硫酸浓度（%）	1.0	1.5	2.0
B	料液比（g/mL）	1：05	1：10	1：20

续表

实验因素		水平		
		-1	0	1
C	水解温度（℃）	110	120	130
D	水解时间（h）	1.0	1.5	2.0

三、实验结果与讨论

1. 汽爆参数的确定

（1）单因素实验。

①汽爆压力对还原糖含量的影响。在物料含水量 16.39%，维压时间 10s 的条件下对不同汽爆压力进行实验，收集汽爆后的玉米皮渣，测定还原糖含量，结果如图 9-16 所示。由图可知，还原糖含量随着汽爆压力的增大呈现先升高后降低的趋势。在 2.0MPa 时达到最大值为 39.96%。超过 2.0MPa 时，还原糖含量逐渐降低。超过 3.0MPa 时，玉米皮渣经汽爆后为焦煳状，很难收集，测得还原糖含量极低，故选取汽爆压力 2.0MPa。

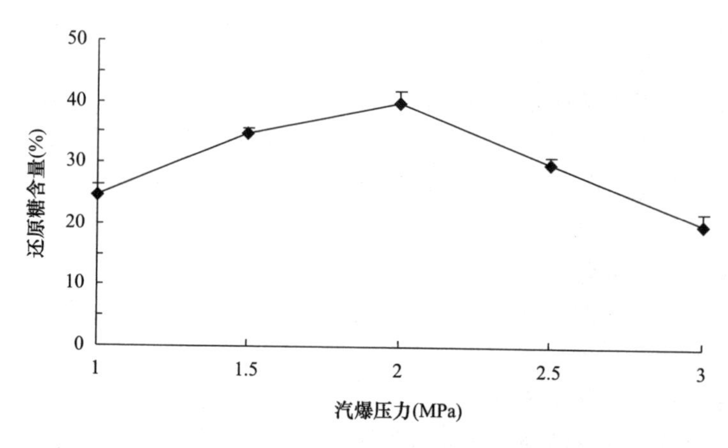

图 9-16　汽爆压力对玉米皮渣降解作用的影响

②维压时间对还原糖含量的影响。在物料含水量 16.39%，汽爆压力 2.0MPa 的条件下，测定不同维压时间对降解作用的影响，结果如图 9-17 所示。由图可以看出，还原糖含量在 15s 时达到最大值 42.13%。随着维压时间的延长，还原糖含量逐渐下降。故选取维压时间为 20s。

③样品含水量对还原糖含量的影响。在汽爆压力 2.0MPa，维压时间 20s 的条件下，测定玉米皮渣含水量对还原糖含量的影响，结果如图 9-18 所示。由图

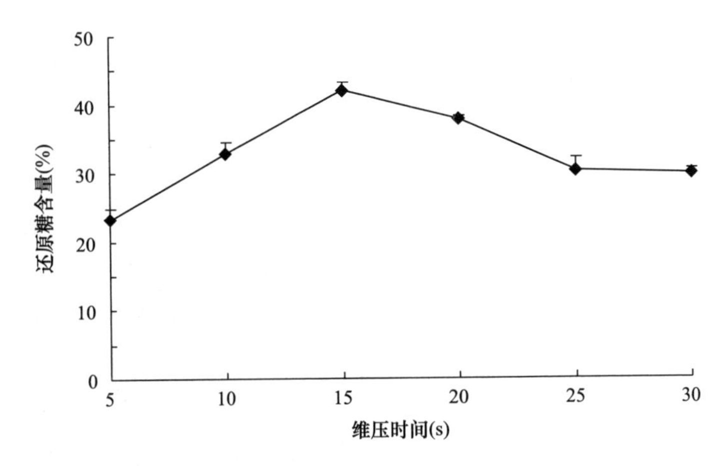

图 9-17　维压时间对玉米皮渣降解效果的影响

可知，含水量为 16. 39%时还原糖含量达到最大值为 39. 64%，低于或高于此值时，降解液中还原糖含量均较低。故选取玉米皮渣含水量为 16. 39%。

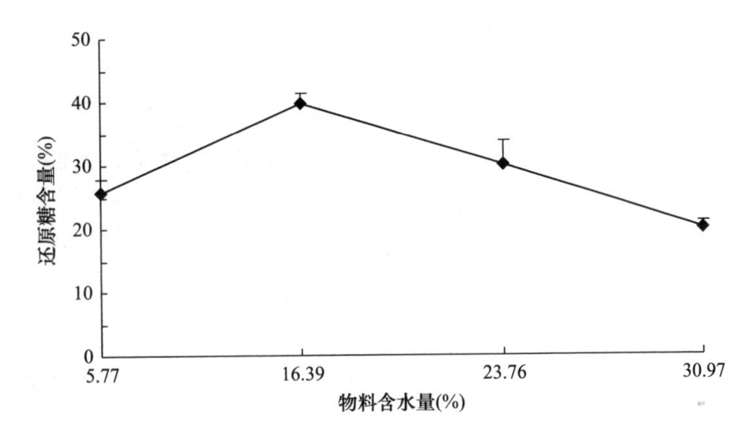

图 9-18　玉米皮渣含量水对降解作用的影响

（2）正交实验分析。正交实验结果如表 9-7 所示。

表 9-7　正交实验结果

实验号	A	B	C	空列	水解得率（%）
1	1	1	1	1	41. 62
2	1	2	2	2	42. 85
3	1	3	3	3	45. 67
4	2	1	2	3	37. 77

续表

实验号	A	B	C	空列	水解得率（%）
5	2	2	3	1	42.35
6	2	3	1	2	36.94
7	3	1	3	2	42.84
8	3	2	1	3	41.62
9	3	3	2	1	38.7
K_1	130.14	122.241	120.18	122.67	
K_2	117.06	126.819	119.319	122.64	
K_3	123.17	121.419	130.869	125.06	
k_1	43.380	40.747	40.060	40.890	
k_2	39.020	42.273	43.623	40.880	
k_3	41.057	40.473	39.773	41.687	
R	4.360	1.836	3.850	0.807	
主次顺序	A>C>B				
优水平	A_1	B_2	C_2		
优组合	$A_1B_2C_2$				

由表9-7可知，$Y_A>Y_C>Y_B$，说明因素A汽爆压力对玉米皮渣降解作用的影响最大，其次为物料含水量和维压时间。根据正交实验结果，确定汽爆条件的最佳组合为$A_1B_2C_2$，即汽爆压力为1.0MPa，维压时间为20s，玉米皮渣含水量为16.39%。取三次实验平均值，得出实际还原糖得率为42.98%。

2. 汽爆玉米皮渣酸解实验

（1）汽爆玉米皮渣酸解单因素实验。选取上述最优汽爆条件下处理的玉米皮渣进行如下单因素实验。

①硫酸浓度对汽爆玉米皮渣降解作用的影响。在水解温度为120℃，反应时间1.5h，料液比1∶10条件下，分别对不同硫酸浓度进行实验，如图9-19所示。两者的降解液中还原糖含量均在酸浓度为1.5%时达到最大值。汽爆原料酸解处理所得的还原糖含量明显高于空白对照组。酸浓度过低时，玉米皮渣中木质纤维结构的破坏程度较低，不能完全降解，致使还原糖含量较低；酸浓度过高时，降解液中还原糖分解，使其含量较低。故取酸浓度为1.5%为宜。

②水解时间对汽爆玉米皮渣降解作用的影响。在水解温度为120℃，硫酸浓度为1.5%，料液比1∶10的条件下，分别对不同水解时间进行单因素实验，如图9-20所示。水解时间低于1.5h时，降解液中还原糖含量逐渐增加，1.5~2.0h时还原糖含量基本不变，然后开始下降。这可能是过长的水解时间破坏了

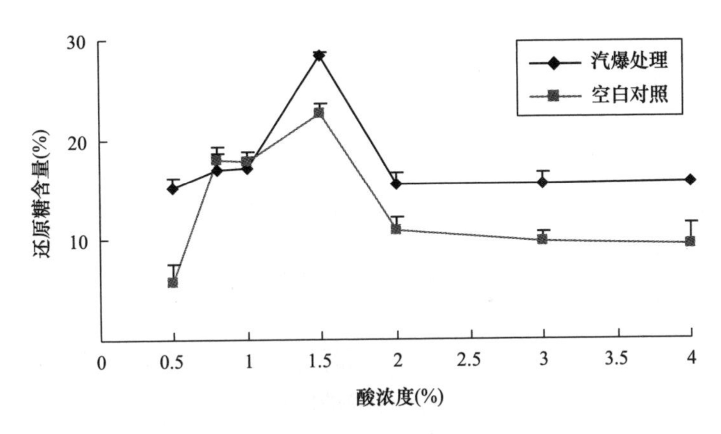

图 9-19　硫酸浓度对还原糖含量的影响

糖类，并且水解液颜色随着水解时间的延长不断加深，导致副反应的发生，从而影响还原糖的含量。因此综合考虑到降低成本及节约能源，宜选用水解时间为 1.5h。

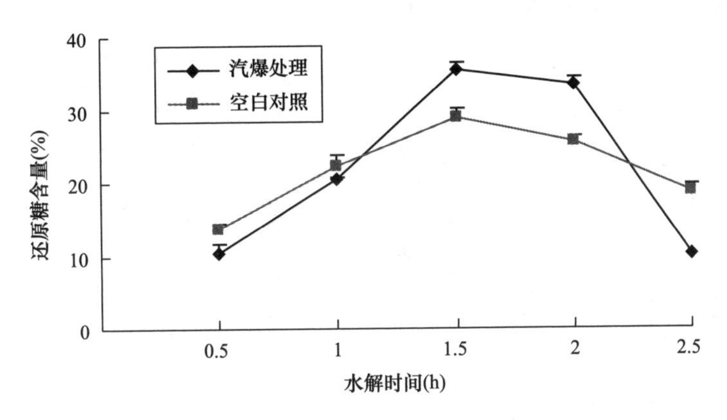

图 9-20　水解时间对还原糖含量的影响

③水解温度对汽爆玉米皮渣降解作用的影响。不同的水解温度对汽爆玉米皮渣的降解作用有显著的影响，如图 9-21 所示。当水解温度为 80℃时，汽爆玉米皮渣降解作用与对照组均极其微弱，降解液中还原糖含量较低；当水解温度不断升高，降解液中还原糖含量呈现上升趋势，两者的降解液中还原糖含量在 120℃时达到最大，前者还原糖含量显著高于后者。超过 120℃时，还原糖含量随温度的升高而下降。因此水解温度宜选 120℃。

④料液比对汽爆玉米皮渣降解作用的影响。在硫酸浓度为 1.5%，反应时间 1.5h，水解温度为 120℃的条件下，分别对汽爆玉米皮渣进行不同的料液比处理，

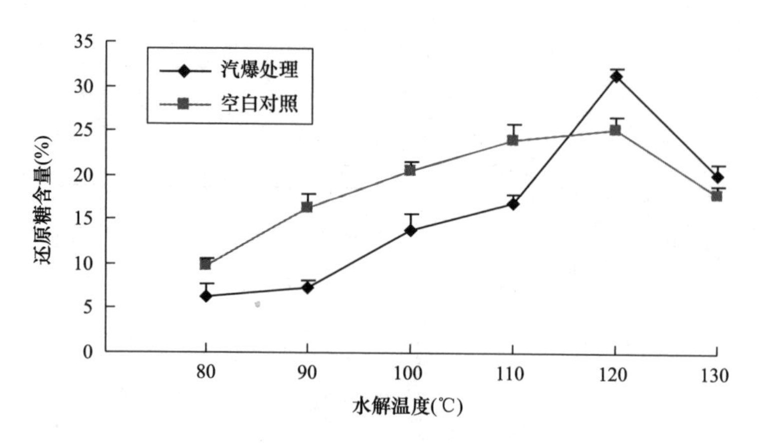

图 9-21　水解温度对还原糖含量的影响

如图 9-22 所示。随着料液比的增加，汽爆处理的降解液中还原糖含量不断增加，料液比为 1∶10 时达到最大值，然后开始下降。而对照组料液比在 1∶20 时还原糖含量最大，增大了用水量，增加了升温成本，造成热量浪费，对实际生产极为不利。汽爆酸解时选取料液比为 1∶10。

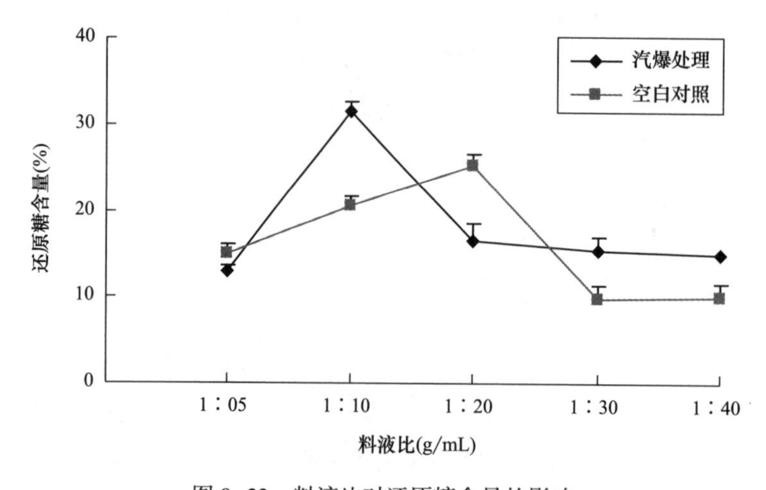

图 9-22　料液比对还原糖含量的影响

（2）响应面法优化酸解汽爆玉米皮渣。通过单因素实验确定实验参数的范围，采用 Box-Behnken 实验优化汽爆玉米皮渣制备还原糖工艺的最佳参数，设计结果如表 9-8 所示，对表中数据进行多元回归分析，可得到方差分析的结果，见表 9-9。由表 9-9 可见，整体模型 $P<0.0001$，二次方程模型极显著，且失拟项 $P=0.1507>0.05$，说明此回归方程对数据的拟合性较好。料液比（$P<0.0001$）

及水解温度（$P=0.0057<0.001$）两因素的一次项达到极显著水平，表明两因素对还原糖含量的线性效应极显著。所有的二次项对还原糖含量的曲面效应极显著，交互项 CD、AC（$P<0.0001$），BC（$P=0.0083<0.01$）极显著，BD（$P=0.0224<0.05$）显著，表明各影响因素对还原糖含量的影响作用不是简单的线性关系。自变量对响应值的影响用回归方程（模型）表示为：

$$R = 50.95 + 1.90A + 1.32B - 9.90C - 3.50D - 0.83AB - 17.59AC - 1.87AD - 5.72BC - 4.78BD - 10.44CD - 19.00A^2 - 22.81B^2 - 7.65C^2 - 16.08D^2$$

表 9-8　响应面分析方案及结果

实验号	编码水平				水解得率（%）
	A	B	C	D	
1	0	-1	0	-1	10.73
2	0	-1	1	0	8.87
3	0	0	-1	-1	30.98
4	0	0	-1	1	45.93
5	0	-1	-1	0	25.24
6	0	1	0	-1	21.45
7	-1	0	1	0	33.08
8	0	1	-1	0	40.77
9	0	0	1	-1	32.10
10	1	1	0	0	12.12
11	0	0	1	1	5.29
12	0	0	0	0	53.61
13	-1	0	0	-1	14.51
14	0	0	0	0	51.93
15	-1	0	0	1	11.17
16	0	-1	0	1	12.28
17	-1	0	-1	0	9.70
18	0	0	0	0	47.14
19	1	0	0	1	10.73
20	0	0	0	0	51.42
21	1	0	0	-1	21.56
22	1	0	-1	0	50.77
23	0	1	0	1	3.88

续表

实验号	编码水平				水解得率（%）
	A	B	C	D	
24	−1	1	0	0	11.56
25	1	−1	0	0	11.09
26	0	1	1	0	1.54
27	1	0	1	0	3.77
28	0	0	0	0	50.65
29	−1	−1	0	0	7.22

表 9-9　回归模型方差分析

方差来源	平方和	自由度	均方差	*F* 值	*P* 值
模型	8739.16	14	624.23	44.99	<0.0001 **
A 硫酸浓度	43.32	1	43.32	3.12	0.0990
B 时间	21.04	1	21.04	1.52	0.2385
C 料液比	1174.93	1	1174.93	84.67	<0.0001 **
D 温度	147.35	1	147.35	10.62	0.0057 **
AB	2.74	1	2.74	0.20	0.6636
AC	1238.34	1	1238.34	89.24	<0.0001 **
AD	14.03	1	14.03	1.01	0.3318
BC	130.64	1	130.64	9.41	0.0083 **
BD	91.39	1	91.39	6.59	0.0224 *
CD	435.97	1	435.97	31.42	<0.0001 **
A^2	2340.59	1	2340.59	168.68	<0.0001 **
B^2	3375.51	1	3375.51	243.26	<0.0001 **
C^2	379.69	1	379.69	27.36	0.0001 **
D^2	1677.10	1	1677.10	120.86	<0.0001 **
残差	194.27	14	13.88		
失拟项	171.41	10	17.14	3.00	0.1507
纯误差	22.86	4	5.72		
总误差	8933.43	28		$R^2=0.9783$	

由回归方差分析结果可知，交互作用 AC、BC、BD、CD 均显著，如图 9-23 所示。由图 9-23 可知，当任意水平为 0 时，降解液中还原糖含量均呈现先增大后减小的趋势。由图 9-23（b）可以看出，当水解时间不变时，随着水解温度的

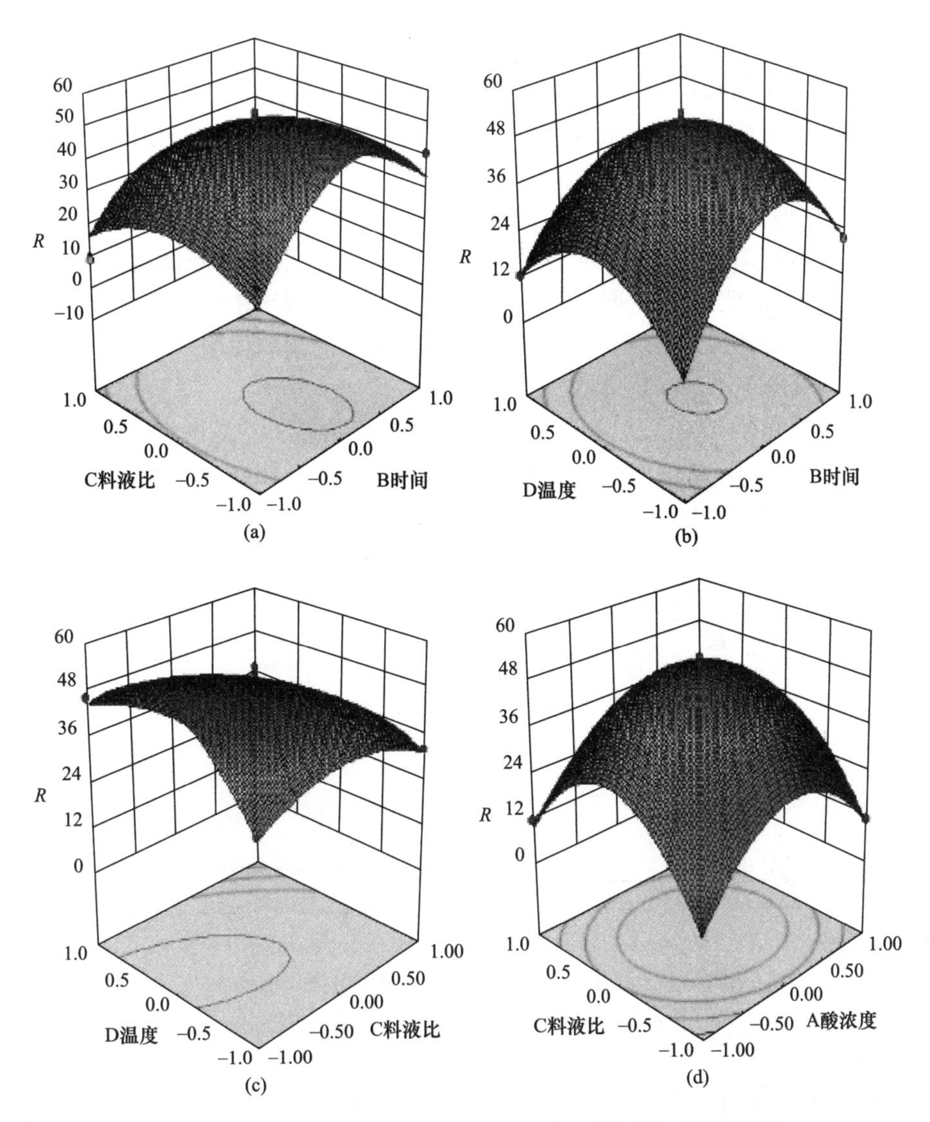

图 9-23　不同提取变量对还原糖含量交互作用的三维曲面图

升高，降解液中还原糖含量呈先增加后减少的趋势；等高线较密集，说明水解温度对降解液的影响显著，这一点从响应曲面陡峭程度上也可以直观地观察到，并在编码值 0 附近达到响应值的最高点。当分别固定时间和料液比，由图 9-23（b）和 9-23（c）均可得出相同的结论，与此研究的单因素实验中水解温度对降解工艺的影响结果一致。

当固定酸浓度和水解时间时，由图 9-23（a）、（d）分析可知，随着料液比的增大，降解液中还原糖含量先升高后降低，等高线在时间增加时比酸浓度增大时更密集，这说明水解时间、料液比之间的交互作用与酸浓度、料液比之间的交互作用相比更明显。当料液比较小时，酸含量及浸提液不足，不能将原料中的还原糖全部溶出；料液比较大时，额外增多的酸液不仅会使溶出的还原糖稀释，且令还原糖中的五碳糖进一步发生反应生成糠醛类物质，从而造成还原糖含量的降低，且后续纯化制备时将增加浓缩成本。

对模型分析，得出最优还原糖制备工艺条件为：硫酸浓度 1.66%，料液比 1∶10.09，水解时间 1.48h，水解温度 118.88℃，还原糖含量最高为 54.68%。对实验进行可靠性验证，取三次实验平均值，所得降解液中还原糖含量为 54.61%，与预测值非常接近，说明模型可起到很好的预测作用。

3. 糖组分分析

将降解液稀释 1000 倍，离子色谱法测定还原糖含量，汽爆酸解液中各糖组分如图 9-24 所示，L-阿拉伯糖含量为 10.37mg/mL，D-半乳糖含量为 2.93mg/mL，D-葡萄糖含量为 19.34mg/mL，D-木糖含量为 16.01mg/mL。

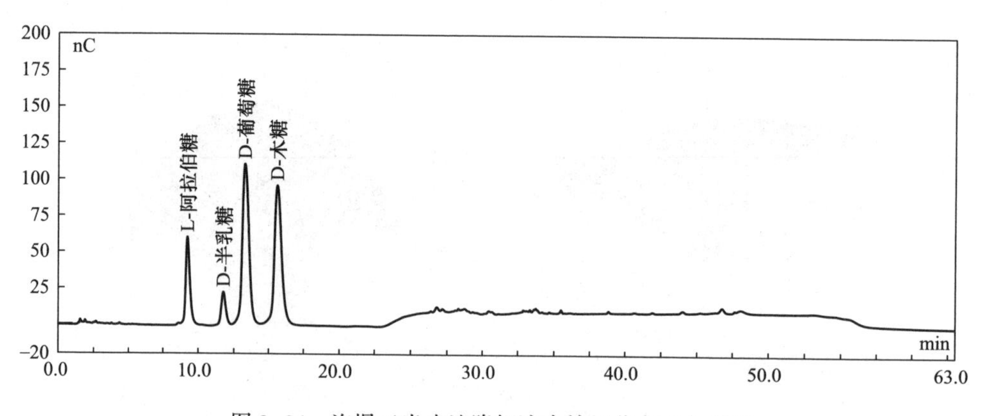

图 9-24　汽爆玉米皮渣降解液中糖组分离子色谱图

4. 剩余物分析

（1）FTIR 分析。汽爆玉米皮渣红外光谱如图 9-25 所示。由图可以看出，3410cm^{-1} 处为 O—H 键的伸缩振动峰，2927cm^{-1} 处的吸收峰是来自木质素中脂肪族的或聚多糖以及半纤维素的 C—H 键的振动吸收。1635cm^{-1} 处是木质素（—C ═O）的特征峰，曲线 c、d 中此峰吸收强度减弱，木质素发生降解，说明汽爆处理有利于木质素的溶解，对其结构有一定的破坏作用。1462cm^{-1} 附近出现的峰是—CH_2—中 C—H 的弯曲振动所致。1027cm^{-1} 处是半纤维素的典型吸收峰，主要来源于糖苷键 C—O—C 的伸缩振动，曲线 b、c、d 中，该峰的吸收强度均有所增加，可能是处理后半纤维素分子的非结晶区发生降解，结晶区增大。1167cm^{-1} 附近的谱带是木聚糖的吸收峰。综合可知，汽爆处理的剩余物结构基本不变，部分木质纤维降解，发生红移。

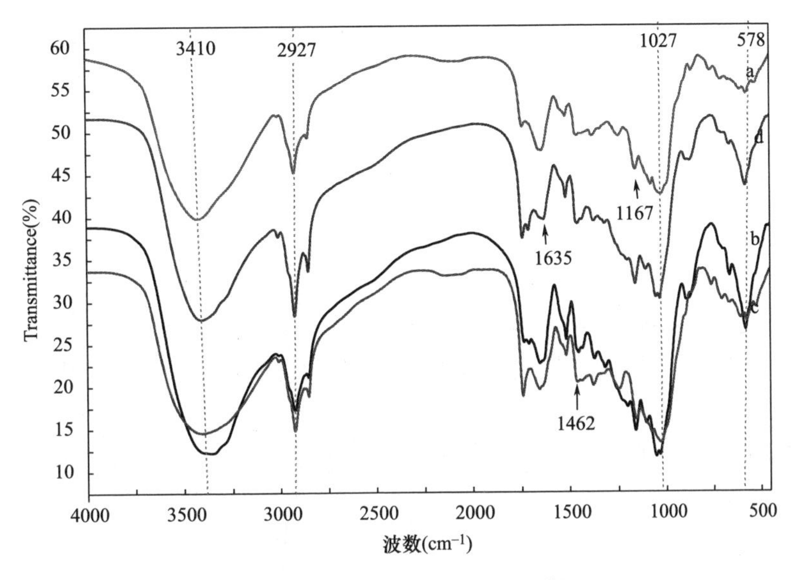

图 9-25　汽爆玉米皮渣红外光谱图

(2) ^{13}C-NMR 分析。汽爆玉米皮渣 CP/MAS ^{13}C 核磁共振谱如图 9-26 所示。由图 9-26（a）和图 9-26（c）可知，玉米皮渣经汽爆处理后，24.84ppm 信号峰消失或减弱，说明汽爆过程中发生了乙酰化反应，脱除了甲基；80.99ppm，78.23ppm，76.97ppm 三处信号峰分别为 C-2、C-3、C-5 的化学位移，表明纤维素和半纤维素结构发生了变化；同时出现了 138.81ppm 和 122.02ppm 信号峰，说明木质素经汽爆作用后结构凸显，部分被溶解，由此可说明汽爆处理可促进玉米皮渣的降解作用。图 9-26（c）、图 9-26（d）相比，（d）中 138.81ppm 和 73.28ppm 信号峰消失或减弱，说明纤维素、半纤维素和木质素均发生降解，结晶结构被破坏。

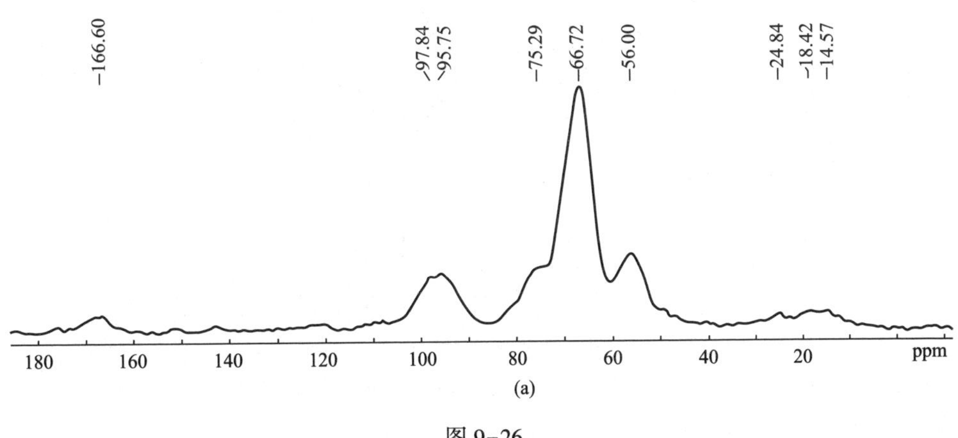

图 9-26

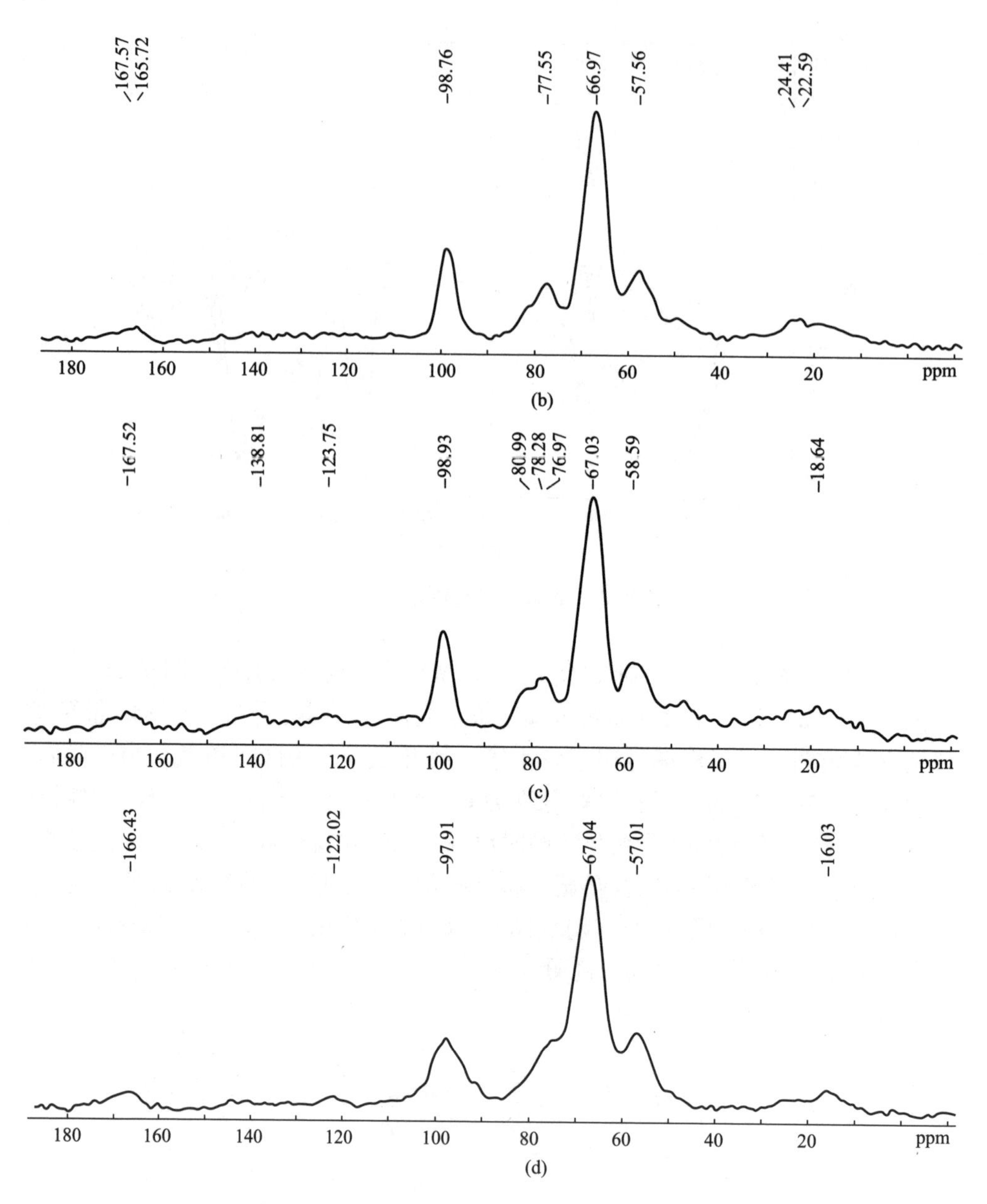

图 9-26　汽爆玉米皮渣 CP/MAS ^{13}C 核磁共振谱

（3）XRD 分析。汽爆玉米皮渣 X 衍射谱图如图 9-27 所示。从图中可以看出，四种样品在 22°和 15°的相对衍射强度均发生了较大的变化。图（b）、图（c）、图（d）中不定形区峰强度显著减弱或消失，是由于半纤维素中非纤维素及聚多糖的大量移除以及木质素中不定形区的溶解，说明汽爆处理可使纤维中无定形区及非结晶区直接发生降解，暴露出纤维素结晶区。结晶区强度和结晶度均是（c）比（d）弱（结晶度分别为35.25%和33.38%），说明稀酸处理可降解部分无定形区和结晶区。图中峰值 2θ 在35°附近时有尖锐的峰，说明处理后有部分结晶生成或重定向。

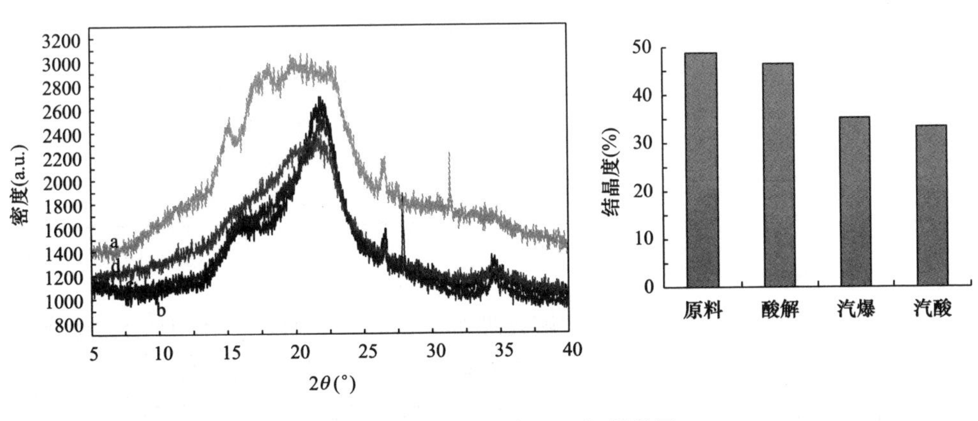

图9-27　汽爆玉米皮渣X衍射谱图

（4）SEM分析。汽爆玉米皮渣电镜扫描图如图9-28所示。图（a）中纤维结构规律，呈片状，且表面光滑规整，淀粉颗粒清晰可见；图（b）中大纤维结构发生一定程度的破坏，被分解成大小不一的碎块；图（c）中纤维结构被裂解，呈碎块，表面凹凸不整，结构松散；图（d）清晰可见其表面的孔洞和裂痕，这是由于纤维素、半纤维素和木质素被降解，或其结构被破坏所致。

图9-28　汽爆玉米皮渣电镜扫描图

（5）剩余物组分含量分析。汽爆原料酸解后剩余物的纤维素、半纤维素及木质素含量如表 9-10 所示。与原料直接酸解相比，汽爆酸解处理的剩余物中三种组分的差值含量均较高，说明三组分的降解率均有不同程度的提高，与降解液中还原糖含量及 FTIR、XRD 等分析结果相符。

表 9-10　汽爆酸解原料降解剩余物组分含量

预处理方式	Δ纤维素（%）	Δ半纤维素（%）	Δ木质素（%）	还原糖含量（%）
原酸处理	9.19	10.75	2.98	29.50
汽爆酸解处理	33.73	25.88	4.05	54.68

5. 综合比较

超声—微波协同处理与汽爆酸解处理所得糖液结果如表 9-11 所示，糖液如图 9-29 所示。由表可以看出，还原糖含量为超声—微波协同处理>汽爆酸解处理>原料直接酸解，且超声—微波协同处理的糖液中阿拉伯糖和木糖含量较高，色素含量最低，同时水解所需温度最低，水解时间短，为节约能耗，精简后续除杂工序，因而选取超声—微波协同处理。

表 9-11　不同处理方法的比较

处理方法	还原糖含量（%）	阿拉伯糖含量（mg/mL）	木糖含量（mg/mL）	葡萄糖含量（mg/mL）	水解时间（min）	水解温度（℃）
原料酸解	45.10	19.61	17.24	6.73	90	120
汽爆酸解	54.68	10.37	16.01	19.34	90	120
超—微协同酸解	68.84	19.37	24.19	18.69	60	80

(a) 原料酸解糖液

(b) 汽爆酸解糖液

(c) 超声—微波酸解糖液

图 9-29　三种不同处理的糖液图

四、小结

最优汽爆参数为汽爆压力 1.0MPa，维压时间 20s，物料含水量 16.39%，还原糖含量为 42.98%。最优酸解条件为酸浓度 1.66%，水解时间 1.5h，水解温度 120℃，料液比 1∶10（g/mL），还原糖含量 54.68%。比未汽爆处理提高 9.58%。降解液中 L-阿拉伯糖含量 10.37mg/mL，D-葡萄糖含量 19.34mg/mL，D-木糖含量 16.01mg/mL。对降解剩余物分析：FTIR 显示汽爆处理的剩余物结构基本不变，部分木质纤维降解，发生红移；XRD 显示汽爆酸解的降解强度最大，结晶度最小；^{13}C-NMR 和 SEM 发现汽爆酸解的降解情况优于常规降解。

第三节　降解液的精制

糖液的分离提纯是制糖领域的关键，高纯度的糖可以应用于食品及药品领域，而单一组分的糖更是可以作为化学药品应用。降解液中含有大量的色素及盐离子，因此在进行糖组分分离之前需进行脱色和脱盐等精制处理。

一、实验材料与仪器

1. 试剂与材料

活性炭（天津市利达化学试剂厂），大孔离子交换树脂（天津市光复精细化工研究所），无水乙醇（国药集团化学试剂有限公司），D-木糖、D-果糖、D-半乳糖、D-葡萄糖、L-阿拉伯糖（Sigma），Dowex 50 WX4、Dow99 钙树脂（美国 DOW 公司），碱石灰（上海天莲精细化工有限公司），106 钙树脂（浙江争光实业股份有限公司），三氯乙酸（上海天莲精细化工有限公司），001×6、001×7、002×7、D301、D290、D151 树脂（天津市光复精细化工研究所）。

2. 实验仪器

HL-2D 定时数显恒流泵（上海精科实业有限公司），T6 新世纪紫外可见分光光度计（北京普析通用仪器有限责任公司），高效液相色谱系统（美国 Waters 公司），DKB-501A 超级恒温水浴锅（上海森信实验仪器有限公司），818 型台面式 Ph/ISE 测试仪（美国奥利龙公司），Z 型层析柱（Φ45mm×60mm）（上海精科实业有限公司），SHZ-D（Ⅲ）循环水式多用真空泵（巩义市予华仪器有限责任公司），8351 型电导率仪（衡欣科技股份有限公司），WSZ-I 阿贝折光仪（上海光学仪器厂），MP1502 泵（上海三为科学仪器有限公司），RPL-ZD10 液相色谱装柱机（大连日普利科技仪器有限公司），Φ1.5mm×120cm 不锈钢色谱空柱（实验室自制），SBS-160F 计算机自动部分收集器（上海精科实业有限公司）。

二、实验方法

1. 技术路线

玉米皮渣降解液→调节 pH→脱蛋白→一次脱色→一次阳离子交换→一次阴离子交换→二次阳离子交换→一次浓缩→二次脱色→三次阳离子交换→二次阴离子交换→四次阳离子交换→二次浓缩→混糖液

2. 脱酸

向玉米皮渣降解液中加入石乳灰，一方面可以中和脱酸，另一方面可使糖液中的蛋白变性加速沉淀，使糖液中的果胶成分与氢氧化钙生成果胶酸钙沉淀下来。此方法只在糖液中引入钙离子，可在后续离子交换实验中除去，同时不引入其他有害成分，适用于食品行业。中和终点 pH 为 4.8，石灰乳浓度为 20g/mL，保温 30min。

3. 活性炭脱色

玉米皮渣降解液经浓缩后颜色呈浅棕黄色，含有多种色素，成分复杂。玉米皮中含有的天然花色苷物质、黄酮色素及含氮物质，在降解过程中美拉德反应产生的各种色素，种类难以确定，并且天然提取物无标准的脱色处理方法。因此对混糖液进行紫外—可见光区全波长扫描，结果显示降解液无最大吸收峰，因此根据物质吸收波长与所呈现颜色之间的关系，将色素测定波长定为 425nm。

脱色率公式如下：

$$脱色率=\frac{T_0-T_1}{T_0}\times 100\%$$

式中：T_0、T_1 分别为降解液脱色前、后溶液的吸光度值。

还原糖损失率公式如下：

$$还原糖损失率=\frac{A_0-A_1}{A_0}\times 100\%$$

式中：A_0、A_1 分别为降解液脱色前、后溶液中还原糖的含量。

4. 离子交换脱盐

（1）树脂的预处理。将待用树脂用 95%的乙醇溶液浸泡 12h，洗去树脂加工中残留的有机溶剂及粉末，然后用蒸馏水冲洗至无味，即可进行湿法装柱。

（2）静态吸附实验。将六种不同型号的树脂分别在相同条件下对降解液进行静态吸附实验，对脱盐效果进行测定，选取最佳效果的树脂。准确量取已处理好的树脂 50mL，置于 250mL 的三角瓶中，加入 100mL 降解液，于 30℃、120r/min 的恒温摇床上振荡 5h，测定降解液的各个指标。

三、结果与分析

1. 活性炭脱色

（1）活性炭的选择。五种活性炭分别在振荡频率 180r/min，活性炭添加量

8%，脱色温度60℃的条件下脱色40min的实验结果如表9-12所示。由表可知，活性炭C_1脱色效果最差，脱色率最低；C_4脱色率最高，达98.4%，同时糖损失率也最高，为38.5%，不可取；C_5脱色率较高，糖损失率相对较低，可进行后续降解液的脱色工艺。

表9-12　五种活性炭脱色效果比较

活性炭	C_1	C_2	C_3	C_4	C_5
形态	柱状	颗粒	颗粒	粉末	粉末
脱色率（%）	34.8	64.2	73.5	98.4	97.8
糖损失率（%）	12.5	14.7	22.7	38.5	21.6

（2）活性炭添加量对脱色的影响。取活性炭以2%、4%、6%、8%、10%、12%（质量体积百分数）的用量分别加入降解液中，在60℃下吸附40min后测定脱色液的吸光度值，结果如图9-30所示。由图9-30可知，降解液中色素脱除率随活性炭添加量的增加而上升，在添加量为8%时达到最大值98.81%；继续加入活性炭，脱色率趋于平稳，变化不明显。同时，降解液的糖损失率随活性炭添加量的增加一直增大，由此可知高活性炭添加量的情况下，多余的活性炭吸附的是糖分，致使糖损率一直升高。故选取活性炭添加量为8%。

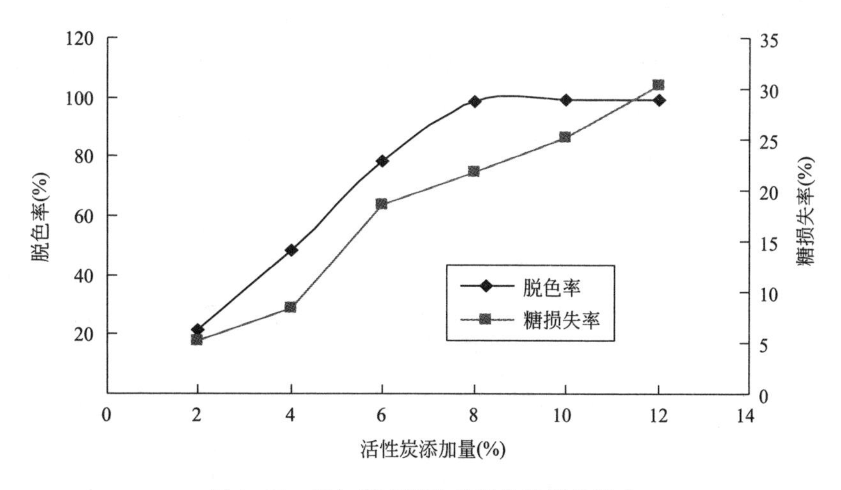

图9-30　添加量对活性炭脱色效果的影响

（3）温度对活性炭脱色的影响。加入定量的活性炭，在50℃、60℃、70℃、80℃、90℃时分别测定脱色液的吸光度值，结果如图9-31所示。由图9-31可以看出，降解液中色素脱除率随脱色温度的升高而增大，当温度为60℃时色素脱除率最大，继续升温，色素脱除率趋于不变。降解液的糖损失率随温度的升高呈线性增加趋势，是由于活性炭的吸附作用具有双向性，当温度过高时会加速活性炭的吸附，促进其向逆反应方向进行，起到相反的作用。综合考虑节约能源，降低生产成本及简便操作等方面，选取脱色温度为60℃。

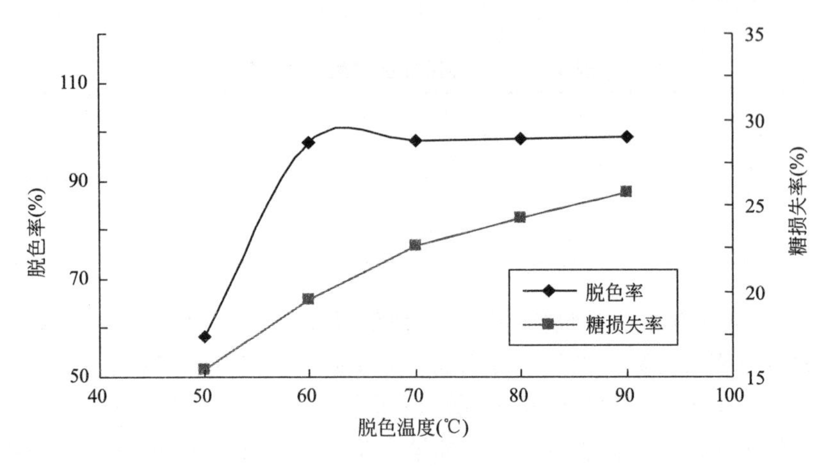

图 9-31　温度对活性炭脱色效果的影响

（4）时间对活性炭脱色的影响。降解液中加入定量活性炭，在最适反应温度下分别振荡 20min、30min、40min、50min、60min，测定脱色糖液的吸光度值，如图 9-32 所示。降解液的色素脱除率和糖损失率两者的变化趋势比较接近。随脱色时间的增加，两者的变化趋势均先增加后趋于平缓。脱色时间为 40min 时，脱色率达最大，而此时糖损失率增加较慢，这是由于活性炭的吸附量已达平衡，吸附效果不显著。故脱色时间定为 40min。

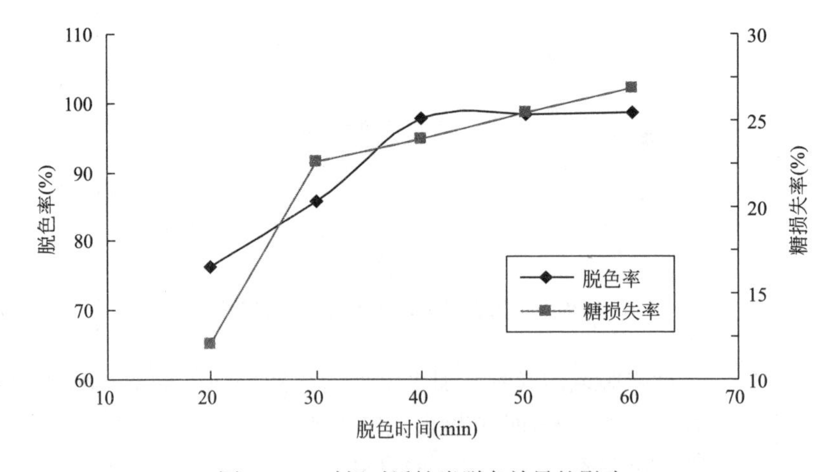

图 9-32　时间对活性炭脱色效果的影响

（5）振荡频率对活性炭脱色的影响。振荡频率对活性炭脱色的影响结果如图 9-33 所示。由图 9-33 可以看出，振荡频率较低时，降解液的色素脱除率和糖损失率都较低，而随着振荡频率的增加，脱色率增加较快，这可能是由于一部分降解液中的活性炭发生沉淀，减少了与色素分子的接触面积，使活性炭的吸附作用没有得到充分的发挥。当振荡频率超过 180r/min 时，脱色率降低，此时糖损失率增加缓慢。故选取振荡频率为 180r/min。

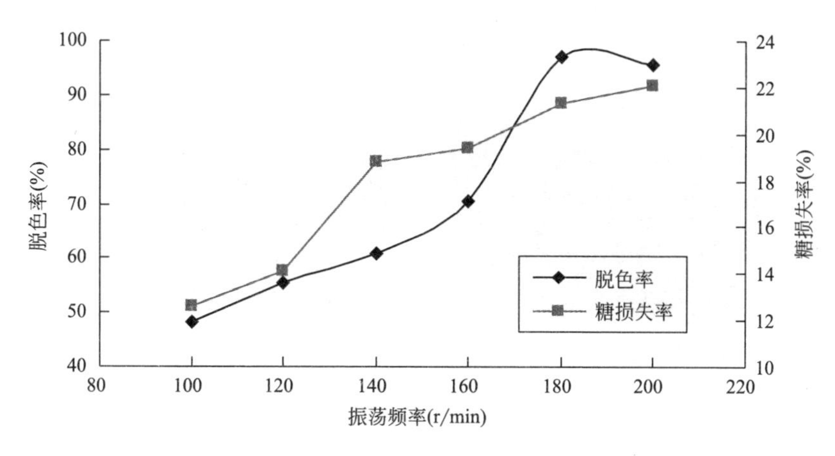

图 9-33　振荡频率对活性炭脱色效果的影响

（6）糖液光谱吸收。采用最优脱色工艺（活性炭添加量 8%、脱色温度 60℃、脱色时间 40min、振荡频率 180r/min）对玉米皮渣降解液进行脱色处理，将脱色后的糖液在紫外—可见光区进行扫描，能清晰地看出糖液中色素被脱掉的效果。降解液经活性炭脱色处理前后的波长扫描图谱如图 9-34 所示，可以看出

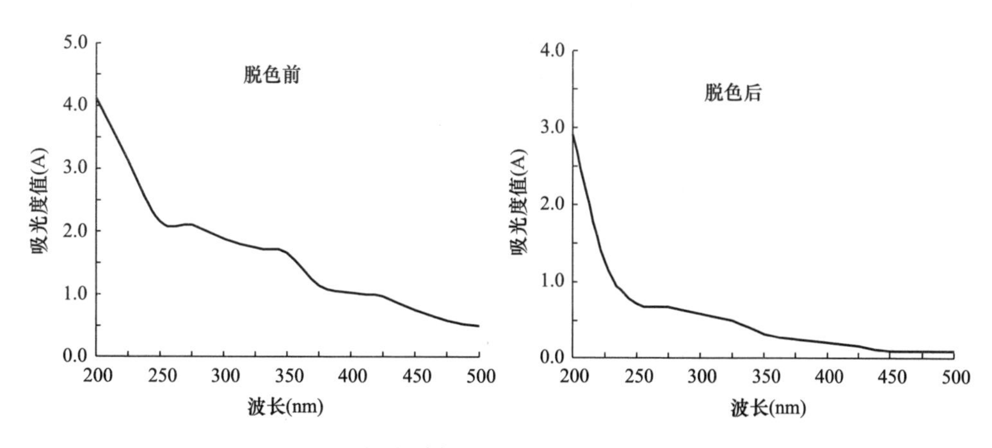

图 9-34　活性炭脱色前后糖液全波长光谱吸收图谱

色素在425nm处的吸光度值显著降低，说明活性炭对降解液中色素的吸附脱除比较有效。脱色后效果如图9-35所示，脱色后的降解液更加澄清，基本无可见色素。经验证，在活性炭添加量为8%、脱色温度60℃、脱色时间40min、振荡频率180r/min的脱色条件下，玉米皮渣降解液的脱色率可达98.86%，糖损失率为20.43%。

(a) 脱色前

(b) 脱色后

图9-35　糖液脱色前后对比图

2. 离子交换脱盐

（1）树脂的选择。不同树脂脱盐实验结果如表9-13所示。由表9-13可知，三种阳离子交换树脂中001×7型树脂脱盐率较高，且糖损失率较低；三种阴离子交换树脂中D301脱盐率最高，而D290糖损失率最低，但两者糖损失率基本相同，故取D301型大孔丙烯酸系弱碱性阴离子交换树脂和001×7型强酸性苯乙烯系阳离子交换树脂进行脱盐实验。

表9-13　六种树脂脱盐效果比较

树脂型号	离子类型	脱盐率（%）	糖损失率（%）
001×6	阳离子交换树脂	60.72	8.41
001×7	阳离子交换树脂	67.83	5.22
002×7	阳离子交换树脂	56.98	5.91
D290	阴离子交换树脂	66.15	5.11
D301	阴离子交换树脂	70.02	5.17
D151	阴离子交换树脂	69.53	5.85

（2）脱盐结果。糖液离子交换后脱盐效果如表9-14所示。

由表 9-14 可知，降解液经脱色脱盐处理后，可得到净化糖液，可满足后续分离的要求。

表 9-14　糖液离子交换脱盐参数

序号	项目	折光（%）	透光（%）	电导率（μS/cm）	还原糖含量（%）
1	一次脱色	7.0	79.4	N	19.3
2	一次阳离子	5.5	80.1	N	19.7
3	一次阴离子	5.5	88.2	N	19.6
4	二次阳离子	5.8	90.8	9.7×10^5	20.1
5	一次浓缩	25.0	66.3	9.9×10^5	51.2
6	二次脱色	25.5	99.6	9.3×10^5	44.5
7	三次阳离子	25.0	99.7	9943	44.4
8	二次阴离子	25.0	100	6096	44.6
9	四次阳离子	25.5	99.9	78	45.3
10	二次浓缩	38.6	99.8	92	55.2

注　N 为超出量程，没有读数。

四、小结

（1）在活性炭添加量为 8%、脱色温度为 60℃、脱色时间为 40min、振荡频率为 180r/min 的脱色条件下，玉米皮渣降解液的脱色率可达 98.86%，糖损失率为 20.43%。

（2）取 D301 型大孔丙烯酸系弱碱性阴离子交换树脂和 001×7 型强酸性苯乙烯系阳离子交换树脂进行脱盐实验，经四次阳离子交换和两次阴离子交换后降解液可净化达标，此时电导率为 92μS/cm。

第四节　柱色谱法分离降解液

单糖的分析方法主要是色谱法，有气相色谱（GC）、高效液相色谱（HPLC）、离子色谱法等。气相色谱法虽然分离效率较高，但需要先将糖液进行衍生化处理，且操作过程较复杂，不利于快速分析。本章结合了实验室现有的实验条件，使用高效液相色谱法对水解液进行成分分析，并运用柱色谱法进行各种糖分的分离。柱色谱法是动态过程，会受温度、流速、进样量等因素的影响，本章同时对这些影响因素进行了优化。

一、仪器与试剂

1. 试剂与材料

无水乙醇（国药集团化学试剂有限公司），D-木糖、D-果糖、D-半乳糖、

D-葡萄糖、L-阿拉伯糖（Sigma），Dowex 50 WX4、Dow99 钙树脂（美国 DOW 公司），106 钙树脂（浙江争光实业股份有限公司），去离子水（娃哈哈纯净水有限公司）。

2. 实验仪器

高效液相色谱系统（美国 Waters 公司），DKB-501A 超级恒温水浴锅（上海森信实验仪器有限公司），MP1502 泵（上海三为科学仪器有限公司），RPL-ZD10 液相色谱装柱机（大连日普利科技仪器有限公司），Φ1.5mm×120cm 不锈钢色谱空柱（实验室自制），SBS-160F 电脑自动部分收集器（上海精科实业有限公司）。

二、实验方法

水解液分析方法采用液相色谱分析法。

1. 色谱条件

色谱柱：Pb 柱（7.8mm×300mm，5μm）；检测器：515 示差折光检测器；流动相：超纯水；流速：0.5mL/min；柱温：67.5℃；进样量：10μL。

2. 标准溶液和样品的配制

准确称量 D-木糖、L-阿拉伯糖、D-葡萄糖、D-果糖、D-半乳糖标准品各 250mg 于 25mL 容量瓶中，去离子水定容后制备成混合标准样品糖液。然后准确移取定量，配制成各单糖浓度分别为 2.0g/L、4.0g/L、6.0g/L、8.0g/L、10.0g/L 的标准样品溶液。

水解液样品配制成折光率为 30% 的溶液，过 0.22μm 的滤膜两次，进行 HPLC 分析。

3. 精密度实验

将标准品混合糖液中各单糖浓度为 10.0g/L 的样品溶液重复进样 5 次，每次进样量为 10μL，测定各单糖的峰面积，计算相对标准偏差（RSD），用以检查仪器的精密度。

三、实验结果与讨论

1. 标准曲线的绘制

标准样品的 HPLC 色谱图如图 9-36 所示。图中可见，五种单糖未达基线分离，由此可知单柱分离时分离难度较大。纯化后降解液的 HPLC 色谱图如图 9-37 所示，图中保留时间为 12min 时出现一小峰，可能为水解物中的杂质峰或者原料未完全水解产生的多糖峰，也有可能是色谱柱中残留的杂质所致。对葡萄糖、木糖和阿拉伯糖的峰面积和进样浓度进行线性拟合，如表 9-15 所示。在 0~10.0g/L 范围内，三种单糖的峰面积与浓度的线性关系良好。

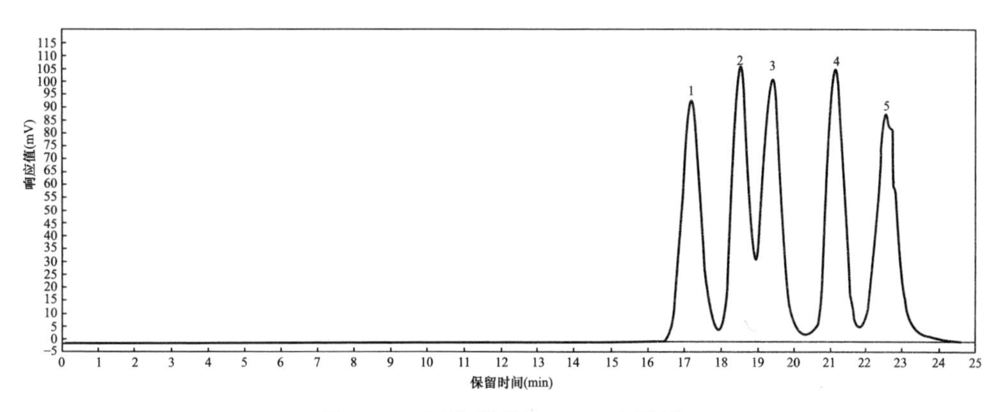

图 9-36　标准样品的 HPLC 色谱图

1—D-葡萄糖；2—D-木糖；3—D-半乳糖；4—L-阿拉伯糖；5—D-果糖

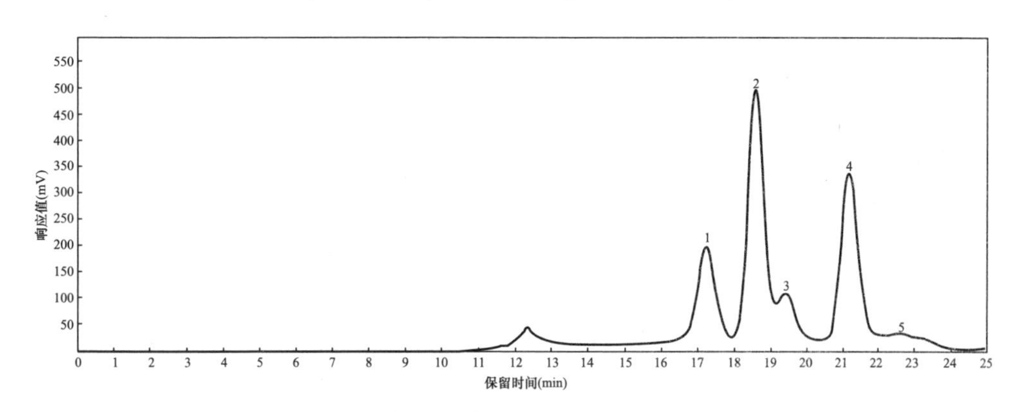

图 9-37　糖液各组分 HPLC 谱图

表 9-15　线性回归方程及相关系数

组分	线性方程	相关系数 R^2
D-葡萄糖	$C=3E-06S-0.5419$	0.9997
D-木糖	$C=3E-06S-0.4028$	0.9990
L-阿拉伯糖	$C=3E-06S-0.4348$	0.9996

分析精密度实验中高效液相色谱法测定的数据，如表 9-16 所示。相对标准偏差值（RSD）值均在 1%以内，说明该方法精密度较好。

表 9-16　精密度测定结果

组分	样品测定值	测定平均值	RSD（%）
D-葡萄糖	3334838，3337593，3340393，3342590，3342591	3339601	0.100672
D-木糖	3443284，3407761，3456474，3402697，3402798	3422583	0.743148
L-阿拉伯糖	3508261，3503171，3521839，3509480，3509720	3510446	0.196001

2. 色谱分离树脂的确定

选取 106Ca^{2+}、Dow 99Ca^{2+}、Dowex 50 WX4Ca^{2+}、001×4Ca^{2+}、001×4Na^{2+}五种树脂，分别考察对三种糖分离的影响。实验中选取流速 0.4mL/min、温度 60℃、上样浓度 40%、上样体积 5mL，用去离子水作为流动相。在相同条件下进行实验。结果如表 9-17 所示。

表 9-17 不同树脂对分离度的影响

树脂	最大折光率（%）	分离度（R）	
106Ca^{2+}	10.4	[a]0.38	[b]0.49
Dow 99Ca^{2+}	12.1	[a]0.46	[b]0.58
Dowex 50 WX4Ca^{2+}	11.1	[a]0.41	[b]0.55
001×4Ca^{2+}	7.4	[a]0.25	[b]0.31
001×4Na^{2+}	7.1	[a]0.45	[b]0.30

注 a 表示葡萄糖与木糖的分离度，b 表示木糖与阿拉伯糖的分离度。

由表 9-26 可知，Dow 99Ca^{2+}树脂对三种糖的分离度最高，其次为 Dowex 50 WX4Ca^{2+}树脂，再次是 106Ca^{2+}树脂，最后是 001×4Ca^{2+}和 001×4Na^{2+}树脂。由 001×4Ca^{2+}和 001×4Na^{2+}树脂对糖液的分离度可看出，钙型树脂更利于木糖与阿拉伯糖两者之间的分离，而钠型树脂则利于木糖与葡萄糖之间的分离。故选取 Dow 99Ca^{2+}树脂进行影响因素的分析。

3. 洗脱流速对分离度的影响

在温度为 60℃，上样浓度 35%，上样体积 5mL 时，改变流动相流速，不同流速下的分离度如图 9-38 所示。由图可知，葡萄糖—木糖的分离度和木糖—阿拉伯糖的分离度均随流速的增加而降低，低流速下分离效果较好。故选取流速为 0.4mL/min 为宜。

4. 柱温对分离度的影响

在上样浓度 35%，流速 0.4mL/min，上样体积 5mL 时，改变单柱温度，测定不同温度下的分离度，结果如图 9-39 所示。

由图 9-39 可知，三种糖分的分离度均随温度的升高呈先增大后减小的趋势。木糖—阿拉伯糖的分离度在温度为 60℃时最大，葡萄糖—木糖的分离度在温度为 50 ℃时达最大值，与 60℃时分离度相当。这是由于温度增加，分子运动能量加大，传质速率加大，使得分离度增大。综合考虑，选取柱温 60℃。

5. 上样浓度对分离度的影响

在流速 0.4mL/min，柱温 60℃，上样体积 5mL 时，分别对糖液浓度进行单因素实验，比较分离度的大小。结果如图 9-40 所示。由图可以看出，随着糖浓度的增加两糖分离的分离度均随浓度的增加呈先增大后减小的趋势。在糖浓度为

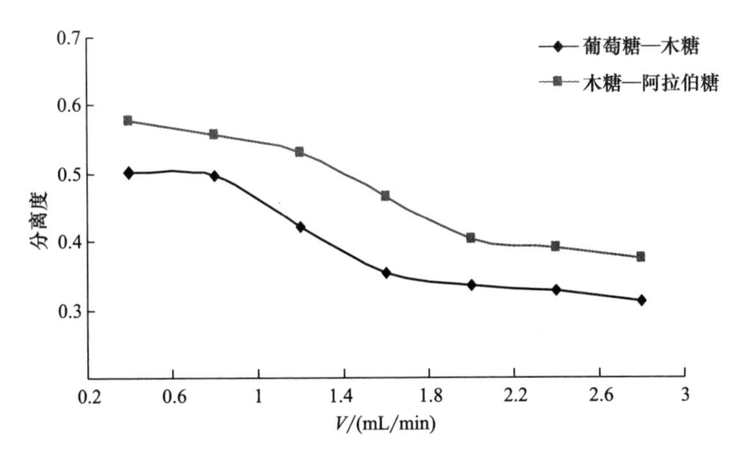

图 9-38　洗脱流速对分离度的影响

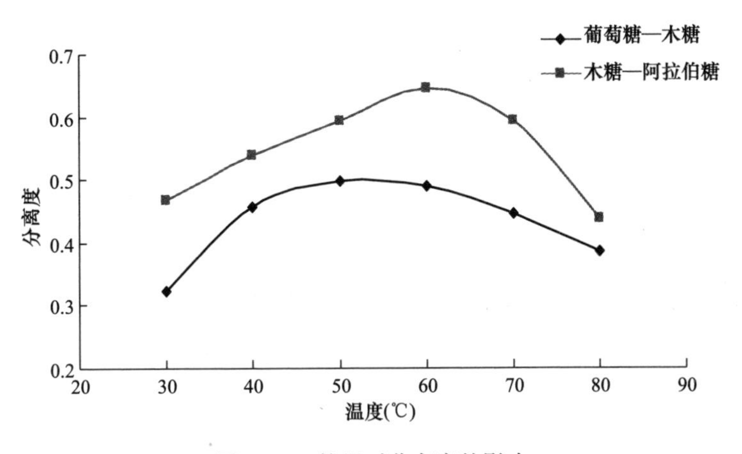

图 9-39　柱温对分离度的影响

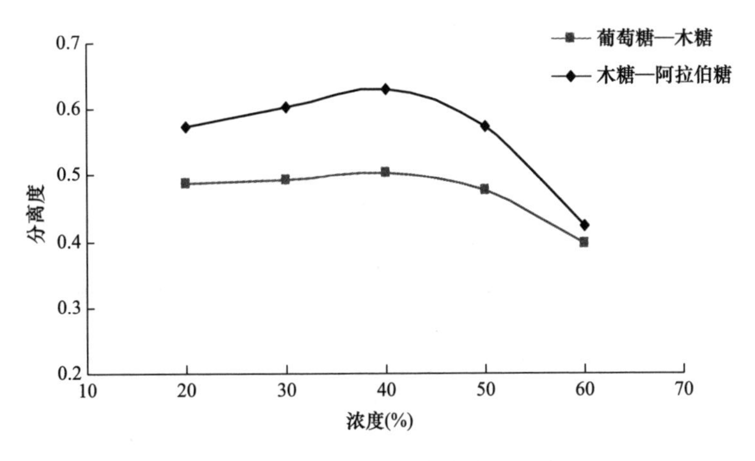

图 9-40　上样浓度对分离度的影响

40%时，葡萄糖—木糖和木糖—阿拉伯糖的分离度均达最大值分别为 0.631 和 0.503，继续增加糖浓度，分离度值减小，增大糖浓度增加了柱的负荷，使分离速率降低。糖浓度较低时，分离度基本不变，分离效果较好，但生产效率低，综合考虑，选取糖浓度为 40%为最佳上样浓度。

6. 上样体积对分离度的影响

在流速 0.4mL/min，柱温 60℃，进样浓度为 40%时，分别上样 1mL、3mL、5mL、8mL、10mL，观察上样体积对分离度的影响。结果如图 9-41 所示。由图可以看出，分离度随进样量的增加而减小。进样量为 5mL 时，葡萄糖—木糖和木糖—阿拉伯糖的分离度均达最大，随后继续增大进样量，两分离度均呈下降趋势。增大进样量增加了柱子的负荷，分离效果较差。因此选取上样体积为 5mL 为宜。

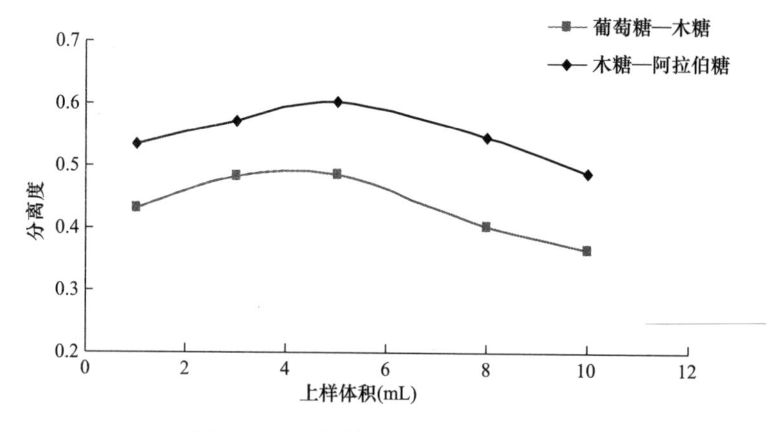

图 9-41　上样体积对分离度的影响

综合上述单因素实验中最佳条件，在流速 0.4mL/min、温度 60℃、上样浓度 40%、上样体积 5mL 的操作条件下，对糖液进行柱分离，结果如表 9-18 所示，糖液的分离曲线如图 9-42 所示。

表 9-18　糖组分分离参数

管数（根）	时间（min）	折光（%）	液相检测结果			干物质含量（%）		
			葡萄糖含量（%）	木糖含量（%）	阿拉伯糖含量（%）	葡萄糖	木糖	阿拉伯糖
21	42	3.0	9.02	1.33	0.32	0.27	0.04	0.01
22	46	6.5	21.75	8.15	2.55	1.41	0.53	0.17
23	50	10.0	34.69	8.35	3.23	3.47	0.84	0.32

续表

管数（根）	时间（min）	折光（%）	液相检测结果			干物质含量（%）		
			葡萄糖含量（%）	木糖含量（%）	阿拉伯糖含量（%）	葡萄糖	木糖	阿拉伯糖
24	54	12.1	38.17	13.14	4.89	4.58	1.59	0.59
25	58	5.1	26.74	52.54	7.05	1.34	2.63	0.35
26	62	5.0	9.40	71.96	19.63	0.47	3.61	0.98
27	66	5.0	2.73	39.02	39.86	0.13	1.95	1.99
28	70	3.0	3.69	27.89	59.26	0.11	0.84	1.78
29	74	3.0	3.41	12.64	65.53	0.10	0.37	1.97
30	78	1.1	2.13	20.04	61.87	0.09	0.20	0.62
31	82	1.0	1.33	15.97	77.59	0.01	0.15	0.16

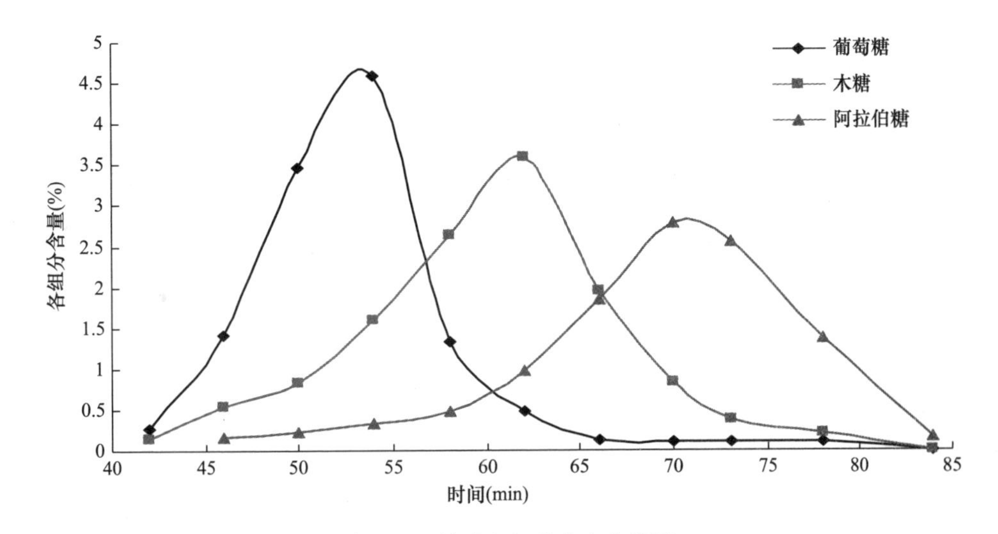

图 9-42　糖液各组分分离曲线图

四、小结

在相同条件下分别测定 106Ca^{2+}、Dow 99Ca^{2+}、Dowex 50 WX4Ca^{2+}、001×4Ca^{2+}、001×4Na^{2+}五种树脂的分离度，结果显示 Dow 99Ca^{2+}树脂对糖液的分离度最高，分别为葡萄糖与木糖的分离度为 0.46，木糖与阿拉伯糖的分离度为 0.58。对影响柱色谱分离度的因素进行分析，得出最优条件为柱温 60℃、上样流速 0.4mL/min、上样浓度 40%、上样体积 5mL。

第五节　降解液的 SSMB 分离技术研究

在前四节实验的基础上，得到高纯度的还原糖，采用顺序式模拟移动床色谱对浓缩后的降解液进行分离，以期实现降解液中单糖的高效分离。

一、实验材料及设备

1. 实验材料

降解液（自制），将实验制得的还原糖组分经过中和、脱色、脱盐、浓缩，得到折光率为 60%；去离子水（自制），99Ca^{2+}树脂（陶氏化学）。

2. 实验设备

SSMB-9Z9L、SSMB-9Z900L 模拟移动床色谱装置（国家杂粮工程技术研究中心自制）。

二、实验方法

1. SSMB 实验

采用 SSMB 色谱分离设备，根据 SSMB 与 TMB 之间的转换公式计算出的预测数据设定循环量、进料量、解吸量、洗脱流速四个主要参数，在温度 60℃ 下进行 SSMB 的平衡稳定实验，一般色谱柱切换 20 次 SSMB 色谱系统才能达到稳定状态，此时在各出料口收集流出液，测定溶液中单糖的纯度，以单糖纯度与收率为指标，确定循环量、进料量、解吸量、洗脱流速四个技术参数。

2. SSMB 工艺流程

SSMB-9Z 型分离设备包括 9 根色谱柱，在降解液单糖分离的工艺流程中，利用其中的 8 根色谱柱，每根色谱柱要经过三个步骤即大循环（S_1）、小循环（S_2）、全进全出（S_3），设备运转一个周期就要经过 24 个步骤。每个步骤包括三个阶段，第一阶段为分离阶段，8 根色谱柱串联连接，由安装在第 3 柱下的循环泵将柱中液体抽出注入第 4 根柱，第 4 根柱中液体注入第 5 根柱中，依次往复进行循环操作；第二阶段为解吸阶段，在第 1 根柱上部进入解吸剂，第 6 根柱下放出葡萄糖溶液；第三阶段为进料解吸阶段，在第 1 根柱上部进入解吸剂，第 5 根色谱柱上部进入所述降解液，第 1 根柱下放出阿拉伯糖溶液，第 6 根色谱柱下放出木糖溶液。这三个阶段完成后，解吸阶段和进料解吸阶段的进料口和出料口都依次向后移动一个色谱柱，再重复进行每个步骤的三个阶段，8 步完成即 8 根色谱柱轮换一周即一个周期结束，接下来进入下一个周期，方法与第一个周期相同，依次循环，直到分离过程达到稳态。降解液单糖分离工艺流程见图 9-43 所示。

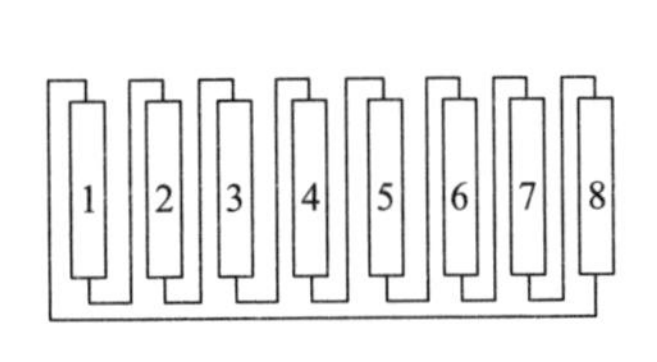

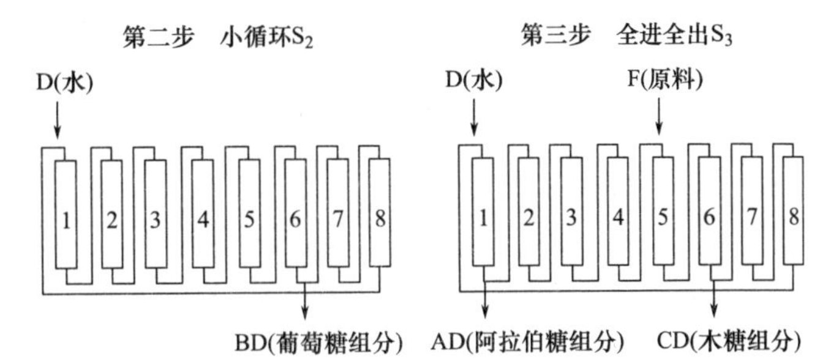

图 9-43　分离工艺流程图

3. SSMB 中试实验

在小试的基础上利用中试设备进行中试实验，为降解液中单糖的的产业化生产提供数据支持。

4. 检测方法

（1）糖浓度的测定方法。采用 WYT 糖度计测定。

（2）纯度测定方法。高效液相色谱法测定，色谱条件：色谱柱为糖柱；流动相：纯净水；柱温：82℃；流速：0.5mL/min；进样量：10μL；视差检测器：天津兰博 RI2001。

（3）收率计算方法。

$$收率=\frac{\rho_1\times V_1\times C_1}{\rho_0\times V_0\times C_0}\times100\%$$

式中：C_1 为单糖组分浓度（mg/mL）；C_0 为原料液浓度（mg/mL）；ρ_1 为单糖组分中单糖的纯度（%）；ρ_0 为原料液中单糖纯度（%）；V_1 为单糖组分体积（mL）；V_0 为原料液体积（mL）。

三、实验结果

1. SSMB 分离工艺参数优化结果

SSMB 实验分离单糖的工艺参数及实验结果，如表 9-19 所示。

表 9-19　SSMB 分离操作条件和实验结果

序号	进料量（g/h）	进水量（g/h）	循环量（mL）	葡萄糖		木糖		阿拉伯糖	
				纯度（%）	收率（%）	纯度（%）	收率（%）	纯度（%）	收率（%）
1	528	792	396	82.3	70.5	76.1	75.6	88.5	90.7
2	704	1056	418	81.6	75.3	76.8	76.3	90.4	88.3
3	880	1320	440	80.3	74.9	73.3	73.2	92.8	82.7

续表

序号	进料量（g/h）	进水量（g/h）	循环量（mL）	葡萄糖		木糖		阿拉伯糖	
				纯度（%）	收率（%）	纯度（%）	收率（%）	纯度（%）	收率（%）
4	704	1056	385	76.6	75.3	72.4	72.8	90.2	83.2
5	1056	2112	407	74.1	75.9	71.5	73.7	90.5	85.4

由表9-19可看出，综合考虑处理量、料水比、出口浓度、纯度和收率等指标，第2组实验的效果优于其他四组，因此确定SSMB分离降解液中单糖的工艺参数为：进料量704g/h、进水量为1056g/h、循环量418mL，此时葡萄糖纯度81.6%，收率75.3%；木糖纯度76.8%，收率76.3%；阿拉伯糖纯度90.4%，收率88.3%，达到了良好的实验效果。

2. 中试实验结果

根据小试实验结果，利用中试设备进行中试实验，确定SSMB分离降解液中单糖的工艺参数为：进料量70kg/h、进水量为140kg/h、循环量42.8L，此时葡萄糖纯度75.5%，收率77%；木糖纯度77%，收率77%；阿拉伯糖纯度90.5%，收率88.5 %。

四、小结

通过小试及中试实验研究，可以看出降解液中单糖均有一定的分离效果，但是未达到产业化需求，无法进行产业化生产，这是由于玉米秸秆中纤维素含量较高，导致降解液中葡萄糖含量过高影响单糖的分离，下一步应继续进行实验以确定最佳工艺参数，以实现玉米秸秆降解液中单糖分离的产业化生产。

参考文献

[1] 李道义，闫巧娟，江正强，等. 酵母菌发酵玉米皮酸水解液制备结晶L-阿拉伯糖的研究［J］. 食品科学，2007，28（04）：125-127.

[2] 姚笛，叶曼曼，李琳，等. 响应面法优化玉米芯中低聚木糖的酶法提取工艺［J］. 中国粮油学报，2014，29（11）：14-18.

[3] 关海宁. 微波辅助酶法提取玉米皮多糖工艺研究［J］. 粮食与油脂，2012，6：47-49.

[4] 鹿保鑫，乌春华，王霞. 微波法提取玉米皮中碱溶性膳食纤维的工艺研究［J］. 粮油食品科技，2009，17（2）：42-44.

[5] 杨雪. 超声波法提取玉米皮中水溶性膳食纤维的工艺研究［J］. 农产品加工·学刊，2008，11：68-70.

[6] 祝美云，张庭静，魏书信，等. 超声萃取玉米皮中水溶性膳食纤维工艺研究［J］. 食品与

发酵工业，2009，35（1）：87-90.
[7] 朱凯杰，陆国权，张迟.响应面优化 DNS 测定还原糖方法［J］.中国粮油学报，2013，28（8）：107-113.
[8] SARI METSäMUURONEN，KATJA LYYTIKäINEN，KAJ BACKFOLK，et al. Determination of xylo-oligosaccharides in enzymatically hydrolysed pulp by liquid chromatography and capillary eletrophoresis［J］. Cellulose，2013，20（2）：1572-1582.
[9] 盛玮，高翔，薛建平，等.超声—微波协同提取超级黑糯玉米芯色素的工艺研究［J］.中国粮油学报，2011，26（9）：38-43.
[10] 孙多志，黄清发，虞爱娜，等.秸秆稀酸水解液的气相色谱/质谱法研究［J］.分析科学学报，2008，24（4）：409-412.
[11] 江滔，路鹏，李国学.玉米秸秆稀酸水解糖化法影响因子的研究［J］.农业工程学报，2008，24（7）：175-180.
[12] 贾玲.玉米芯木质纤维素组分分离研究［D］.天津：天津大学，2013.
[13] WEIMER P J，HACKNEY J M，French A D. Effects of chemical treatments and heating on the crystallinity of celluloses and their implications for evaluating the effect of crystallinity on cellulose biadegradation［J］. Biotechnology and Bioengineering，1995（48）：169-178.
[14] 叶红，李家璜，陈彪，等.蒸爆技术在植物纤维素预处理中的应用［J］.2000，18：4-5.
[15] 罗海，岳磊，王乃雯，等.蒸汽爆破处理对竹纤维的影响［J］.林业科技开发，2014，28（2）：45-48.
[16] 李光磊，张国丛，刘本国，等.蒸汽爆破处理对籼米淀粉分子结构的影响［J］.现代食品科技，2014，30（7）：136-141.
[17] 朱均均，勇强，陈尚钘，等.玉米秸秆蒸汽爆破降解产物的分析［J］.林产化学与工业，2009，29（2）：22-26.
[18] 闫军，冯连勋.蒸汽爆破技术的研究［J］.现代农业科技，2009，11：278-230.
[19] 王风芹，尹双耀，谢慧，等.前处理对玉米秸秆蒸汽爆破效果的影响［J］.农业工程学报，2012，28（12）：273-278.
[20] 王堃，蒋建新，宋先亮.蒸汽爆破预处理木质纤维素及其生物转化研究进展［J］.生物质化学工程，2006，40（6）：38-42.
[21] 黄泽华，王倩文，张贺，等.响应面实验优化绿豆凝集素提取工艺［J］.食品科学，2014，35（20）：31-36.
[22] KACURAKOVA M，BELTON P S，WILSON R H，et al. Hydration properties of xylan-type structures：an FT-IR study of xylooligosaccharides［J］. Journal of the Science of Food and Agriculture，1998，77（1）：38-44.
[23] KACURAKOVA M，CAPEK P，SASINKOVA V，et al. FT-IR study of plant cell wall model compounds：pectic polysaccharides and hemicelluloses［J］. Carbohydrate Polymers，2000，43（2）：195-203.
[24] SUN X F，SUN R C，SU Y，et al. Comparative study of crude and purified cellulose from wheat straw［J］. Journal of Agricultural and Food Chemistry，2004，52（4）：839-847.

[25] 邓存，刘怡春. 结构化学基础［M］. 北京：高等教育出版社，1991.

[26] J. W. 哈斯勒. 活性炭净化［M］. 林秋华，译. 北京：中国建筑工业出版社，1980.

[27] 田福利，其木格，高安社，等. 糖醇乙醋衍生物制备方法的改进-气相色谱法分离木糖、核糖、阿拉伯糖、葡萄糖和甘露糖［J］. 内蒙古大学学报（自然科学版），1995，2：181-184.

[28] 刘建伟，刘志华，刘智勇. 高效液相色谱法测定木糖母液的组成［J］. 安徽农业科学，2009，37（5）：1881-1882.

[29] BUBNIK Z，POUR V，GRUBEROVA A，et al. Application of continuous chromatographic separation in sugar processing［J］. Journal of Food Engineering，2004，61：509-513.

[30] VENTE J A，BOSCH H，de HAAN A B，et al. Evaluation of sugar sorption isotherm measurement by frontal analysis under industrial processing conditions［J］. Journal of Chromatography A，2005，1066：71-79.

第十章　模拟移动床色谱糖酸分离的技术研究

第一节　微波—超声波协同硫酸降解玉米秸秆工艺参数优化

微波辐射可使植物细胞膜和细胞壁破裂，溶解并释放内容物。超声波具有机械效应、空化效应及热效应，能增加分子的运动速度。研究表明，超声波提取具有提取时间短、温度低、避免对热敏性物质的破坏、溶剂用量少、收率高等优点。近几年，有采用微波、超声波辅助酸、碱水解及酶解玉米秸秆；刘权等采用微波—超声联合碱液降解芦苇秸秆，结果表明，微波可使部分半纤维素、木质素等物质化学键断裂，碱液预处理可破坏木质素结构。玉米秸秆通过吸波使得自身温度升高，更大限度地促进纤维素中的糖苷键断裂，因而提高了还原糖的产量。微波、超声波具有不限制物料尺寸、不需要载气、热解速度快、节省能源、易于控制、热解产物利用率高等优点。但是，目前采用微波—超声波协同辅助硫酸降解玉米秸秆的方法未见报道。因此，本实验选用此方法降解玉米秸秆制备还原糖。

一、实验材料

1. 原料

玉米秸秆（黑龙江八一农垦大学实验田）。

2. 试剂

葡萄糖（天津市致远化学试剂有限公司），3,5-二硝基水杨酸（上海展云化学有限公司），硫酸（沈阳市华东试剂厂），氢氧化钠（天津市北辰方正试剂厂），酒石酸钾钠（天津市福晨化学试剂厂），亚硫酸钠（天津市北联精细化学品开发有限公司），苯酚（天津市致远化学试剂有限公司）。

3. 仪器设备

微波—超声协同萃取仪（CW2000 上海新拓分析仪器科技有限公司）；紫外可见分光光度计 T6 新世纪（北京普析通用仪器有限责任公司）；粉碎机（华晨万能高速粉碎机）。

二、实验方法

1. 原料的预处理

将玉米秸秆去除泥沙、粉碎，烘干备用。

2. 不同预处理方式的研究

取秸秆粉 2.00g，以 3%硫酸为提取液，在固液比 1∶30、时间 30min、温度 55℃、60℃、65℃、70℃、75℃的条件下，考察微波（功率 600W）、超声（功率 50W）、微波—超声（功率 600~50W）三种方式对秸秆降解程度的影响。

3. 微波—超声波协同硫酸降解玉米秸秆单因素实验

以秸秆为原料，以还原糖收率为指标，考察硫酸浓度、温度、微波功率、固液比和超声时间对微波—超声波协同硫酸降解秸秆的影响。

（1）硫酸浓度单因素实验。取秸秆粉 2.00g，在温度 80℃，微波功率 600W，超声功率 50W，时间 30min，固液比 1∶60（g/mL）的条件下，研究硫酸浓度分别为 1%、3%、5%、7%、9%五个水平时对还原糖提取效果的影响。

（2）温度单因素实验。取秸秆粉 2.00g，在固液比 1∶60（g/mL），硫酸浓度 3%，微波功率 600W，超声功率 50W，时间 30min 的条件下，研究温度分别在 50℃、60℃、70℃、80℃、90℃五个水平时对还原糖提取效果的影响。

（3）微波功率单因素实验。取秸秆粉 2.00g，在固液比 1∶60（g/mL），硫酸浓度 3%，温度 80℃，超声功率 50W，时间 30min 的条件下，研究微波功率分别在 500W、600W、700W、800W、900W 五个水平时对还原糖提取效果的影响。

（4）固液比单因素实验。取秸秆粉 2.00g，在微波功率 600W，温度 80℃，硫酸浓度 3%，超声功率 50W，时间 30min 的条件下，研究固液比分别在 1∶20、1∶40、1∶60、1∶80、1∶100（g/mL）五个水平时对还原糖提取效果的影响。

（5）超声时间单因素实验。取秸秆粉 2.00g，在固液比 1∶60（g/mL），硫酸浓度 3%，微波功率 600W，超声功率 50W、温度 80℃的条件下，研究超声分别在 30min、60min、90min、120min、150min、180min 五个水平时对还原糖提取效果的影响。

4. 微波—超声波协同硫酸降解玉米秸秆响应面实验设计

实验设计采用中心组合实验设计（Central Composite Design）。以还原糖收率为响应值，基于单因素实验得出的结果，选择硫酸浓度、温度、超声时间、固液比及微波功率五个因子进行响应面实验设计，因子水平及编码如表 10-1 所示。

表 10-1 因子水平及编码

因子	编码	编码水平				
		−2	−1	0	1	2
硫酸浓度（%）	X_1	2	2.5	3	3.5	4

续表

因子	编码	编码水平				
		−2	−1	0	1	2
温度（℃）	X_2	70	75	80	85	90
超声时间（min）	X_3	120	135	150	165	180
固液比	X_4	1∶40	50∶1	1∶60	70∶1	1∶80
微波功率（W）	X_5	500	550	600	650	700

5. 检测方法

（1）还原糖含量的测定。还原糖含量的测定采用 DNS 比色法。

在干净试管中分别加入 1mg/mL 葡萄糖标准液 0.2mL、0.4mL、0.6mL、0.8mL、1.0mL、1.2mL、1.4mL、1.6mL，用去离子水补齐至 2mL，加入 DNS 试剂 1.5mL，空白为 2mL 蒸馏水加 1.5mLDNS 试剂，沸水浴 10min，取出后冷水冷却，分光光度计波长 520nm 下进行测定，测得吸光度。

将样品溶液稀释 50 倍，取 1mL，加入 1mL 去离子水及 DNS 试剂 1.5mL 混合均匀，沸水浴 10min，取出冷水冷却，于分光光度计波长 520nm 处测定吸光度，由测定的吸光度从标准曲线上查得还原糖的浓度，然后按照下式计算降解液中还原糖的含量（mg/mL）。

$$降解液中还原糖的含量=标准曲线上查得的浓度值\times 50$$

（2）还原糖收率计算。

$$还原糖收率=\frac{降解液体积\times 还原糖浓度}{样品质量}\times 100\%$$

三、实验结果与分析

1. 葡萄糖标准曲线的绘制

葡萄糖标准曲线如图 10-1 所示。

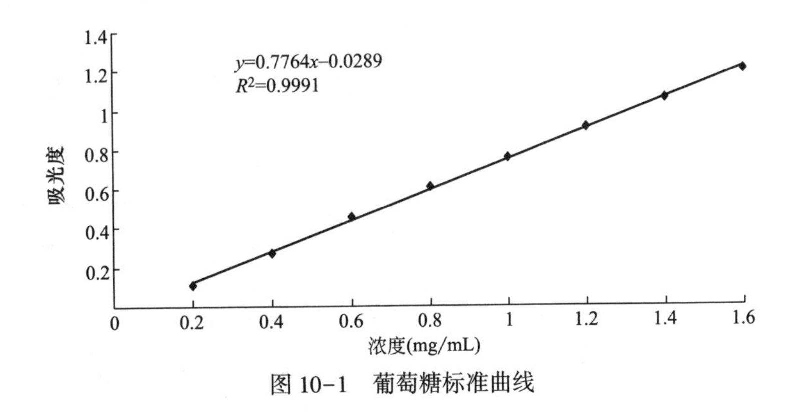

图 10-1　葡萄糖标准曲线

由图 10-1 可以看出，方程为：$y=0.7764x-0.0289$，$R^2=0.9991$，表明在该浓度范围内线性良好。

2. 微波、超声与微波—超声处理方式比较结果及分析

微波、超声与微波—超声处理方式比较结果如图 10-2 所示。由图可知，三种辅助方式中还原糖收率为：微波—超声>微波>超声，这是因为微波—超声协同作用，可以将微波致热和非致热效应和超声的空化、高速剪切搅拌等特点结合在一起，超声波的空化作用可使秸秆中的晶区产生缺陷，纤维分子断裂。微波可使硫酸溶液强烈震动，硫酸分子不断冲撞纤维分子，使纤维分子中晶区不断向非晶区转变，促进纤维水解。

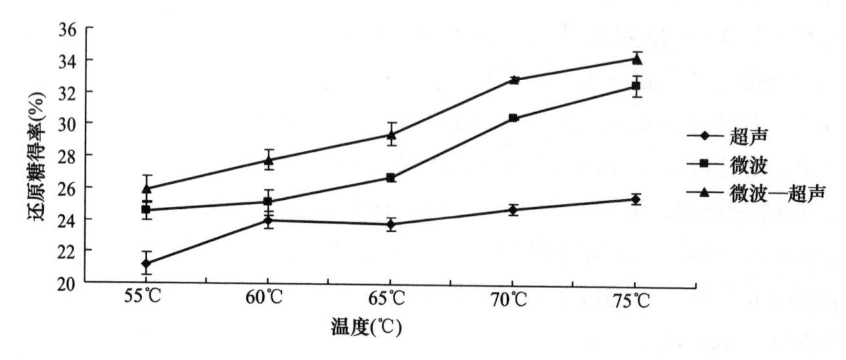

图 10-2 超声、微波与微波—超声处理对还原糖收率的影响

3. 单因素实验结果与分析

（1）硫酸浓度对还原糖收率的影响。硫酸浓度对还原糖收率的影响结果如图 10-3 所示。

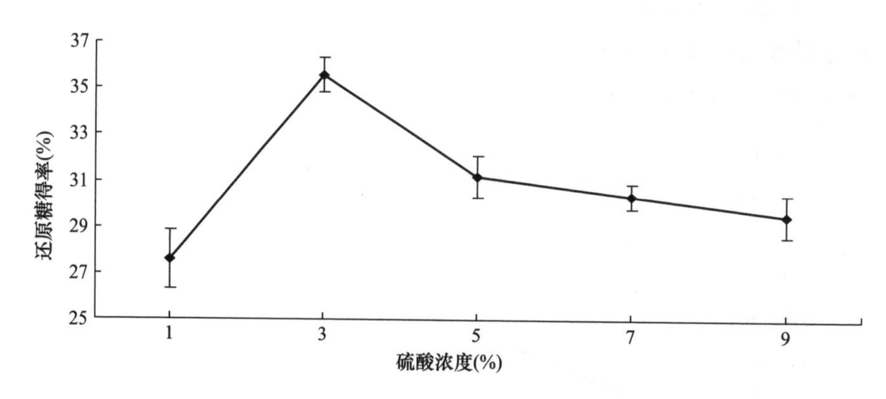

图 10-3 硫酸浓度对还原糖含量的影响

由图 10-3 可知，当硫酸浓度为 3%时，还原糖收率最高为 35.56%。硫酸浓

度过高时，会造成还原糖脱水分解，降低还原糖收率；浓度过低时，不足以破坏纤维素、半纤维素及木质素的晶体结构，所以，还原糖收率较低。因此，选硫酸浓度3%为响应面实验的中心点。

（2）温度对还原糖收率的影响。温度对还原糖收率的影响结果如图10-4所示。

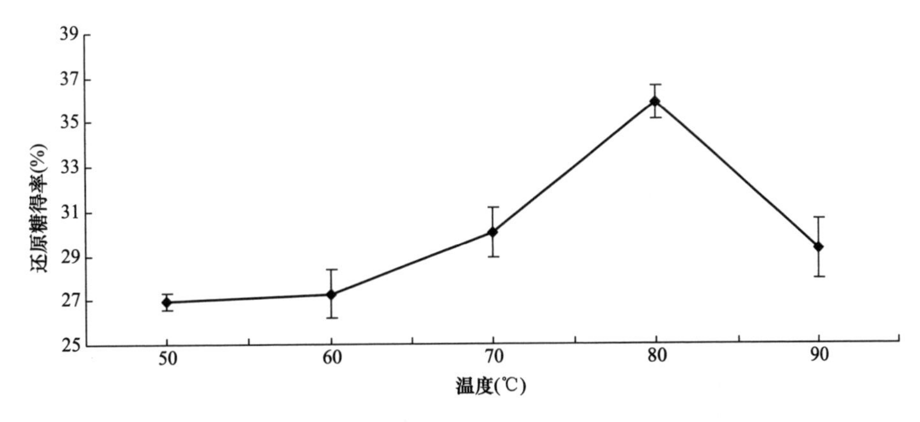

图10-4　温度对还原糖收率的影响

由图10-4可知，随着反应温度的升高，还原糖收率逐渐增加，80℃时达到最大值36.85%；随着反应温度的继续升高，还原糖收率逐渐下降。因为温度过高，会导致溶液中还原糖分解，转化为糠醛等化学物质。因此，选温度80℃为响应面实验的中心点。

（3）微波功率对还原糖收率的影响。微波功率对还原糖收率的影响结果如图10-5所示。

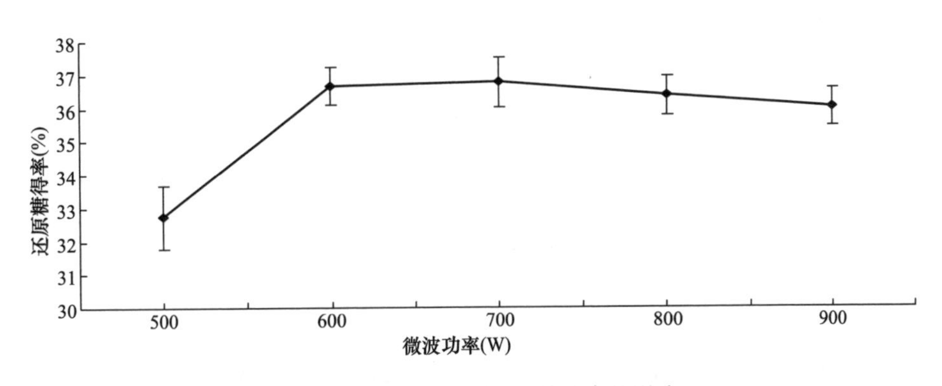

图10-5　微波功率对还原糖收率的影响

由图10-5可知，还原糖收率在微波功率600W时有最大值为36.41%，随后开始下降，但是变化幅度不明显。微波功率的增大，强大的内压及分子间的摩擦力使纤维素、木质素、半纤维素结构破裂，超声波对纤维的冲击和剪切作用，使还原糖溶解速度加快，提取率升高；微波功率过大，温度较高，还原糖易被分解，从而使提取率下降。因此，选微波功率600W为响应面实验的中心点。

（4）固液比对还原糖收率的影响。固液比对还原糖收率的影响结果如图10-6所示。

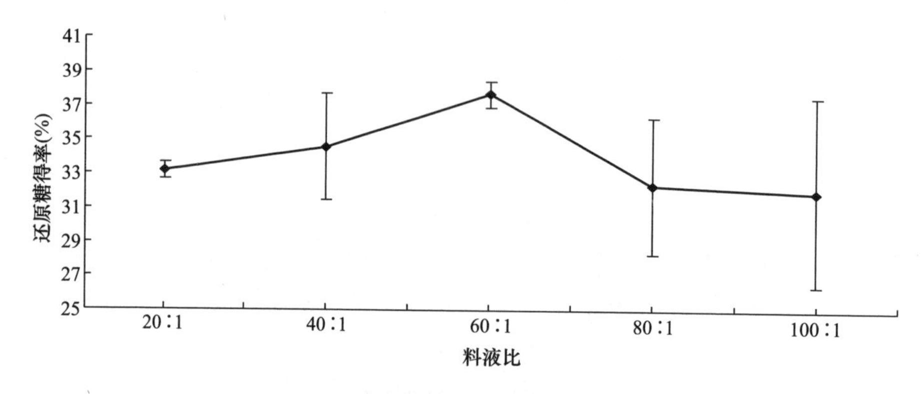

图10-6　固液比对还原糖收率的影响

由图10-6可知，当固液比小时，酸液不足以完全降解可提取的纤维素、半纤维素和木质素，溶液达到饱和而无法进一步溶解目的产物，还原糖收率就小；当固液比达到1∶60时，还原糖收率达到最大值37.66%；随着固液比的继续增大，反应体系增加，使单位体积输入的微波功率、超声功率下降，导致还原糖收率下降。因此，选固液比1∶60为响应面实验的中心点。

（5）超声时间对还原糖收率的影响。超声时间对还原糖收率的影响结果如图10-7所示。

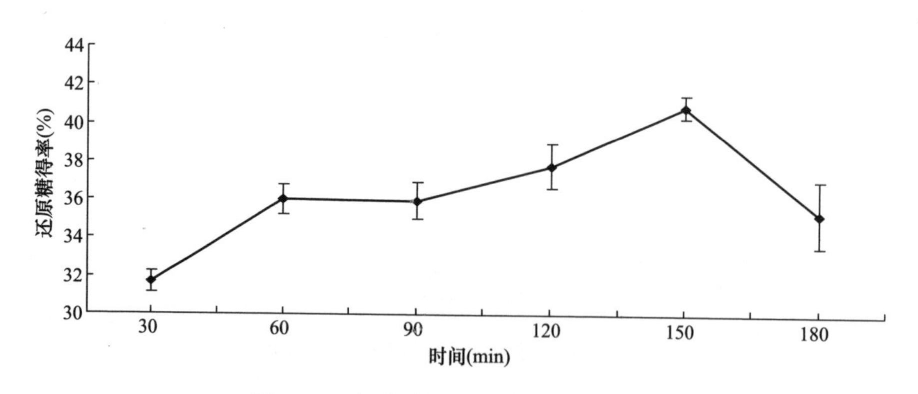

图10-7　超声时间对还原糖收率的影响

由图10-7可知，还原糖收率随超声时间的延长而增加，当超声时间增至150min时，还原糖收率最大为40.9%；随超声时间继续延长，还原糖收率降低，这是由于酸水解反应是一个连续的反应，还原糖为反应的中间产物，反应初期还原糖的分解速率小于其生成速率，使还原糖收率随超声时间增加不断增大，但是随着超声时间的延长，还原糖开始分解，导致还原糖收率下降。因此，选时间150min为响应面实验的中心点。

4. 响应面实验结果

基于单因素实验结果确定的最佳参数，以温度（℃）、超声时间（min）、硫酸浓度（%）、固液比（g/mL）、微波功率（W）这五个因素为自变量（以X_1、X_2、X_3、X_4、X_5表示），以还原糖收率为响应值，结果如表10-2所示。

表10-2　实验设计及结果

编号	编码					响应值
	X_1	X_2	X_3	X_4	X_5	还原糖收率 Y（%）
1	−1	−1	−1	−1	1	35.09
2	1	−1	−1	−1	−1	36.06
3	−1	1	−1	−1	−1	36.45
4	1	1	−1	−1	1	39.49
5	−1	−1	1	−1	−1	36.64
6	1	−1	1	−1	1	40.99
7	−1	1	1	−1	1	40.96
8	1	1	1	−1	−1	39.68
9	−1	−1	−1	1	−1	35.81
10	1	−1	−1	1	1	40.46
11	−1	1	−1	1	1	37.58
12	1	1	−1	1	−1	37.68
13	−1	−1	1	1	1	37.63
14	1	−1	1	1	−1	36.62
15	−1	1	1	1	−1	37.41
16	1	1	1	1	1	37.13
17	−2	0	0	0	0	36.55
18	2	0	0	0	0	38.37
19	0	−2	0	0	0	37.82
20	0	2	0	0	0	38.79
21	0	0	−2	0	0	35.59

续表

编号	编码					响应值
	X_1	X_2	X_3	X_4	X_5	还原糖收率 Y（%）
22	0	0	2	0	0	37.12
23	0	0	0	-2	0	39.23
24	0	0	0	2	0	36.79
25	0	0	0	0	-2	38.12
26	0	0	0	0	2	40.59
27	0	0	0	0	0	40.28
28	0	0	0	0	0	40.59
29	0	0	0	0	0	40.29
30	0	0	0	0	0	41.08
31	0	0	0	0	0	40.12
32	0	0	0	0	0	41.14

采用 Design expert8.0.6 统计软件对实验结果进行分析，结果如表 10-3 和表 10-4 所示。

表 10-3 回归模型方差分析

变异来源	平方和	自由度	均方	F 值	P 值
模型	105.1405	20	5.257025	14.84471	<0.0001
残差	3.895479	11	0.354134		
失拟项	2.945434	6	0.490906	2.583589	0.1584
误差	0.950046	5	0.190009		
和	109.036	31			
				$R^2=0.9643$	

注 ** 为差异极显著，$P<0.01$；* 为差异显著，$P<0.05$。

表 10-4 回归模型系数的显著性检验

模型系数	系数估计	自由度	标准误差	F 值	95% CI 低	95% CI 高	VIF	P 值
常数项	40.47	1	0.24	14.84	39.95	40.99		<0.0001
X_1	0.59	1	0.12	23.64	0.32	0.86	1.00	0.0005**
X_2	0.38	1	0.12	9.54	0.11	0.64	1.00	0.0103*
X_3	0.48	1	0.12	15.61	0.21	0.75	1.00	0.0023**

续表

模型系数	系数估计	自由度	标准误差	F 值	95% CI 低	95% CI 高	VIF	P 值
X_4	-0.41	1	0.12	11.63	-0.68	-0.15	1.00	0.0058**
X_5	0.75	1	0.12	37.73	0.48	1.01	1.00	<0.0001**
X_1X_2	-0.46	1	0.15	9.61	-0.79	-0.13	1.00	0.0101*
X_1X_3	-0.44	1	0.15	8.65	-0.77	-0.11	1.00	0.0134*
X_1X_4	-0.23	1	0.15	2.30	-0.55	0.10	1.00	0.1573
X_1X_5	0.19	1	0.15	1.66	-0.14	0.52	1.00	0.2244
X_2X_3	-0.03	1	0.15	0.04	-0.36	0.30	1.00	0.8437
X_2X_4	-0.53	1	0.15	12.79	-0.86	-0.20	1.00	0.0043**
X_2X_5	-0.32	1	0.15	4.59	-0.65	0.01	1.00	0.0554
X_3X_4	-0.87	1	0.15	34.18	-1.20	-0.54	1.00	0.0001**
X_3X_5	-0.02	1	0.15	0.01	-0.34	0.31	1.00	0.9180
X_4X_5	-0.15	1	0.15	1.06	-0.48	0.17	1.00	0.3258
X_1^2	-0.67	1	0.11	36.67	-0.91	-0.42	1.02	<0.0001**
X_2^2	-0.46	1	0.11	17.20	-0.70	-0.21	1.02	0.0016**
X_3^2	-0.94	1	0.11	73.59	-1.18	-0.70	1.02	<0.0001**
X_4^2	-0.53	1	0.11	23.14	-0.77	-0.29	1.02	0.0005**
X_5^2	-0.19	1	0.11	3.06	-0.43	0.05	1.02	0.1083

注　** 为差异极显著，$P<0.01$；* 为差异显著，$P<0.05$。

由表 10-3 可知，模型的 $P<0.01$，差异极显著，说明回归模型拟合度较好，实验误差小；失拟项 $P=0.1584>0.05$，差异不显著，说明残差由随机误差引起；$R^2=0.9643$，拟合度>90%，说明模型能够反映响应值变化，可以用该模型对微波—超声协同辅助硫酸降解秸秆提高还原糖收率进行分析和预测。

由表 10-4 可知，模型的一次项 X_1、X_3、X_4、X_5 极显著；X_2 显著；二次项 X_1^2、X_2^2、X_3^2、X_4^2 极显著；交互项 X_2X_4、X_3X_4 极显著，X_1X_2、X_1X_3 显著。根据一次项回归系数的绝对值大小，可以得出对还原糖收率 Y 影响大小的顺序为：微波功率>温度>硫酸浓度>固液比>超声时间。以还原糖收率为 Y 值，得出以温度（℃）、超声时间（min）、硫酸浓度（%）、固液比（g/mL）、微波功率（W）的编码值为自变量的五元二次回归方程为：

$$Y=40.47+0.59X_1+0.38X_2+0.48X_3-0.41X_4+0.75X_5-0.46X_1X_2-0.44X_1X_3-0.23X_1X_4+0.19X_1X_5-0.03X_2X_3-0.53X_2X_4-0.32X_2X_5-0.87X_3X_4-0.02X_3X_5-0.15X_4X_5-0.67X_1^2-0.46X_2^2-0.94X_3^2-0.53X_4^2-0.19X_5^2 \quad (1)$$

（1）单因子效应分析。采用降维方法，将模型中五个自变量中任意四个因子固定在零编码水平，可以得到剩余的一个因子与响应值的关系，分别为式(2)，(3)，(4)，(5)，(6)。将五个因素固定在-2，-1，0，1，2水平上，即温度（X_1）、超声时间（X_2）、酸浓度（X_3）、固液比（X_4）、微波功率（X_5）对还原糖收率Y值的影响。得到各因子的单因子效应方程如下：

$$曲线1：Y_1 = 40.47 + 0.59X_1 - 0.67X_1^2 \tag{2}$$

$$曲线2：Y_2 = 40.47 + 0.38X_2 - 0.46X_2^2 \tag{3}$$

$$曲线3：Y_3 = 40.47 + 0.48X_3 - 0.94X_3^2 \tag{4}$$

$$曲线4：Y_4 = 40.47 - 0.41X_4 - 0.53X_4^2 \tag{5}$$

$$曲线5：Y_5 = 40.47 + 0.75X_5 - 0.19X_5^2 \tag{6}$$

根据方程，用Excel软件画出图10-8。

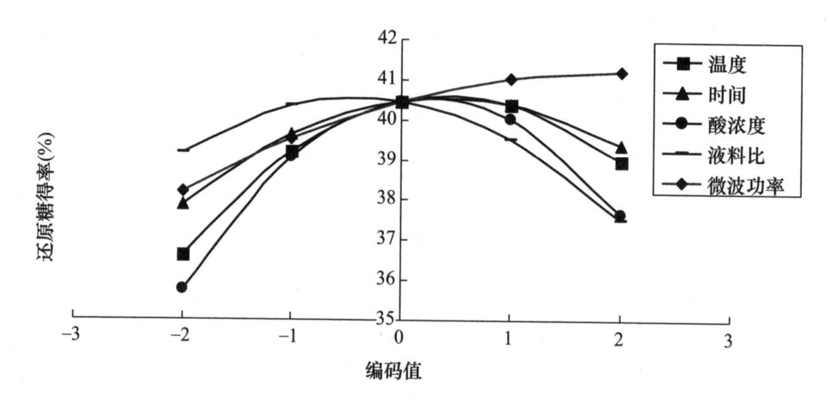

图10-8　单因子效应曲线

由图10-8可以看出，还原糖收率随微波功率编码值的增加而逐渐增加，随其他四个因素的增加呈先升高后降低的趋势。微波功率在编码值为2时，还原糖收率最大；在编码值$-1 \leqslant X \leqslant 1$范围内，温度、超声时间、酸浓度及固液比均存在一个固定值，可使还原糖收率最大，当温度、超声时间、酸浓度及固液比低于该固定值时，这四个因素与还原糖收率均呈正相关；当温度、超声时间、酸浓度及固液比高于该固定值时，这四个因素与还原糖收率均呈负相关。

（2）边际效应分析。各因素的边际效应方程为：

$$\mathrm{d}Y/\mathrm{d}X_1 = 0.59 - 1.34X_1 \tag{7}$$

$$\mathrm{d}Y/\mathrm{d}X_2 = 0.38 - 0.92X_2 \tag{8}$$

$$\mathrm{d}Y/\mathrm{d}X_3 = 0.48 - 1.88X_3 \tag{9}$$

$$\mathrm{d}Y/\mathrm{d}X_4 =- 0.41 - 1.06X_4 \tag{10}$$

$$\mathrm{d}Y/\mathrm{d}X_5 = 0.75 - 0.38X_5 \tag{11}$$

根据方程用 Excel 制成边际效应曲线，如图 10-9 所示。

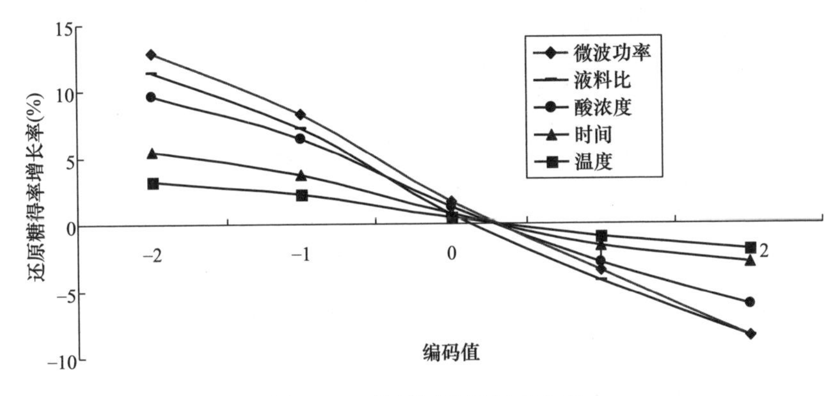

图 10-9　单因子边际效应曲线

由图 10-9 可知，当温度编码值小于 0.440 时，随着温度的升高。还原糖收率增加，但增加的速率逐渐降低；当温度编码值大于 0.440 时，随着温度的继续升高，还原糖收率开始下降，并且下降的速率开始增大。超声时间的临界编码值为 0.388，硫酸浓度的临界编码值为 0.255，固液比的临界编码值为-0.387，微波功率的临界编码值为 1.97，当低于这四个因素的临界编码值时，随着各因素的增加，还原糖收率增加，但增加的速率逐渐降低；当高于这四个因素的临界编码值时，随着各因素的继续升高，还原糖收率开始下降，并且下降的速率开始增大。各因素水平编码越大，边际产量越低，由式（7）~式（11）的决定系数（即斜率）可看出，变化程度为硫酸浓度>温度>固液比>超声时间>微波功率。

（3）交互效应分析。为了得到某两个因素同时对还原糖收率 Y 值的影响，采用降维分析方法，观察在其他因素条件固定不变情况下，某两个因素对还原糖收率 Y 值的影响。用 Design-Expert 软件作出相应的等高线图及响应曲面图，如图 10-10~图 10-13 所示，对这些因素中交互项之间的交互效应进行分析。

由图 10-10 可知，温度与超声时间对还原糖收率的交互影响呈抛物线形，等高线呈椭圆形，说明温度与超声时间的交互作用对还原糖收率影响显著。由等高线变化趋势可知，当温度低于 80~84℃之间某固定值，超声时间低于 150~160min 之间某固定值时，还原糖收率随温度与超声时间的增加而增大；当温度高于 80~84℃之间某固定值，超声时间高于 150~160min 之间某固定值时，还原糖收率随温度与超声时间的增加而减小；当超声时间为 120min，温度为 74℃左右，还原糖收率为 35.9962%；当超声时间为 143min 时，温度 70℃左右就可获得同样还原糖收率，说明，延长超声时间可以降低酸解温度，同时，提高酸解温度可以缩短超声时间。由图 10-11 可知，温度与酸浓度对还原糖收率的交互影响呈抛物线形，等高线呈椭圆形，说明温度与酸浓度的交互作用对还原糖收率影响显

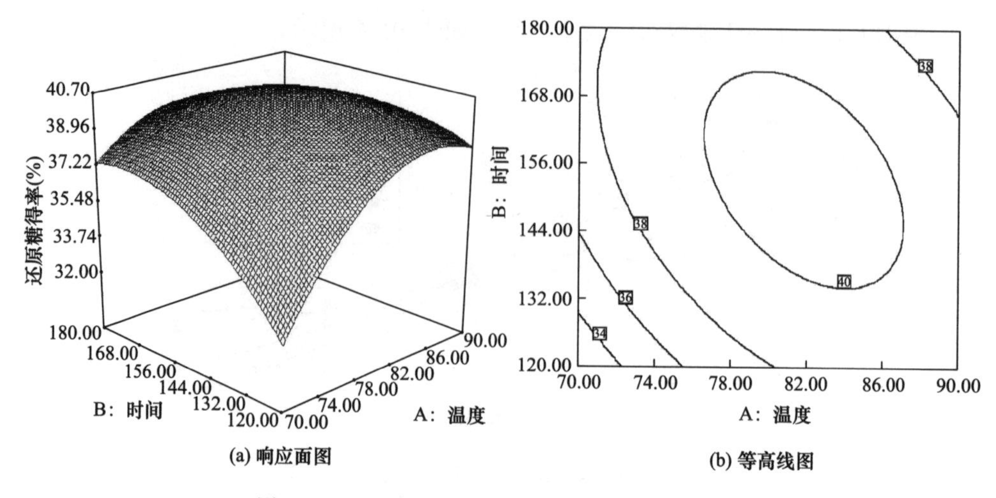

图 10-10 温度与超声时间对还原糖收率的影响

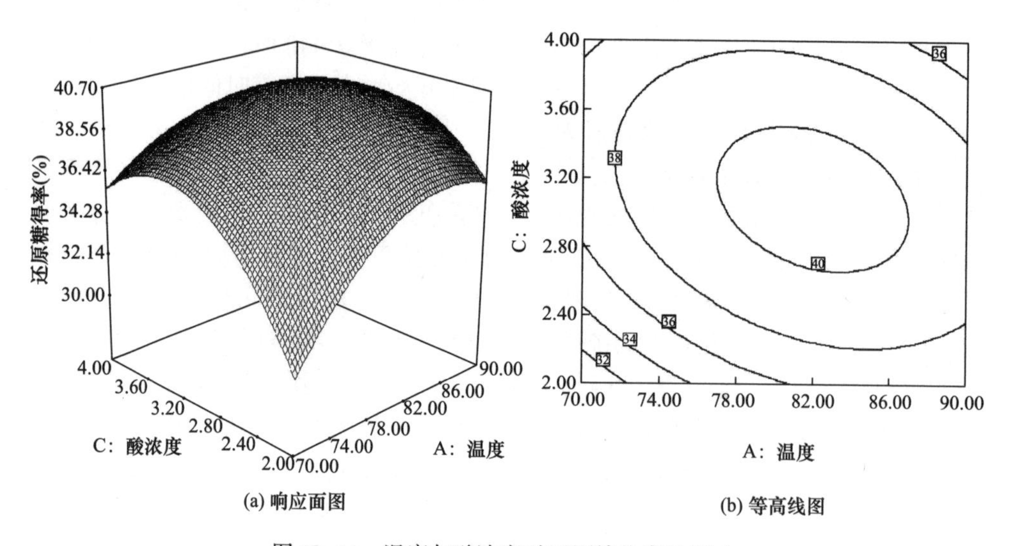

图 10-11 温度与酸浓度对还原糖收率的影响

著。当温度为 80~84℃之间某固定值，酸浓度为 3.0%~3.4%之间某固定值时，还原糖收率有最大值；低于此值时，还原糖收率随温度与酸浓度的增加而增大；高于此值时，还原糖收率随温度与酸浓度的增加而降低。由图 10-12 可知，超声时间与固液比对还原糖收率的交互影响呈抛物线形，等高线呈椭圆形，说明超声时间与固液比的交互作用对还原糖收率影响显著。当超声时间为 150~160min 之间某固定值，固液比为（1∶45）~（1∶55）之间某固定值时，还原糖收率有最大值；低于此值时，还原糖收率随温度与酸浓度的增加而增大；高于此值时，还原糖收率随温度与酸浓度的增加而降低。由图 10-13 可知，酸浓度与固液比对还原

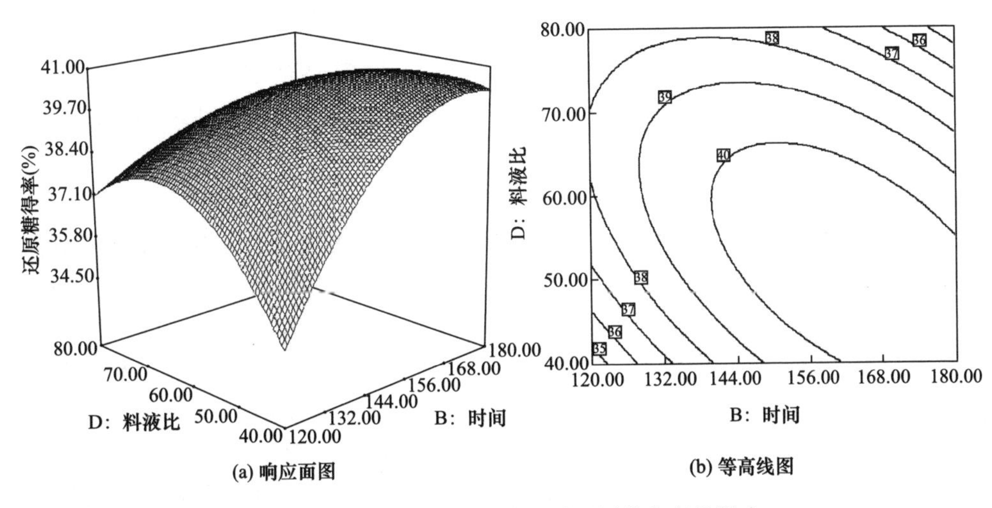

图 10-12　超声时间与固液比对还原糖收率的影响

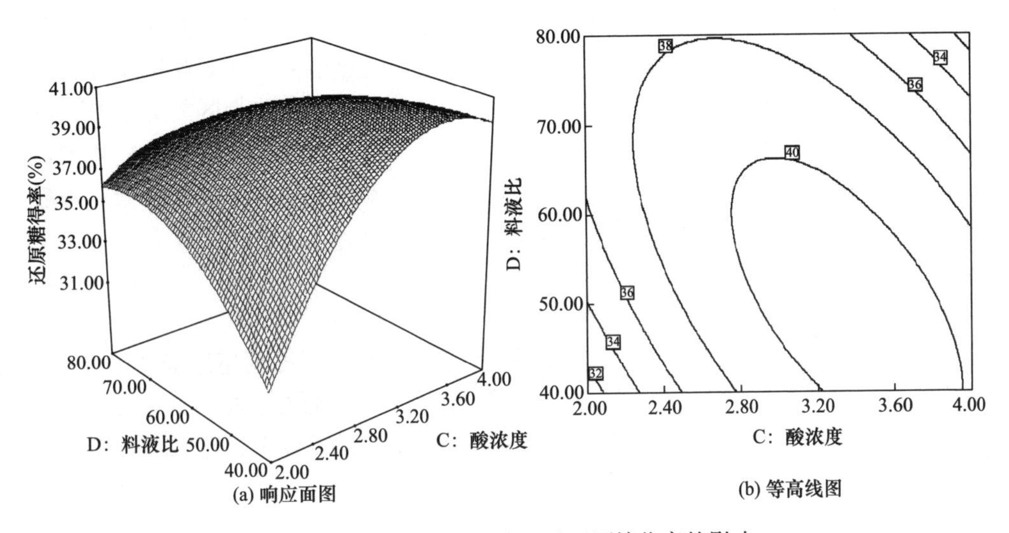

图 10-13　酸浓度与固液比对还原糖收率的影响

糖收率的交互影响呈抛物线形，等高线呈椭圆形，说明酸浓度与固液比的交互作用对还原糖收率影响显著。与 D 方向比较，C 效应面曲线较陡，C 等高线密度高于沿 D 移动的密度，说明，对还原糖收率的影响 C 较 D 显著。还原糖收率随固液比与酸浓度的增加呈先增加后降低趋势。

（4）最佳工艺确定与验证。根据以上分析，通过 Design Expert 软件模拟寻得最佳工艺条件为：温度 82. 36℃、超声时间 152. 57min、硫酸浓度 3. 14%、固液比 44. 69∶1、微波功率 634. 37W，还原糖收率为 41. 29%。为了验证模型预测的准确性，在温度 82℃、超声时间 153min、硫酸浓度 3. 1%、固液比 1∶45 及微波功率634W的条件下进行降解，做三个平行样，还原糖收率分别为41.15%、41.47%、41.09%，平均值为41.24%。实测值与预测值相近，相对误差为0.12%，证明用响应面法优化微波—超声协同辅助硫酸降解玉米秸秆制备还原糖的工艺条件是可行的。

5. 讨论

在微波—超声的协同作用下，硫酸溶液中水分子汽化产生压力冲破秸秆细胞的细胞壁，细胞壁出现孔洞和裂痕，使硫酸分子与纤维分子接触面积增大，酸液可引起纤维素明显膨胀，增大内表面积，降低纤维素结晶性。降解初期，纤维素降解发生在晶体表面，纤维素与半纤维素之间的氢键断裂，半纤维素与木质素之间的α-二苄醚键断裂，此时，提高水解温度、延长水解超声时间、增大微波功率、固液比，增加硫酸浓度，均有助于纤维素晶区向非晶区转变，氢键与α-二苄醚键充分断裂，使半纤维素分子可以溶解在硫酸溶液中，纤维素非晶区进行水解反应，提高还原糖收率。随着降解的进行，硫酸降解由纤维素晶体表面向内部转移，晶体内部氢键结合牢固，硫酸分子难以进入，并且晶区的溶胀速度开始降低，并低于非晶区的水解速度，纤维素晶区的比例就会增大，而非晶区从未停止过分解，当非晶区分解逐渐完成，而晶区的溶胀不足以填补非晶区的分解时，继续提高水解温度、延长水解超声时间、增大微波功率、固液比，增加硫酸浓度就会导致还原糖收率开始下降，因为，高温、高浓度硫酸的条件下，葡萄糖、木糖等还原糖会发生分解，生成糠醛等物质。

四、小结

本章主要研究了微波—超声波协同辅助硫酸降解秸秆提取还原糖法的工艺，确定了提取的最佳工艺参数。最佳的工艺参数为：温度82℃、超声时间153min、硫酸浓度3.1%、固液比1：45及微波功率634W，在此条件下，还原糖收率可达到41.24%。

第二节　高温硫酸降解玉米秸秆工艺参数优化

稀硫酸可以破坏秸秆结构，使半纤维素分解。在高温情况下，会加速降解反应。通常工厂化生产，采用此种方法，本章主要研究高温稀硫酸降解秸秆工艺参数，并与第二章进行对比，找出最佳降解方式。

一、实验材料

1. 原料

玉米秸秆（黑龙江八一农垦大学实验田）。

2. 试剂

葡萄糖（天津市致远化学试剂有限公司），3,5-二硝基水杨酸（上海展云化学有限公司），硫酸（沈阳市华东试剂厂），氢氧化钠（天津市北辰方正试剂厂），酒石酸钾钠（天津市福晨化学试剂厂），亚硫酸钠（天津市北联精细化学品开发有限公司），苯酚（天津市致远化学试剂有限公司）。

3. 仪器设备

高压灭菌锅 MLS-3781L（Panasonic），紫外可见分光光度计 T6 新世纪（北京普析通用仪器有限责任公司），粉碎机（华晨万能高速粉碎机）。

二、实验方法

1. 原料的预处理

将玉米秸秆清理干净，粉碎，烘干保存。

2. 高温硫酸降解玉米秸秆单因素实验。

以秸秆为原料，以还原糖收率为指标，考察硫酸浓度、反应温度、反应时间、固液比对高温硫酸降解秸秆的影响。

（1）温度对还原糖收率的影响。在硫酸浓度 1%、时间 1.5h、固液比 1∶20（g/mL）的条件下，考察温度为 75℃、90℃、105℃、120℃、135℃五个水平时对秸秆降解程度的影响。

（2）固液比对还原糖收率的影响。在硫酸浓度 1%、温度 120℃、时间 2h、条件下，考察固液比为 1∶10（g/mL）、1∶20（g/mL）、1∶30（g/mL）、1∶40（g/mL）、1∶50（g/mL）五个水平时对秸秆降解程度的影响。

（3）硫酸浓度对还原糖收率的影响。在温度 120℃、时间 1.5h、固液比 1∶20（g/mL）条件下，考察硫酸浓度为 1%、2%、3%、4%、5%五个水平时对秸秆降解程度的影响。

（4）时间对还原糖收率的影响。在硫酸浓度 2%、温度 120℃、固液比 1∶20（g/mL）条件下，考察时间为 0.5h、1h、1.5h、2h、2.5h 五个水平时对秸秆降解程度的影响。

三、实验结果与分析

1. 单因素实验结果与分析

（1）不同温度对秸秆酸降解的影响。不同温度对秸秆酸降解的影响结果如图 10-14 所示。

由图 10-14 可知，温度越高，还原糖收率越高，降解效果越好。这是因为温度高会促进酸解反应进行。在 120℃时，存在最大值 34.43%。当温度超过 120℃以后，还原糖收率降低。随着温度的继续升高，溶液中部分单糖开始分解，副产

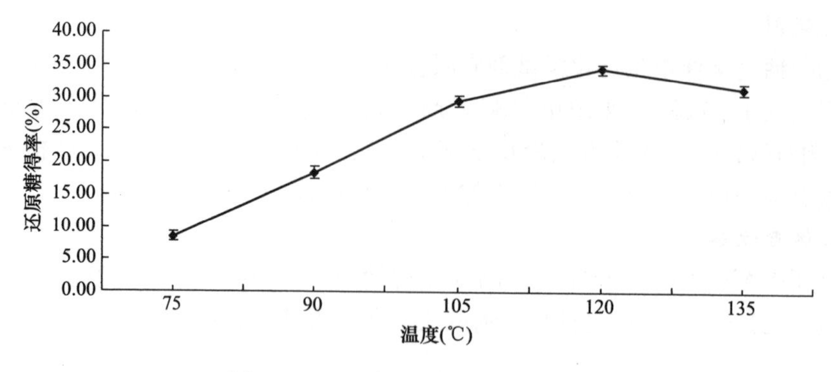

图 10-14　温度对还原糖收率的影响

物增多，比如木糖分解成糠醛等物质。

（2）固液比对还原糖收率的影响。固液比对还原糖收率的影响结果如图 10-15 所示。

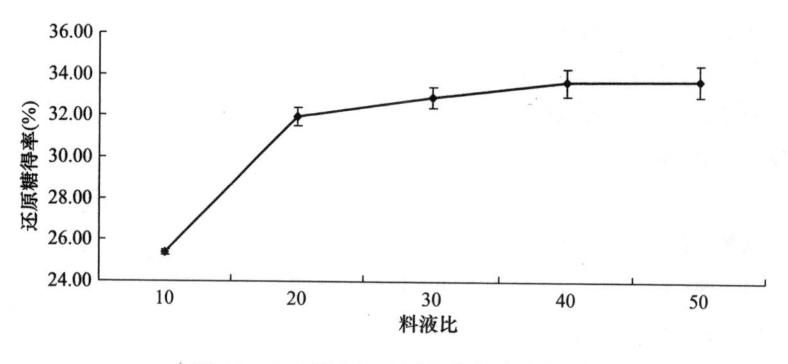

图 10-15　固液比对还原糖收率的影响

由图 10-15 可知，随着固液比的增大，还原糖收率逐渐升高，当固液比在（1∶10）~（1∶20）之间，还原糖收率增加幅度较大，当固液比大于 1∶20 时，还原糖收率增加幅度变小，逐渐趋于平衡。这是因为含水量的增加使传质加快，并降低了酸降解过程中产生的毒性物质的浓度，从而导致还原糖收率的增加。

（3）硫酸浓度对还原糖收率的影响。流速浓度与还原糖收率的影响结果如图 10-16 所示。

由图 10-16 可知，随着硫酸浓度的增大，还原糖收率逐渐增加，在 3%时，得到最大值 34. 88%。随着硫酸浓度的继续增大，还原糖收率开始下降。这是因为低浓度的硫酸就可以溶解半纤维素，降解成还原糖；当硫酸浓度增大，部分单糖发生分解，导致还原糖收率降低。

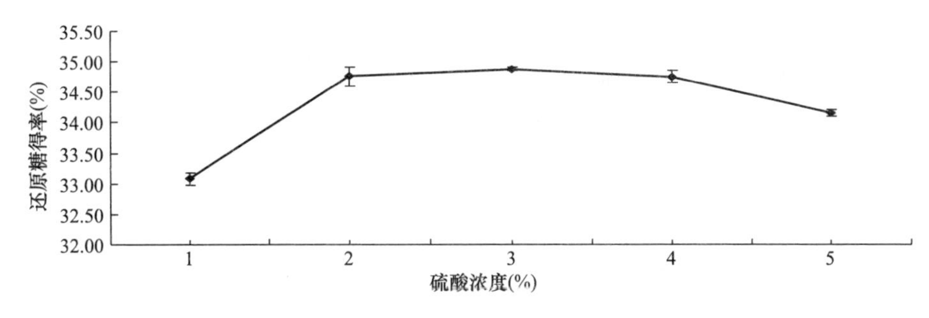

图 10-16　硫酸浓度对还原糖收率的影响

(4) 时间对还原糖收率的影响。时间对还原糖收率的影响结果如图 10-17 所示。

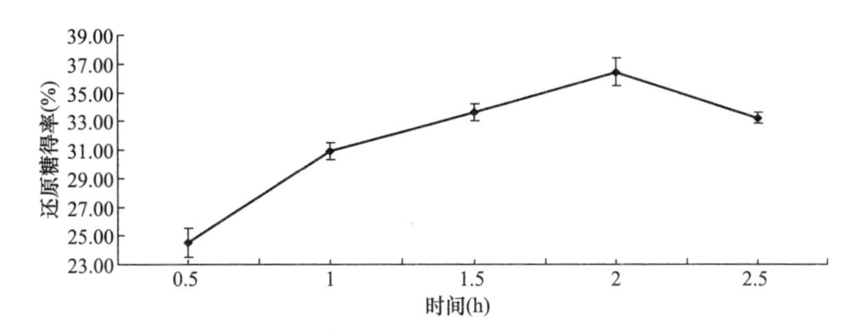

图 10-17　时间对还原糖收率的影响

由图 10-17 可知，随着降解时间的增加，还原糖收率逐渐增大，在 2h 时，得到最大值 36.43%。随着降解时间的继续增加，还原糖收率开始降低。这是因为降解时间增加会导致副反应的产生，所以降解时间不宜过长。

2. 响应面优化实验条件结果

实验设计采用 Box-Benken 实验设计。以还原糖收率为响应值，基于单因素实验确定的最佳条件，选择硫酸浓度、温度、时间、料液四个因子进行响应面实验设计，实验因子水平及编码如表 10-5 所示。

表 10-5　实验因子水平及编码

因子	编码	编码水平		
		−1	0	1
硫酸浓度（%）	X_1	1	2	3
温度（℃）	X_2	105	120	135
时间（min）	X_3	1	2	3
固液比	X_4	1∶10	1∶20	1∶30

（1）响应面优化实验结果。基于单因素实验结果确定的最佳条件，以硫酸浓度（%）、温度（℃）、时间（min）、固液比（g/mL）这四个因素为自变量（以 X_1、X_2、X_3、X_4 表示），以还原糖收率为响应值，结果如表 10-6 所示。

表 10-6　实验设计及结果

编号	编码值				响应值
	X_1	X_2	X_3	X_4	还原糖收率（%）
1	-1	-1	0	0	30.73
2	1	-1	0	0	34.04
3	-1	1	0	0	32.13
4	1	1	0	0	21.52
5	0	0	-1	-1	30.52
6	0	0	1	-1	28.04
7	0	0	-1	1	32.62
8	0	0	1	1	33.38
9	-1	0	0	-1	31.28
10	1	0	0	-1	27.27
11	-1	0	0	1	36.85
12	1	0	0	1	33.73
13	0	-1	-1	0	32.60
14	0	1	-1	0	33.97
15	0	-1	1	0	33.82
16	0	1	1	0	23.77
17	-1	0	-1	0	31.46
18	1	0	-1	0	34.94
19	-1	0	1	0	33.14
20	1	0	1	0	27.16
21	0	-1	0	-1	27.71
22	0	1	0	-1	22.11
23	0	-1	0	1	35.86
24	0	1	0	1	28.81
25	0	0	0	0	36.01
26	0	0	0	0	36.04
27	0	0	0	0	37.57
28	0	0	0	0	37.39
29	0	0	0	0	35.54

（2）多因素组合优化实验的分析。采用 Design expert8.0.6 统计软件对实验结果进行分析，方差分析结果如表 10-7 所示，二次回归参数模型数据如表 10-8 所示。

表 10-7　回归方程的方差分析表

变异来源	平方和	自由度	均方	*F* 值	*P* 值
模型	504.53	14	36.04	15.11	<0.0001
残差	33.40	14	2.39		
失拟项	30.08	10	3.01	3.63	0.1127
误差	3.31	4	0.83		
和	537.93	28	—		
$R^2=0.9379$					

注　** 为差异极显著，$P<0.01$；* 为差异显著，$P<0.05$。

由表 10-7 可知，模型的 $P<0.01$，差异极显著，说明回归模型拟合度较好，实验误差小；失拟项 $P=0.1127>0.05$，差异不显著，说明残差由随机误差引起；$R^2=0.9379$，拟合度>90%，说明模型能够反应响应值变化，可以用该模型对高压锅降解秸秆提高还原糖收率进行分析和预测。

表 10-8　二次回归模型参数表

模型系数	系数估计	自由度	标准误差	*F* 值	95%可信区间（*CI*）低	95%可信区间（*CI*）高	方差膨胀因子（VIF）	*P* 值
常数项	36.51	1	0.69	35.03	35.03	37.99		<0.0001 **
X_1	−1.41	1	0.45	10.02	−2.37	−0.45	1.00	0.0069 **
X_2	−2.70	1	0.45	36.76	−3.66	−1.75	1.00	<0.0001 **
X_3	−1.40	1	0.45	9.85	−2.36	−0.44	1.00	0.0073 **
X_4	2.86	1	0.45	41.10	1.90	3.81	1.00	<0.0001 **
X_1X_2	−3.48	1	0.77	20.28	−5.13	−1.82	1.00	0.0005 **
X_1X_3	−2.36	1	0.77	9.36	−4.02	−0.71	1.00	0.0085 **
X_1X_4	0.22	1	0.77	0.08	−1.43	1.88	1.00	0.7776
X_2X_3	−2.86	1	0.77	13.68	−4.51	−1.20	1.00	0.0024 **
X_2X_4	−0.36	1	0.77	0.22	−2.02	1.29	1.00	0.6454
X_3X_4	0.81	1	0.77	1.10	−0.85	2.47	1.00	0.3122
${X_1}^2$	−2.20	1	0.61	13.17	−3.50	−0.90	1.08	0.0027 **
${X_2}^2$	−4.35	1	0.61	51.38	−5.65	−3.05	1.08	<0.0001 **

续表

模型系数	系数估计	自由度	标准误差	F值	95%可信区间（CI）低	95%可信区间（CI）高	方差膨胀因子（VIF）	P值
$X_3{}^2$	-2.06	1	0.61	11.48	-3.36	-0.75	1.08	0.0044**
$X_4{}^2$	-2.96	1	0.61	23.81	-4.26	-1.66	1.08	0.0002**

注　**为差异极显著，$P<0.01$；*为差异显著，$P<0.05$。

由表10-8可知，模型的一次项X_1、X_2、X_3、X_4极显著，二次项$X_1{}^2$、$X_2{}^2$、$X_3{}^2$、$X_4{}^2$极显著，交互项X_1X_2、X_1X_3、X_2X_3极显著。根据一次项回归系数的绝对值大小，可以得出对还原糖收率Y影响大小的顺序为：固液比>温度>硫酸浓度>时间。以还原糖收率为Y值，得出以硫酸浓度（%）、温度（℃）、时间（min）、固液比（g/mL）的编码值为自变量的五元二次回归方程为：

$$Y=36.51-1.41X_1-2.70X_2-1.40X_3+2.86X_4-3.48X_1X_2-2.36X_1X_3+0.22X_1X_4-2.86X_2X_3-0.36X_2X_4+0.81X_3X_4-2.20X_1{}^2-4.35X_2{}^2-2.06X_3{}^2-2.96X_4{}^2$$

（3）交互效应分析。为了得到某两个因素同时对还原糖收率Y值的影响，采用降维分析方法，观察在其他因素条件固定不变的情况下，某两个因素对还原糖收率Y值的影响。用Design-Expert软件作出相应的等高线图及响应曲面图，如图10-18~图10-20所示。对这些因素中交互项之间的交互效应进行分析。

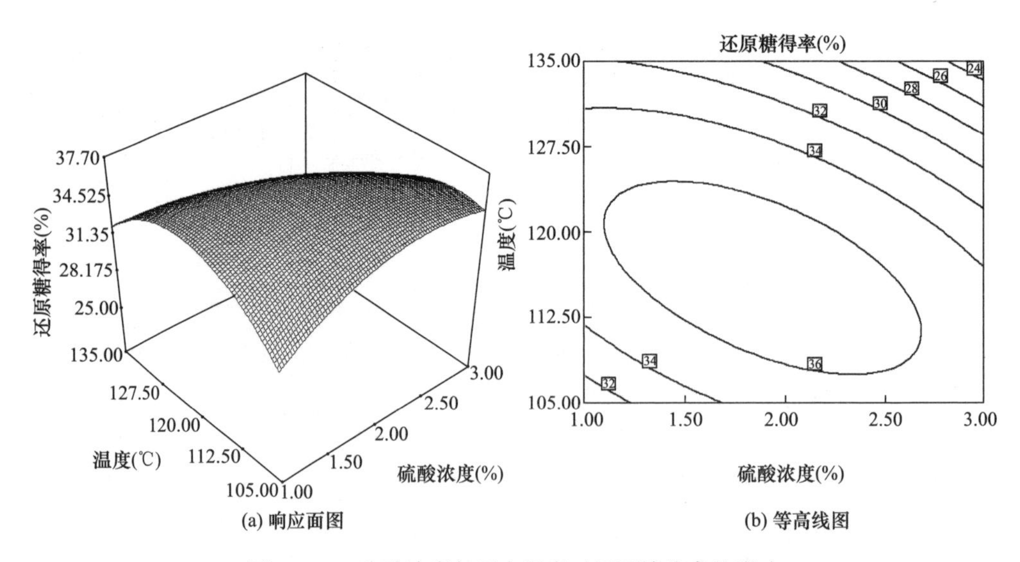

图10-18　硫酸浓度与反应温度对还原糖收率的影响

由图10-18可知，温度与硫酸浓度对还原糖收率的交互影响呈抛物线形，等高线呈椭圆形，说明温度与硫酸浓度的交互作用对还原糖收率影响显著。由等高

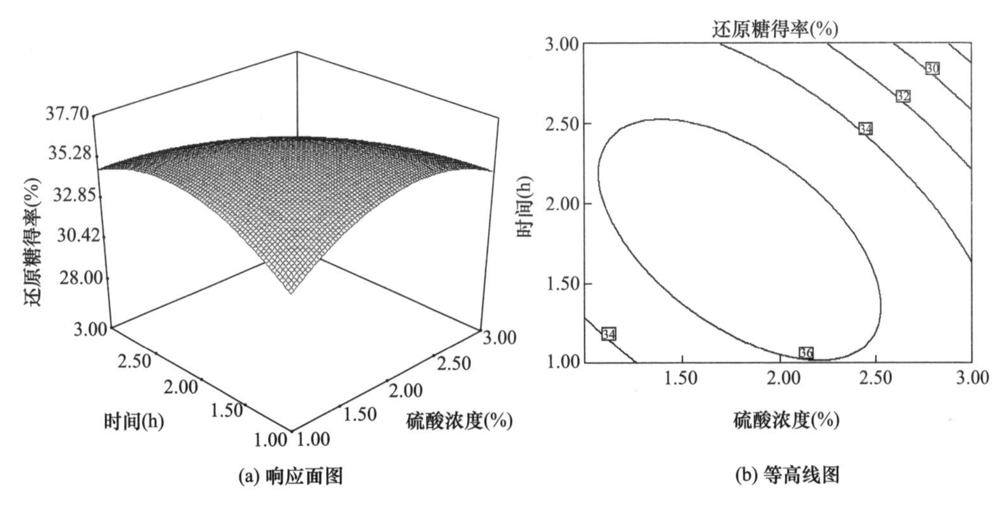

图 10-19　硫酸浓度与反应时间对还原糖收率的影响

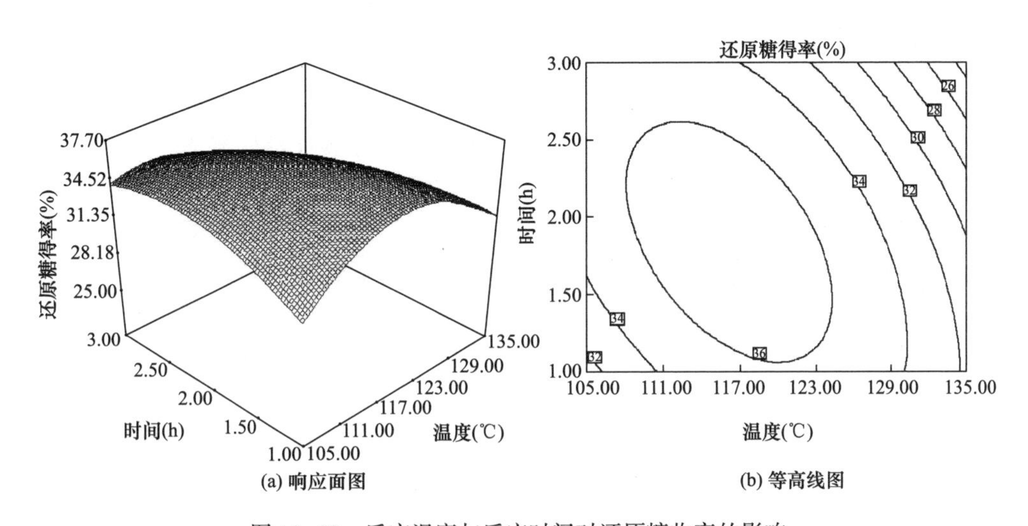

图 10-20　反应温度与反应时间对还原糖收率的影响

线变化趋势可知，当温度为 112.5~120℃之间某固定值时，硫酸浓度为 2.0%~2.5%之间某固定值时，还原糖收率存在最大值。由图 10-19 可知，时间与硫酸浓度对还原糖收率的交互影响呈抛物线形，等高线呈椭圆形，说明温度与酸浓度的交互作用对还原糖收率影响显著。当时间为 1.75~2.25h 之间某固定值，酸浓度为 1.75%~2.25%之间某固定值时，还原糖收率有最大值；低于此值时，还原糖收率随时间与硫酸浓度的增加而增大；高于此值时，还原糖收率随时间与硫酸浓度的增加而降低。由图 10-20 可知，时间与温度对还原糖收率的交互影响呈抛物线形，等高线呈椭圆形，说明时间与温度的交互作用对还原糖收率影响显著。

当时间为1.75~2.25h之间某固定值，温度为115~120℃之间某固定值时，还原糖收率有最大值；低于此值时，还原糖收率随温度与酸浓度的增加而增大；高于此值时，还原糖收率随温度与酸浓度的增加而降低。温度效应面曲线比时间效应面曲线陡，说明，对还原糖收率的影响温度较时间显著。

（4）回归模型的验证实验。根据以上分析，通过 Design Expert 软件模拟寻得最佳工艺条件为：硫酸浓度2.0%、温度114.56℃、时间1.95h、固液比1∶23.91，还原糖收率为37.63%。为了验证模型预测的准确性，在温度115℃、时间2h、硫酸浓度2.0%、固液比1∶24的条件下进行降解，做三个平行样，还原糖收率分别为37.85%、37.70%、37.54%，平均值为37.70%。实测值与预测值相近，相对误差为0.19%，证明用响应面法优化硫酸降解秸秆制备还原糖的工艺条件是可行的。

3. 讨论

高温酸处理能使纤维素中的部分氢键被破坏，部分酯键发生皂化反应消失。高温高压情况下，硫酸溶液中水分子汽化产生压力冲破秸秆细胞的细胞壁，细胞壁出现孔洞和裂痕，在反应初始阶段，纤维素分子与半纤维素分子之间的氢键断裂，半纤维素开始发生分解，此时，提高硫酸浓度，温度，时间及固液比有助于纤维素晶区向非晶区转变。使半纤维素分解加快，纤维素结晶区暴露出来，与硫酸接触，继续发生分解，降解成单糖。随着反应进行，硫酸降解由纤维素晶体表面向晶体内部转移，当硫酸浓度、温度、时间继续增加时，溶液中部分单糖开始分解，新降解生成的糖不足以弥补糖分解的部分，导致还原糖收率开始下降。因此，要选择合适的硫酸浓度、温度、时间及固液比，对秸秆进行降解。

四、小结

本章主要研究了高温硫酸降解秸秆的工艺参数，研究结果表明，最佳工艺参数为：硫酸浓度2%、时间2h、固液比1∶24及温度115℃，还原糖收率为37.70%。

第三节　玉米秸秆结构测定及降解液中还原糖组成成分测定

本文将秸秆进行微波—超声波酸处理、高温酸处理，并将处理前后的秸秆通过扫描电镜、X射线衍射和红外光谱进行分析，比较两种处理条件下秸秆的显微结构、结晶度及化学基团的变化。并将降解液进行离子色谱检测，分析降解液中还原糖组成成分。了解秸秆结构变化过程及最终生成产物。

一、实验材料

1. 原料

秸秆原料、微波—超声波酸解的原料渣、高温酸解的原料渣。

2. 仪器设备

X 射线衍射仪 PW3040（Panalytical. B. V），傅里叶红外光谱仪 Spectrum 100（Perkin Elmer），扫描电子显微镜 SSX－550（Shimadzu），多功能色谱系统 ICS3000（戴安中国有限公司）。

二、检测方法

1. 电镜扫描（SEM）分析

将秸秆原料、经微波—超声波酸处理过的秸秆样品和经高温酸处理过的秸秆样品进行粘台、导电处理。通过电子显微镜（SEM）观察三种样品的外貌变化。

2. X 射线衍射光谱（XRD）分析

将秸秆原料、经微波—超声波酸处理过的秸秆样品和经高温酸处理过的秸秆样品进行 XRD 分析，条件为：扫描范围 3°～40°，扫描速度 3°/min，步进扫描，步宽 0.02°/s。

3. 红外光谱（FT—IR）分析

将秸秆原料、经微波—超声波处理过的秸秆样品和高温酸处理过的秸秆样品进行红外光谱分析。

4. 降解液组分分析

采用离子色谱法对微波—超声波酸处理和高温酸处理最优条件下秸秆酸解液中还原糖的主要成分进行分析，色谱柱为 CarboPac PA20 3mm×250mm；检测器为脉冲安培检测器；梯度淋洗条件：0～20min：3mmol/L NaOH，20～25min：3～100mmol/L NaOH，25～45min：100mmol/L NaOH＋100mmol/L NaOAc，45～55min：100mmol/L NaOH＋100mmol/L NaOAc，55.1～57.1min：200mmol/L NaOH，57.2～67min：3mmol/L NaOH。

三、实验结果与分析

1. 电镜扫描（SEM）分析结果

电镜扫描图如图 10-21 所示。

如图 10-21 可知，利用扫描电镜观察秸秆原料、经微波—超声波酸处理过的秸秆样品和经高温酸处理过的秸秆样品表面形态的变化。500 倍电镜扫描图像显示出，秸秆原料表面光滑，排列紧密有序；经微波—超声波和高温酸解过的原料，由于绝大部分半纤维素和部分木质素的溶解，表面出现条纹锯齿状，出现大量裂痕，断面开裂分层；1000 倍下观察结果显示，未处理原料纤维表面平整光

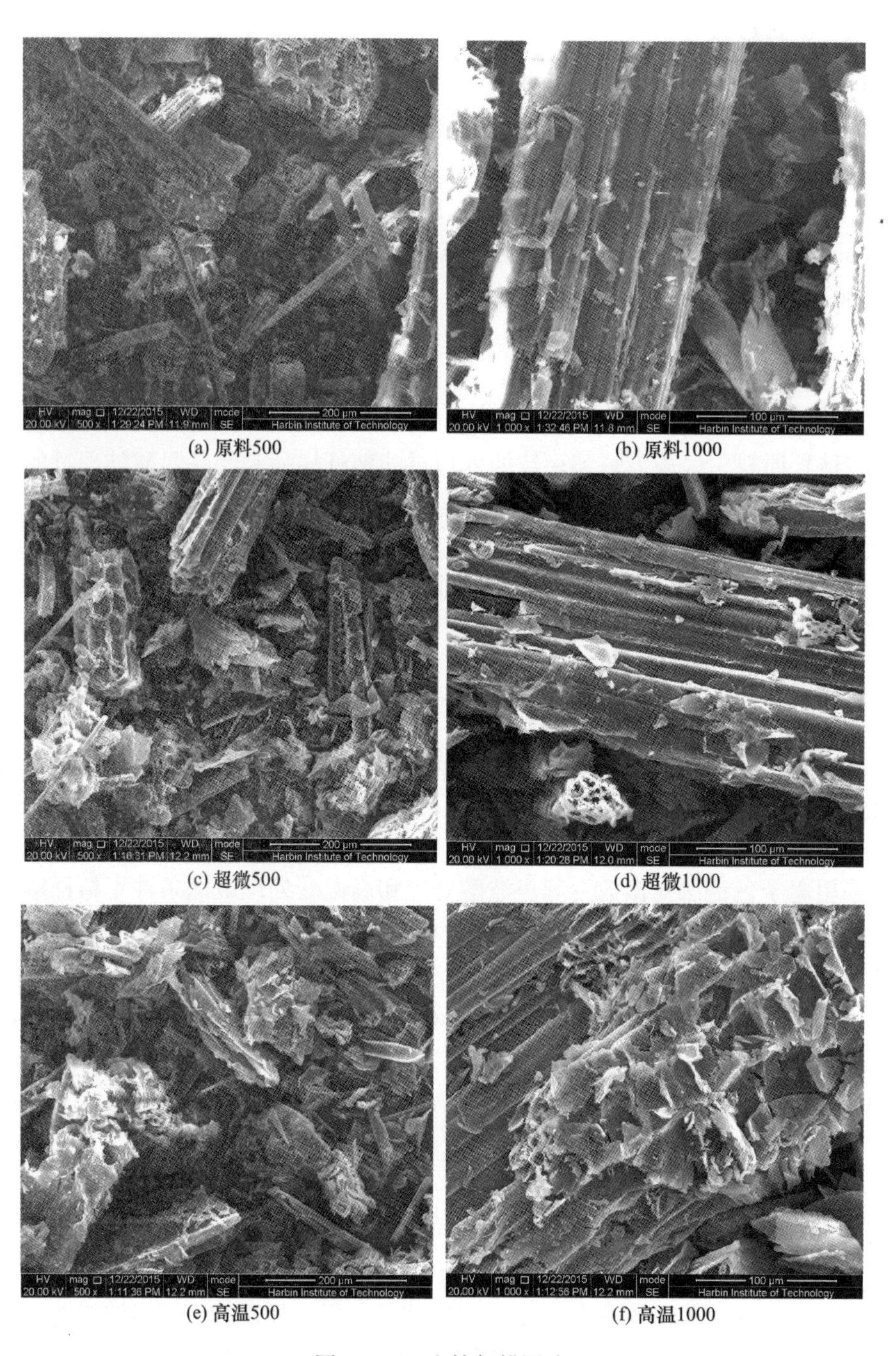

图 10-21　电镜扫描图片

滑，经微波—超声波酸处理过的秸秆样品和经高温酸处理过的秸秆样品可见微纤维已经从原来连接的结构中分离出来，并出现层层剥离现象。

2. X 射线衍射光谱（XRD）分析结果

X 射线衍射光谱分析如图 10-22 所示。

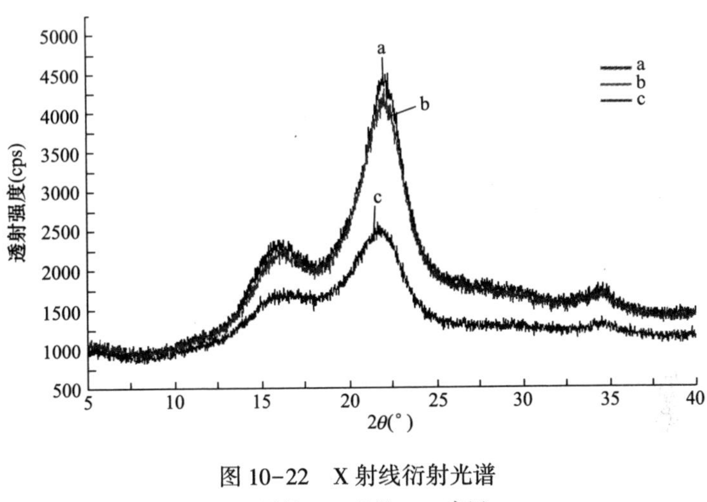

图 10-22　X 射线衍射光谱

a—原料　b—超微　c—高压

如图 10-22 可知，处理前后相比，纤维素晶型无变化。微波—超声波酸处理过的秸秆样品和高温酸处理过的秸秆样品吸收强度明显大于秸秆原料。这是因为覆盖在纤维素表面的半纤维素经稀硫酸处理后降解，将纤维素结晶区暴露出来导致其吸收强度增大。根据公式计算，未处理的原料、微波—超声波酸处理的原料及高温酸处理的原料结晶度分别为 31. 09%、32. 17%及 32. 01%。说明，酸解过程中，半纤维素及木质素发生分解。

3. 红外光谱（FT—IR）分析

红外光谱分析如图 10-23 所示。

纤维素 3395cm^{-1} 处的吸收来自—OH 基团的伸展振动，2915cm^{-1} 处的吸收来自 C-H 伸缩振动，1425cm^{-1} 处的吸收来为 CH_2 弯曲振动，1375cm^{-1} 处的吸收来自 C-H 弯曲振动，896cm^{-1} 处的吸收峰为 C_1 基团振动或环振动，此为葡萄糖单元之间 β-糖苷键的特征吸收峰，属于纤维素的特征吸收峰。由图可知，经稀酸处理后纤维素特征并无发生特别明显的变化。

半纤维素组分的特征吸收峰为 1735cm^{-1}，而 1104cm^{-1} 反映了纤维素与半纤维素间共价键的特征吸收峰。1104cm^{-1} 处的吸收来自 O—H 缔合光带。1045cm^{-1} 处非常显著的峰则是半纤维素的特征吸收峰，是由 C—O，C—C 的伸缩振动或是 C—OH 的弯曲振动所引起。1419cm^{-1} 及 1608cm^{-1} 处分别是羧基 COO—中 C—O 对称伸缩振动及 C ═O 的不对称伸缩振动所引起，说明分离的半纤维素中含有糖醛酸基团。

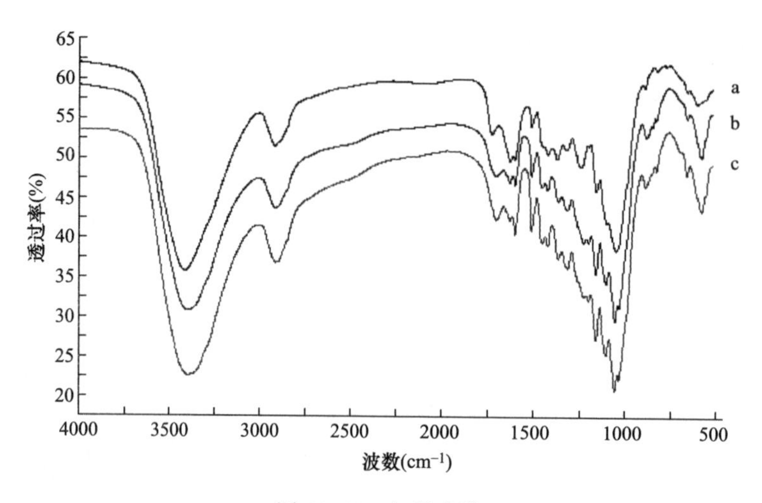

图 10-23 红外光谱

a—原料 b—超声—微波 c—高压锅

木质素特征峰为 $1510cm^{-1}$ 和 $1625cm^{-1}$，$1515cm^{-1}$ 处的吸收来自 C ═C—Ca 苯环的伸展振动。$1625cm^{-1}$ 处的吸收来自 C—O 伸展振动。如图可知，秸秆处理前后的 $1510cm^{-1}$ 和 $1625cm^{-1}$ 的特征吸收峰并无明显变化，说明处理后的物料中木质素依然存在。

4. 降解液组分分析

降解液的离子色谱图谱如图 10-24 所示。

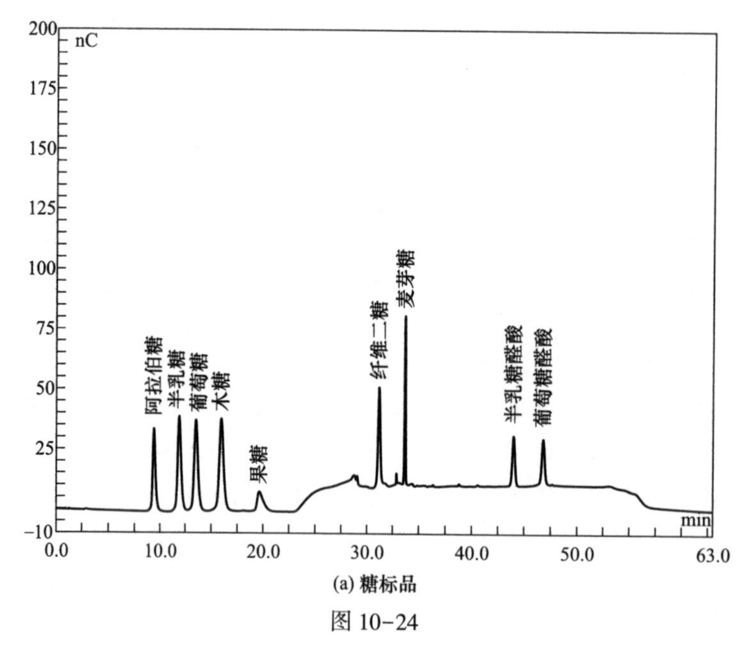

(a) 糖标品

图 10-24

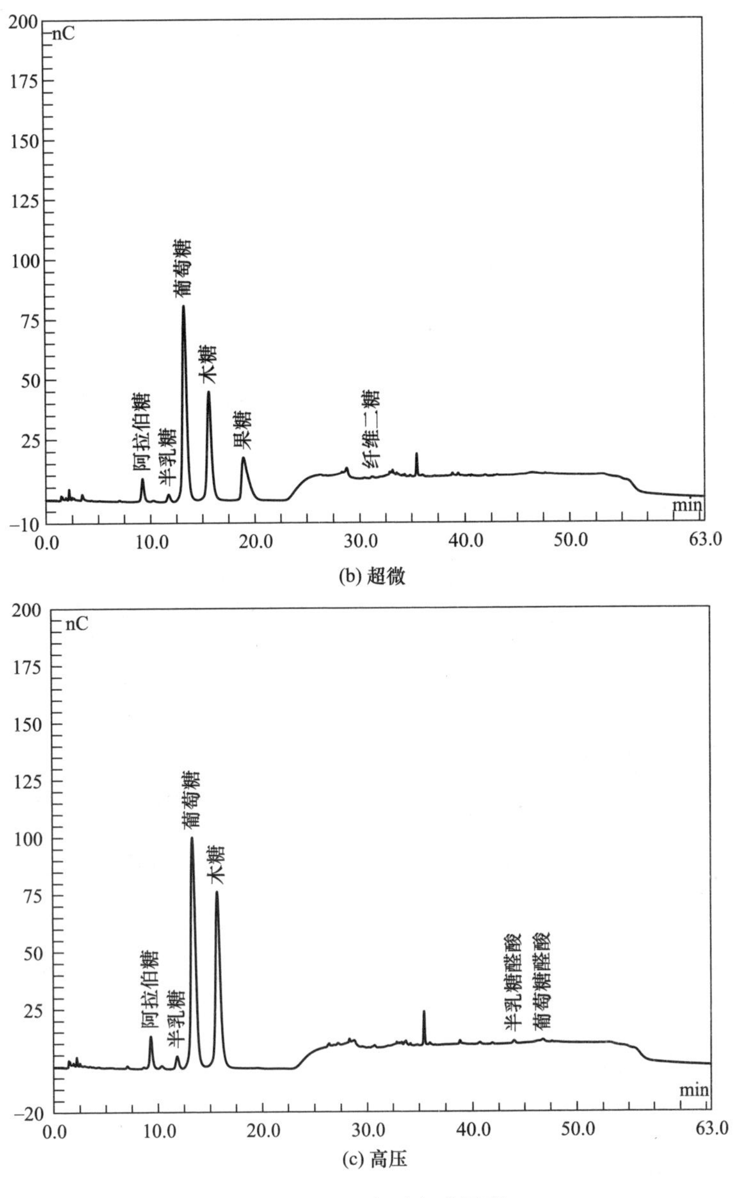

图 10-24　离子色谱图谱

经计算，微波—超声波酸降解液中：果胶糖含量为 1.75%，半乳糖含量为 0.44%，葡萄糖含量为 15.65%，木糖含量为 7.98%，果糖含量为 15.34%，纤维二糖含量为 0.09%。高温酸降解液中：果胶糖含量为 2.56%，半乳糖含量为 0.79%，葡萄糖含量为 20.23%，木糖含量为 14.13%。

木糖、阿拉伯糖、纤维二糖经济效益较高，具有很大的开发前景。微波—超声波酸处理秸秆的降解液中未检出半乳糖醛酸和葡萄糖醛酸，说明葡萄糖与半乳糖在80℃左右时未被氧化，有利于后续各还原糖的分离。高温酸处理的秸秆降解液中检出半乳糖醛酸和葡萄糖醛酸，说明葡萄糖与半乳糖在115℃时发生氧化反应。

5. 讨论

秸秆经微波—超声波和高温两种辅助酸降解方法处理后，电镜扫描、X射线衍射、红外光谱分析结果表明，秸秆表面断裂、比表面积增大、表面孔洞增加；半纤维素及木质素部分分解，使纤维结晶暴露，结晶度升高；纤维素、半纤维及木质素的特征峰都存在，说明三者没有完全降解。高温酸处理的秸秆降解液中检出半乳糖醛酸和葡萄糖醛酸，说明葡萄糖与半乳糖在115℃时发生氧化反应，这样会导致还原糖收率降低。

四、小结

电镜结果分析表明，酸处理后的玉米秆结构变得疏松，纤维出现很多断裂和孔隙，比表面积增大。X射线衍射分析表明，酸处理后的纤维素晶型无变化。未处理的原料、微波—超声波酸处理的样品及高温酸处理的样品结晶度分别为31.09%、32.17%及32.01%。

第四节　离子交换树脂的筛选及吸附等温曲线测定

为了使糖与硫酸能得到高效分离，需要对离子交换树脂进行筛选，并研究温度、降解液体积及洗脱流速对分离效果的影响，目的是为下一步模拟移动色谱分离提供数据，从而达到工厂化生产的最终目标。根据前三节实验结果，微波—超声波酸解的还原糖收率高于高温酸解的还原糖收率，并且降解液中不含糖醛酸，因此，选择微波—超声波酸处理的最优工艺条件制备的降解液作为后续糖与硫酸分离的实验原料。

一、实验材料

1. 原料

秸秆降解液：采用第二节得出的最佳条件对秸秆进行降解，将降解液浓缩至还原糖浓度61.49mg/mL，硫酸浓度510.49 mg/mL，于4℃冷藏备用。

2. 试剂

甲基（红天津市津东天正精细化学试剂厂），亚甲基蓝（天津博迪化工股份有限公司），葡萄糖（国药集团化学试剂有限公司），3,5-二硝基水杨酸（化学纯国药集团化学试剂有限公司），硫酸（沈阳市华东试剂厂），氢氧化钠（天津市北辰方正试剂厂），酒石酸钾钠（天津市福晨化学试剂厂），亚硫酸钠（天津市北联精细化学品开发有限公司），苯酚（天津市致远化学试剂有限公司），离子交换树脂 IR118（Amberlite），离子交换树脂 UBK08（日本三菱），离子交换树脂（陶氏树脂）。

3. 仪器设备

超级恒温水槽 DKB-501A（上海森信实验仪器有限公司），旋转蒸发器 RE-5298 上海（亚荣生化仪器厂），循环水真空泵 SH2-DIII（巩义市予华仪器有限责任公司），流量泵 MP1502（上海三为科学仪器有限公司），制备色谱分离系统 DK-S24（大庆三星机械制造公司），紫外可见分光光度计 T6 新世纪（北京普析通用仪器有限责任公司）。

二、实验方法

1. 离子交换树脂的筛选

（1）离子交换树脂的预处理。将树脂置于去离子水中浸泡 24h，使之充分溶胀，然后冲洗至出水无混浊，无杂质和破碎的树脂，pH 调至中性，备用。

（2）不同树脂对还原糖与硫酸分离性能的研究。分别将 IR-118、UBK-08 和陶氏树脂三种树脂，用装柱机装入色谱柱（1200mm×10mm）中，充满色谱柱，用去离子水冲洗。以降解液体积 3mL、循环水温度 55℃、洗脱流速 1mL 进行实验。以分离度为指标，研究三种树脂的分离性能。

2. 循环水温度对分离度的影响

以降解液体积 3mL，洗脱流速 1mL，原料折光率为 39%，考察循环水温度在 45℃、55℃、65℃三个水平对还原糖与硫酸分离度的影响。

3. 降解液体积对分离度的影响

以循环水温度 55℃，流速 1mL，原料折光率为 39%的条件下，考察降解液体积在 3mL、6mL、9mL 三个水平对还原糖与硫酸分离度的影响。

4. 洗脱流速对分离度的影响

在降解液体积 3mL、循环水温度 55℃，原料折光率为 39%的条件下，考察洗脱流速在 1mL、3mL、5mL、7mL、9mL、11mL、13mL 七个水平对还原糖与硫酸分离度的影响。

5. 吸附等温曲线的测定

以去离子水为流动相，冲洗色谱柱，流速为 1.5mL。将柱子循环水温度升至 55℃，将一定浓度的酸糖混合液以 1.5mL 的流速泵入色谱柱中，当色谱柱出口浓度与样品溶液的浓度一样时，代表降解液中还原糖与硫酸在固相和液相上已达到动态吸附平衡，然后停止进料，拆下柱子，用去离子水冲洗流量泵及管路中残留的降解液，冲洗至流出液 pH 为中性，再接上色谱柱，用去离子水以 2.0mL 的流速进行解吸，直至流出液 pH 为中性，表明解吸完全，收集流出液并定容至 1000mL，利用 DNS 法测定还原糖含量，国标法测定硫酸含量。

6. 检测方法

(1) 分离度计算。计算公式如下所示：

$$R=\frac{t_{R2}-t_{R1}}{\frac{1}{2}[Y_{1/2(1)}+Y_{1/2(2)}]}$$

式中：t_{R2}，t_{R1} 分别为两组分的保留时间；$Y_{1/2(1)}$，$Y_{1/2(2)}$ 分别为相应组分的色谱峰的半峰宽。

(2) 吸附等温曲线计算。固相平衡浓度计算公式：

$$固相平衡浓度=\frac{流出液体积\times流出液浓度-色谱柱死体积\times液相平衡浓度}{色谱柱体积-色谱柱死体积}$$

(3) 色谱柱死体积的测定。配制浓度 17%的多糖溶液，以体积 10mL、循环水温度 55℃、流速 1mL 的条件进样，1min 接一次流出液，用折光仪测定糖浓度。

三、实验结果与分析

1. 离子交换树脂的筛选结果

离子交换树脂的筛选结果如图 10-25 所示。

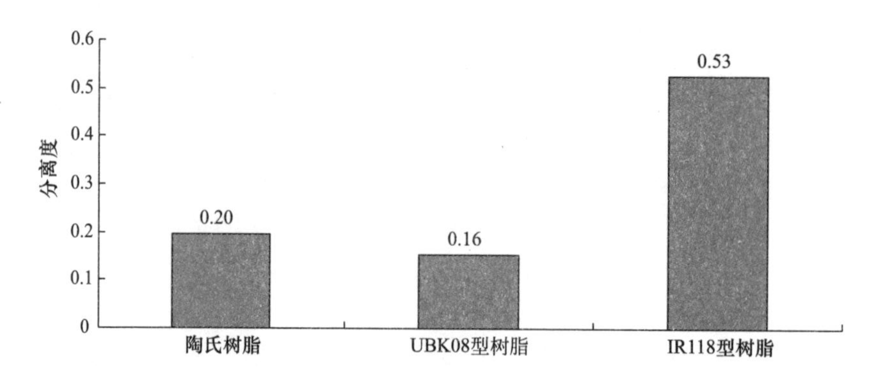

图 10-25　树脂分离度对比图

实验结果表明，对糖与硫酸分离能力：IR118 型树脂>陶氏树脂>UBK08 型树脂。可能是因为 IR118 型树脂粒径较其他两种树脂的粒径小，相同色谱柱体积下，粒径越小，装填量越多，树脂的孔隙也就越多，糖分子流经的路程越长，所以，对糖与硫酸分离效果越好。因此，本实验选择 IR118 型树脂作为后续实验的树脂。

2. 温度对分离度的影响

温度对分离度的影响如图 10-26 所示。

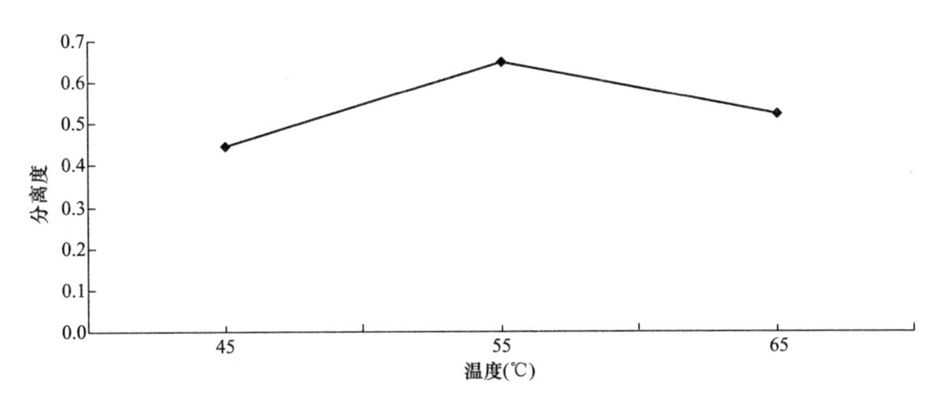

图 10-26　温度对分离度的影响

实验结果表明，随着温度的升高，分离度先升高后降低，在 55℃时达到最大值 0. 65。由于糖分子与树脂之间不发生化学反应，温度较高的情况下，糖液在树脂内流速变快，糖在树脂内的保留时间减少。树脂解离能力降低，导致分离度降低。

3. 降解液体积对分离度的影响

降解液体积对分离度的影响如图 10-27 所示。

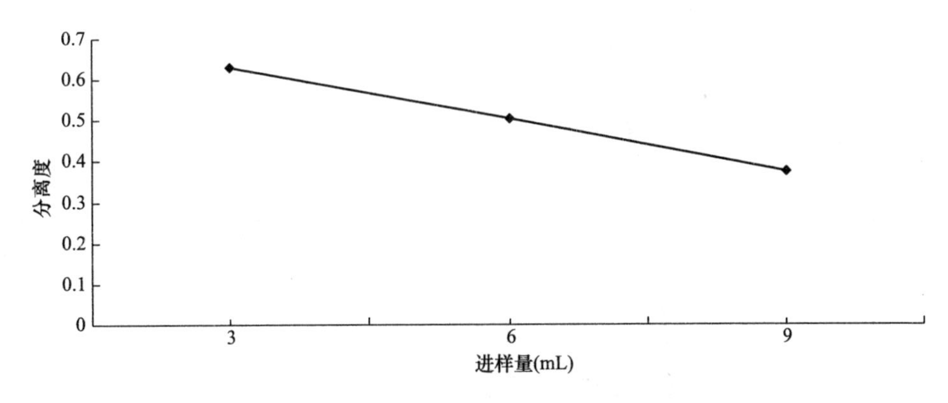

图 10-27　降解液体积对分离度的影响

随着降解液体积的增大，分离度越来越低，在降解液体积为 3mL 时，存在最大值 0. 63。当降解液体积增大时，体系中非离子态的糖含量与 H^+ 含量均增加，糖在树脂内部微孔里迁移能力变大，等量树脂容纳量增加，直到糖分子充满树脂内部孔隙。降解液体积过大时，糖含量与 H^+ 含量均增加，糖分子在树脂内部微孔逐渐填满糖分子，多余糖分子从树脂外部孔隙流出，导致分离度降低；当 H^+ 含量增加时，树脂受排斥力增加，导致体积变小，分离能力降低。

4. 流速对分离度的影响

流速对分离度的影响，如图 10-28 所示。

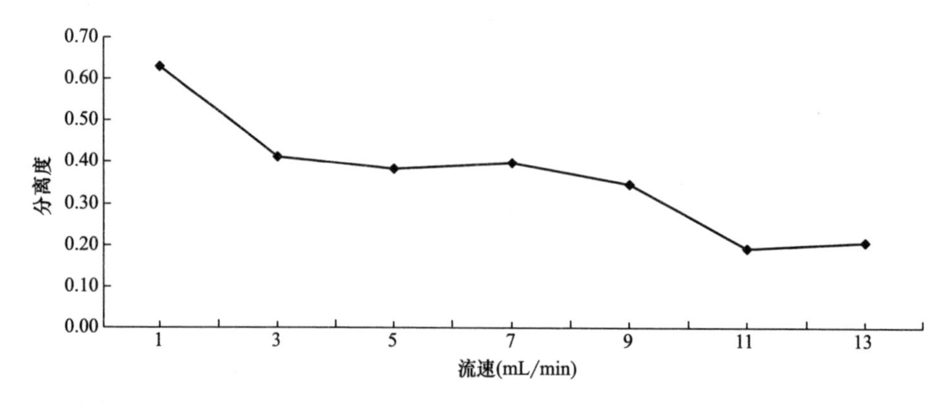

图 10-28　流速对分离度的影响

分离度随着流速的加大而减小，直至趋于平衡。在洗脱流速 1mL/min 时，存在最大值 0.63。当洗脱流速不断增大时，糖在树脂内部迁移速度变快，树脂吸附程度逐渐降低，糖的流出速度逐渐接近于硫酸的流出速度，导致分离度降低。

5. 最佳参数分离效果图

糖与硫酸分离曲线图如图 10-29 所示。

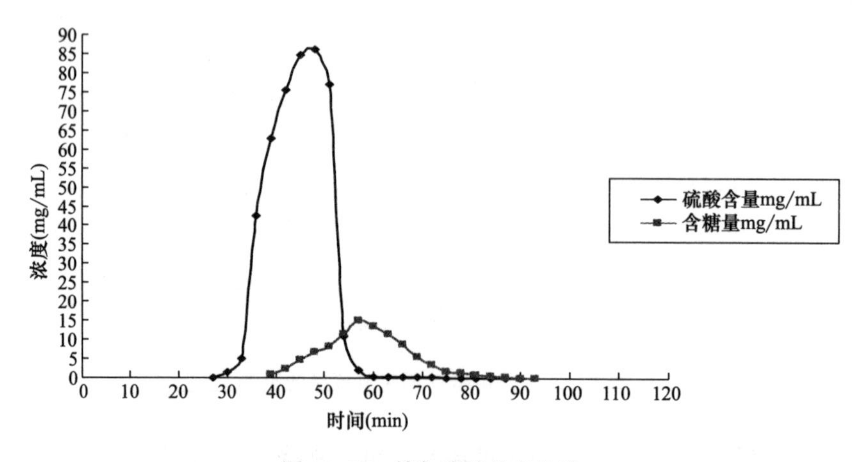

图 10-29　糖与硫酸分离曲线

如图所示，SO_4^{2-} 受树脂上 $-SO_3H$ 基团的排斥作用，H^+ 受树脂上离解出的 H^+ 的排斥作用，两者无法进入树脂内部孔隙，从表面快速流出。在 48min 时，达到最大量。糖分子因不带电荷在树脂内部孔隙来回流动，导致出峰时间较硫酸出峰时间向后推移。在 57min 时，出现最大值。

6. 吸附等温曲线的测定结果

（1）色谱柱死体积测定。在第 31min 时，检出多糖浓度为 1%，说明色谱柱的死体积为 30mL。由于树脂对多糖是不产生吸附的，从进样到流出，多糖用时乘以流速就是色谱柱的死体积。

（2）吸附等温曲线的拟合。本实验采用 Freundlich 和 Langmuir 模型对数据进行拟合。

Freundlich 模型计算公式：

$$q_e = K_F c_e^{1/n}$$

线性化：

$$\lg q_e = \lg K_F + \frac{1}{n}\lg c_e$$

式中：K_F 为吸附平衡常数；q_e 为组分 e 在固定相中的浓度；C_e 为液相平衡浓度；n 为浓度指数。

Langmuir 模型计算公式：

$$q_i = q_{max}\frac{K_L c_i}{1 + K_L c_i}$$

式中：q_i 为组分 i 在固定相中的浓度；C_i 为液相平衡浓度；K_L 为吸附平衡常数；q_{max} 为吸附系数。

两种模型对硫酸与还原糖拟合参数值如表 10-9～表 10-12 所示，拟合曲线见图 10-30。

表 10-9　吸附等温线模型参数

参数	Freundlich		Langmuir	
	硫酸	还原糖	硫酸	还原糖
K_F	0.00837	0.49071	—	—
n	0.36895	0.80997	—	—
K_L	—	—	$1.08086e^{-8}$	$1.42801e^{-7}$
q_{max}	—	—	$2.28004e^{7}$	$3.14937e^{6}$

表 10-11　Freundlich 吸附等温线模型方程

项目类别	方程	相关系数
硫酸	$q_e = 0.00837c_e^{2.7104}$	0.9915
还原糖	$q_e = 0.49071c_e^{1.2346}$	0.9743

表 10-12　Langmuir 吸附等温线模型方程

项目类别	方程	相关系数
硫酸	$q_i=2.28004e^7\dfrac{1.08086e^{-8}c_i}{1-1.08086e^{-8}c_i}$	0.70134
还原糖	$q_i=3.14937e^6\dfrac{1.42801e^{-7}c_i}{1-1.42801e^{-7}c_i}$	0.90935

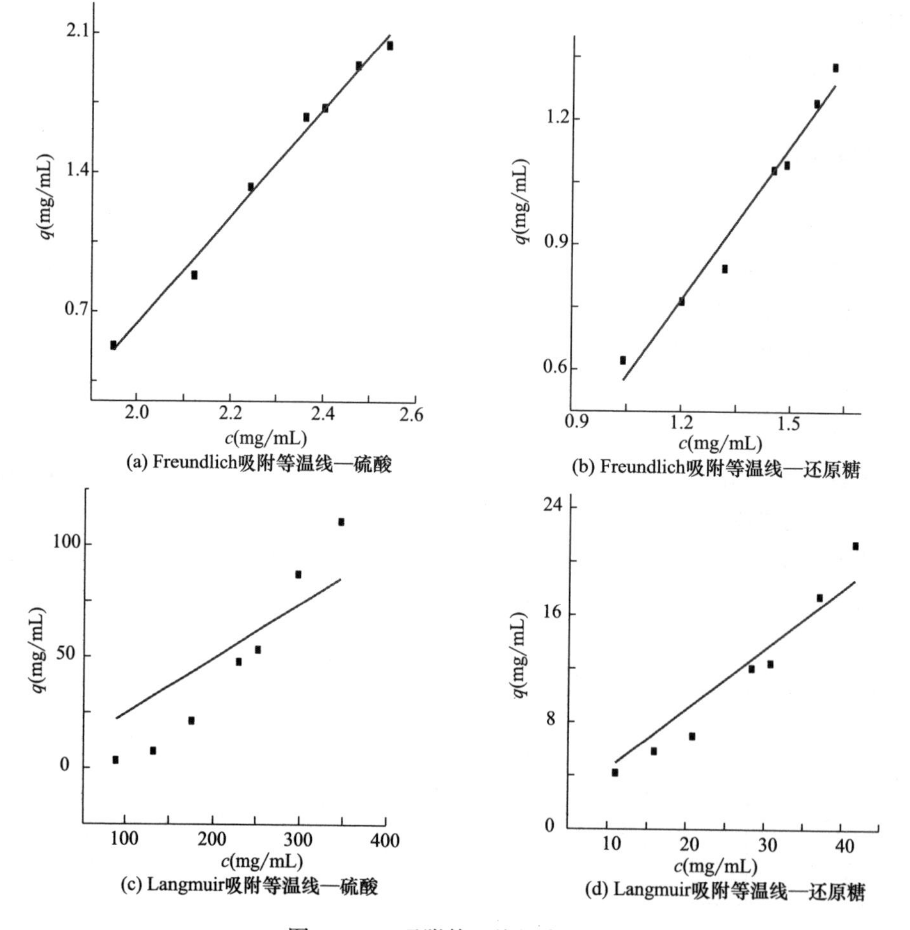

(a) Freundlich吸附等温线—硫酸

(b) Freundlich吸附等温线—还原糖

(c) Langmuir吸附等温线—硫酸

(d) Langmuir吸附等温线—还原糖

图 10-30　吸附等温线拟合结果

从图 10-30 和表 10-11、表 10-12 可看出，Freundlich 模型对硫酸拟合效果较好，R^2 为 0.9915，对还原糖拟合效果一般，R^2 为 0.9743。$1/n$ 的数值大于 2 时，表示难于吸附。硫酸吸附方程的 $1/n$ 为 2.7104>2，说明树脂对硫酸是难于吸附。这与离子排斥色谱原理相符，SO_4^{2-} 与磺酸基团同性电荷相斥，因此无法进入树脂微孔，所以不产生吸附。还原糖吸附方程的 $1/n$ 为 1.2257<2，说明树脂

对还原糖产生少量吸附。Langmuir 模型对硫酸拟合效果较差，R^2 为 0.70134，说明硫酸在树脂上的分离行为不符合 Langmuir 模型。Langmuir 模型对糖拟合效果一般，R^2 为 0.90935，说明糖在树脂上的分离行为符合 Langmuir 模型。但是糖的吸附平衡常数值特别小，说明，树脂对糖分子产生少量吸附。Freundlich 和 Langmuir 两种模型对数据进行拟合结果对比，糖与酸在树脂上的分离行为更符合 Freundlich 模型。

7. 讨论

温度过高会使糖液解析过程加快，会使树脂的解离能力降低，导致基团排斥能力减小。降解液体积过大时，糖含量与 H^+ 含量均增加，糖在树脂内部微孔容量趋于饱和，糖分子从树脂缝隙流出，导致分离度降低；当 H^+ 含量增加时，树脂受排斥力增加，导致体积变小，分离能力降低。当洗脱流速过大时，糖在树脂内部迁移速度变快，树脂吸附程度逐渐降低，糖的流出速度逐渐接近于硫酸的流出速度，导致分离度降低。

四、小结

从三种树脂中选出了 IR118 树脂为分离糖与硫酸的最佳树脂，并研究了制备色谱柱分离实验中降解液体积、温度、流速对分离度的影响，确定了最佳工艺参数，并做了吸附等温曲线来描述还原糖与硫酸在制备色谱柱上的分离行为。

最优分离参数为：进料量 3mL、循环水温度 55℃、流速 1mL/min。采用 Freundlich 和 Langmuir 两种模型对数据进行拟合，Freundlich 模型对数据拟合结果较好。

第五节　模拟移动色谱分离糖与酸的技术研究

在前四节实验的基础上，采用顺序式模拟移动床色谱对浓缩后的酸解液进行分离，以期实现酸解液中硫酸与还原糖的高效分离。

一、实验材料与设备

1. 实验材料

酸解液（自制，其中还原糖浓度 61.49mg/mL，硫酸浓度 510.49 mg/mL，酸解液折光率为 39%）；去离子水（自制），阳离子交换树脂 IR120Na^+（陶氏化学有限公司）。

2. 实验设备

SSMB-9Z9L、SSMB-9Z900L 模拟移动床色谱装置（国家杂粮工程技术研究中心自制）。

二、实验方法

1. SSMB 分离实验

采用 SSMB 色谱分离设备，根据 SSMB 与 TMB 之间的转换公式计算出的预测数据设定循环量、进料量、解吸量、洗脱流速四个主要参数，在温度 60℃ 下进行 SSMB 的平衡稳定实验，一般色谱柱切换 20 次 SSMB 色谱系统才能达到稳定状态，此时在各出料口收集流出液，测定溶液中硫酸与还原糖的纯度，以硫酸与还原糖纯度与收率为指标，优化循环量、进料量、解吸量、洗脱流速四个技术参数。

2. SSMB 工艺流程

SSMB-9Z 型分离设备包括 9 根色谱柱，在分离硫酸与还原糖的工艺流程中，利用其中的 8 根色谱柱，每根色谱柱要经过三个步骤即大循环（S_1）、小循环（S_2）、全进全出（S_3），设备运转一个周期就要经过 24 个步骤。每个步骤包括三个阶段，第一阶段为分离阶段，8 根色谱柱串联连接，由安装在第 3 柱下的循环泵将柱中液体抽出注入第 4 根柱，第 4 根柱中液体注入第 5 根柱中，依次往复进行循环操作；第二阶段为解吸阶段，在第 1 根柱上部进入解吸剂，第 6 根柱下放出硫酸溶液；第三阶段为进料解吸阶段，在第 1 根柱上部进入解吸剂，第 5 根色谱柱上部进入所述玉米秸秆酸解液，第 1 根柱下放出糖溶液，第 6 根色谱柱下放出硫酸溶液。这三个阶段完成后，解吸阶段和进料解吸阶段的进料口和出料口都依次向后移动一个色谱柱，再重复进行每个步骤的三个阶段，八步完成即 8 根色谱柱轮换一周即一个周期结束，接下来进入下一个周期，方法与第一个周期相同，依次循环，直到分离过程达到稳态。硫酸与还原糖分离工艺流程见图 10-31。

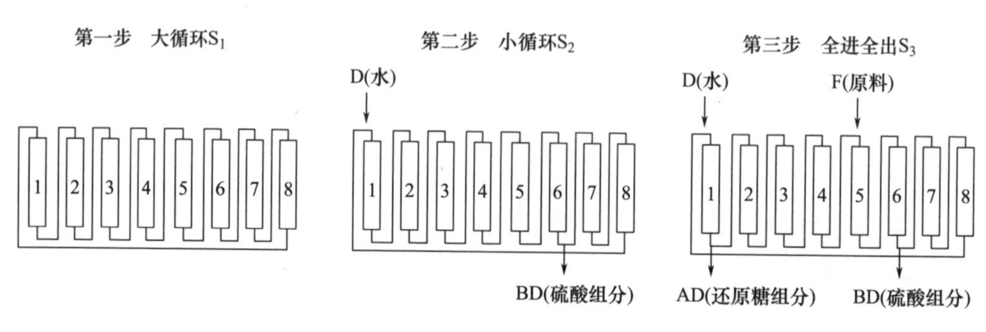

图 10-31　分离工艺流程图

3. SSMB 中试实验

在小试的基础上利用中试设备进行中试实验，为硫酸与还原糖分离的产业化生产提供数据支持。

三、实验结果

1. SSMB 分离工艺参数优化结果

SSMB 实验分离硫酸与还原糖的工艺参数及实验结果，如表 10-13 所示。

表 10-13　SSMB 分离操作条件和实验结果

序号	进料量（mL）	进水量（mL）	循环量（mL）	硫酸			还原糖		
				浓度（%）	纯度（%）	收率（%）	浓度（%）	纯度（%）	收率（%）
1	126.6	135.4	410.0	230.0	93.1	93.5	24.8	95.2	94.2
2	130.5	140.5	435.0	241.0	94.0	95.2	26.3	93.5	94.6
3	77.0	122.0	440.0	318.6	97.8	98.0	40.5	95.0	97.0
4	105.0	148.8	430.0	214.0	95.2	95.2	23.4	94.6	94.8
5	111.5	167.5	550.0	264.0	93.4	94.3	32.4	94.9	96.2

由表 10-13 可看出，综合考虑处理量、料水比、出口浓度、纯度和收率等指标，第 3 组实验的效果优于其他 4 组，因此确定 SSMB 分离硫酸与还原糖的工艺参数为：进料量 77mL、进水量 122mL、循环量 440mL，此时硫酸的浓度为 318.6mg/mL，纯度达到 97.8%，收率达到 98%；还原糖的浓度为 40.5mg/mL，纯度达到 95%，收率达到 97%。

2. 中试实验结果

根据小试实验结果，利用中试设备进行了中试实验，确定 SSMB 分离硫酸与还原糖的工艺参数为：进料量 8L、进水量为 12.7L，循环量 44L、此时硫酸的浓度为 320mg/mL，纯度达到 97.5%，收率达到 98.2%；还原糖的浓度为 40mg/mL，纯度达到 94.8%，收率达到 96.5%。

参考文献

[1] 孙必成，孙卫国. 微波提取玉米秸秆木质素的方法研究 [J]. 西安工程大学学报，2010，24（4）：425-428.

[2] 王静钰，程小波，刘丽娟，等. 循环超声波法提取万寿菊中叶黄素的研究 [J]. 食品科学，2008，29（1）：124-128.

[3] 徐小燕. 超声技术在中草药提取中的应用 [J]. 中国药房，2007，18（18）：1426-1428.

[4] 李红艳，张增强，李荣华，等. 微波辅助酸预处理玉米秸秆水解条件研究 [J]. 环境科学学报，2009，29（12）；2557-2566.

[5] 刘建飞，曹妍，杨茂华. 微波辅助 DMSO/AmimCl 复合溶剂预处理玉米秸秆的酶解影响 [J]. 化学学报，2012，70；1950-1956.

[6] 刘伟伟，马欢，曹成茂，等. 太阳能蒸汽爆破和微波预处理对玉米秸秆产沼气的影响 [J]. 农业工程学报，2012，28（22）：227-234.

[7] 邹安，沈春银，赵玲，等. 微波预处理对玉米秸秆的组分提取及糖化的影响 [J]. 农业工程学报，2011，27（12）：269-274.

[8] 马小华，张西亚，袁红. 微波辅助预处理对玉米秸秆中纤维素含量的影响及响应面优化 [J]. 江苏农业科学，2013，41（10）：228-230.

[9] 李静，杨红霞，杨勇，等. 微波强化酸预处理玉米秸秆乙醇化工艺研究 [J]. 农业工程学报，2007，23（6）：199-202.

[10] 胡斌，张亮亮，胡青平. 超声波预处理玉米秸秆的条件优化 [J]. 西北农业学报，2012，21（2）：153-156.

[11] Peizhou Yang，Shaotong Jiang，Lijun Pan，et al. Effects of Ultrasound/Dilute H_2SO_4 Pretreatment on Cellulase Activity of Corn Straw Liquid Fermentation [J]. Agricultural Basic Science and Method，2009，10（6）：20-22.

[12] 辛联庆，陈娟. 超声波结合稀碱预处理玉米秸秆发酵的研究 [J]. 北京化工大学学报（自然科学版），2013，40（2）：65-69.

[13] 刘长虹，吴树新，朱艳坤. 玉米秸秆制备木糖工艺的研究 [J]. 中国资源综合利用，2009，27（1）：9-12.

[14] 刘权，王艳霞，王翠，等. 微波·超声和碱液预处理对芦苇秸秆木质素的降解效果 [J]. 安徽农业科学，2011，39（28）：17423-17424.

[15] 杨昌炎，吴祯祯，郑冬洁，等. 玉米秸秆微波热解研究 [J]. 武汉工程大学学报，2011，33（6）：20-22.

[16] 牟莉. 微波辅助下木质纤维素降解与溶解过程的研究 [D]. 长春：东北师范大学，2012.

[17] 赵希强. 农作物秸秆微波热解实验及机理研究 [D]. 济南：山东大学，2010.

[18] 张龙翔，张庭芳，李令媛. 生化实验方法与技术 [M]. 2 版. 北京：高等教育出版社，1997.

[19] 张圣燕，刘国银. 微波辅助棉花秸秆稀酸水解糖化工艺研究 [J]. 应用化工，2014，43（11）：2065-2068.

[20] XIAOFANG SHEN. Combining microwave and ultrasound for rapid synthesis of nanowires：A case study on Pb（OH）Br [J]. J. Chen. Technol. Biotechnol，2009，84（12）：1811-1817.

[21] HUANGDI FENG，XILI YING，YANQING PENG，et al. $FeCl_3$-promoted synthesis of 1，3，4-thiadiazoles under combined microwave and ultrasound irradiation in water [J]. Monatshefte fur Chemie-Chemical Monthly，2012，144（5）：681-686.

[22] 李松晔，刘晓非，庄旭品，等. 棉浆粕纤维素的超声波处理 [J]. 应用化学，2003，20（11）：1030-1034.

[23] 熊犍，叶君，梁文芷，等. 微波对纤维素 I 超分子结构的影响 [J]. 华南理工大学学报（自然科学版），2000，28（3）：84-89.

[24] 彭松，王红娟，彭峰. 温和条件下微波超声协同作用对纤维素酸解的研究 [J]. 化工新型材料，2009，37（5），64-68.

[25] 梁新红，严天柱，刘邻渭. 预处理方法对作物秸秆生物转化的影响 [J]. 山西食品工业，2004（4）：5-8.

[26] ANITA SINGH，SHUCHI TUTEJA，NAMITA SINGH，et al. Enhanced saccharification of rice straw and hull by microwave-alkali pretreatment and lignocellulolytic enzyme production [J]. Bioresour Technol，2011，102（2）：1773-1782.

[27] 邹安，沈春银，赵玲. 玉米秸秆中半纤维素的微波-碱预提取工艺 [J]. 华东理工大学学报，2010，36（4），469-474.

[28] 崔玲. 超声波与助剂强化玉米秸秆预处理与酶水解的研究 [D]. 南京：南京林业大学，2007.

[29] 肖豪. 纤维素稀酸水解糖化工艺的研究 [D]. 长沙：中南大学，2010.

[30] 杨丽芳，亓伟，庄新姝. 基于响应面法的纤维素超低酸水解工艺优化 [J]. 太阳能学报，2012，33（9）：1569-1574.

[31] 唐丽荣，欧文，林雯怡. 酸水解制备纳米纤维素工艺条件的响应面优化 [J]. 林产化学与工业，2011，31（6）：61-65.

[32] 黄秋婷. 螺杆挤出汽爆玉米秸秆的糖化研究 [D]. 北京：北京化工大学，2009.

[33] 杨健，张健，钟霞. 蒸汽与液氨爆破对白酒丢糟稀硫酸降解工艺的影响研究 [J]. China Brewing，2012，32（1）：68-71.

[34] 栗微. 纤维素类原料制取燃料酒精过程中预处理工艺和酶水解工艺的研究 [D]. 武汉：华中师范大学，2007.

[35] 任俊莉，孙润仓，刘传富. 低取代度季铵型半纤维素合成及其结构的研究 [J]. 林产化学与工业，2007，27（3）：72-76.

[36] KOKOT S，CZARNIK B，OZAKI Y. Two dimensional correlation spectroscopy and principal component analysis studies of temperature dependentinfrared spectra of cotton cellulose [J]. Biopolymers，2002（67）：456-469.

[37] 陈嘉翔，余家鸾. 植物纤维化学结构的研究方法 [M]. 广州：华南理工大学出版社，1989.

[38] CAO Y，TAN H. Structural characterization of cellulose with enzymatic treatment [J]. Journal of molecular structure，2004，705（1/3）：189-193.

[39] LABBE N，RIALS T G，KELLEY S S，et al. FT-IR imaging and pyrolysis-molecular beam mass spectrometry：New tools to investigate wood tissues [J]. Wood Science and Technology，2005，39（1）：61-76.

[40] CHAIKUMPOLLERT O，METHACANON P，SUCHIVA K. Structural elucidation of hemicelluloses from Vetiver grass [J]. Carbohydrate Polymers，2004，57（2）：191-196.

[41] MARCHESSAULT R H，LIANG C Y. The infrared spectra of crystalline polysaccharides. Ⅷ. xylans [J]. Journal of Polymer science，1962，59（168）：357-378.

[42] ANG T N，NGOH G C，CHUA A S M，et al. Elucidation of the effect of ionic liquid pretreatment on rice husk via structural analyses [J]. Biotechnology for Biofuels，2012，5：67-77.

[43] YOON L W，ANG T N，NGOH G C，et al. Regression analysis on ionic liquid pretreatment of

sugarcane bagasse and assessment of structural changes [J]. Biomass and Bioenergy, 2012, 36: 160-169.

[44] 伦晓中. 玉米秸秆膨化预处理与酶解产糖优化研究 [D]. 沈阳: 沈阳航空航天大学, 2012.

[45] 姚兰, 赵建, 谢益民. 稀酸预处理改善玉米秸秆酶水解性能的机制探讨 [J]. 林产化学与工业, 2012, 32 (4): 87-92.

[46] 梁静. 木质纤维素水解液酸糖分离系统的研究 [D]. 北京: 北京化工大学, 2010.

第十一章　研究结论与展望

第一节　研究结论及创新点

一、本书研究的主要结论

1. 模拟移动床色谱纯化葡萄糖母液的技术

以葡萄糖母液为原料，采用模拟移动床色谱技术纯化葡萄糖母液。在单柱制备色谱研究的基础上，研究模拟移动床（SMB）技术与顺序式模拟移动床（SSMB）技术纯化葡萄糖母液的最佳工艺参数。结果表明：SSMB技术是纯化葡萄糖母液的最优技术，最佳工艺参数为：进料浓度50%，柱温60℃，进料量为66.4kg/h，进水量为99.6kg/h，在此条件下葡萄糖出口浓度为42.3%，纯度达到95.77%，收率达到91.23%，较葡萄糖母液提高14.43%，达到了国内领先水平。

2. 模拟移动床色谱分离果葡糖浆的技术

通过六柱及四柱SSMB分离工艺的对比分析，在果葡糖浆分离上SSMB较SMB具有较大的优势；通过对六柱及四柱SSMB工艺对比可以看出，四柱SSMB工艺的处理量更大、用水量更小、出口浓度更高、收率更大、设备投入更小，但是其纯度较六柱SSMB有较大的差距，可以利用四柱SSMB技术处理纯度要求不高的生产，例如生产F55果糖、F90果糖等。相对于四柱SSMB技术，六柱SSMB技术更适合生产结晶果糖。综上可以看出，两种SSMB技术均有各自的优势，需根据实际生产情况选择合适的工艺技术。

3. 模拟移动床色谱纯化木糖母液技术

采用发酵法去除木糖母液中的葡萄糖，采用活性炭脱色，离子交换去除物料中的阴阳离子，使物料的电导率在10μs/cm以下，以延长树脂的使用寿命。SSMB小试实验的最佳参数为处理温度60℃、进料浓度60%、循环量0.5L、提取液A量为0.131L、提取液B量为0.154L、提取液C量为0.149L，处理量为14.78L/d；木糖组分：浓度24.5%、纯度89.5%，收率85.6%；阿拉伯糖组分：浓度35.8%、纯度92.1%，收率87.3%；SSMB中试实验的最佳参数为料液上载量10.7L、处理温度60℃、进料浓度60%、用水量为11.23L、循环量为58L、提取液A量为8L、提取液B量为9L、提取液C量为10.7L。实验结果：料水比为1：1.05；木糖纯度89.6%、收率85.7%；阿拉伯糖纯度90.5%、收率86.8%；

应用SSMB-10t型顺序式模拟移动床色谱进行分离木糖母液的工业化生产，通过调试确定顺序式模拟移动床色谱分离木糖母液的产业化工艺参数为：料液上载量0.146m³、处理温度60℃、进料浓度60%、用水量为0.139m³、循环量为0.567m³、提取液A量为0.147m³、提余液B量为0.286m³、提余液C量为0.146m³。实验结果：料水比为1∶0.95；木糖纯度89.0%、收率86.0%；阿拉伯糖纯度90.5%、收率86.5%。本技术已经实现了产业化生产，达到了国内领先水平。

4. 模拟移动床色谱纯化低聚木糖技术

小麦麸皮低聚木糖水解液，净化预处理后采用12柱的SMB进行分离纯化。12根色谱柱分为精馏区（4根）、吸附区（3根）、解吸区（3根）、缓冲区（2根）等四个区，技术参数为：进料60mL/min，洗脱液120mL/min，循环210mL/min，切换时间360s，工作温度60℃。得到的产品纯度95.68%，收率96.8%，建立了模拟移动床（SMB）纯化低聚木糖的新工艺技术，达到了国内领先水平。

5. 多功能模拟移动床色谱纯化甜叶菊苷分离技术

甜叶菊叶粗提液经预处理后采用20根色谱柱的SMB进行提纯和精制。20根色谱柱分为吸附区（6根）、水洗1区（3根）、解吸区（4根）、再生区（4根）、水洗2区（3根）等五个区，技术参数为：进样22.68L/h、水洗132.4L/h、解吸12.96L/h、再生7.56L/h、水洗232.4L/h、吸附循环32.4L/h、解吸循环37.8L/h、工作温度30℃，再经后续处理后所得甜叶菊苷总苷含量为93.88%，其中A_3的含量达到了48.68%，产品达到国家级标准。与传统甜叶菊苷生产工艺相比，应用超声波强化提取及连续色谱一步分离法新工艺生产1t甜叶菊总苷成品可节约去离子水94%、乙醇87%，树脂利用率提高50%。说明本技术工艺不仅具有分离效率高、节省溶剂、成本低等特点，还便于连续化生产控制，具有明显的推广优势，技术达到国内领先水平。

6. 模拟移动床色谱纯化菊芋多聚果糖技术

本技术通过制备色谱评价、模拟移动床色谱（SMB）和顺序式模拟移动床色谱（SSMB）纯化菊芋多聚果糖粗品的技术研究。SMB分离工艺采取连续进料、进解吸剂，在保证产品纯度的前提下必将降低进料量，增加解吸剂用量，致使溶剂消耗率上升，固定相生产率下降，相应地日处理量也有所降低；而SSMB分离工艺采取间歇式进料、进解吸剂，不仅解吸剂的利用率升高，出料的浓度与纯度也相对增加，同时SSMB分离设备在日处理量、运行成本、自动化程度等方面也更具优势。因此，确定采用SSMB技术纯化菊芋多聚果糖粗品，纯化后的菊芋多聚果糖纯度达到96.9%，在保证纯度的前提下收率也达到95.8%。本技术可以有效地纯化菊芋多聚果糖粗品，为菊芋多聚果糖粗品利用的工业化生产提供了一种高效、低耗、环保的纯化技术，达到了国内领先水平。

7. 模拟移动床色谱高效纯化低聚半乳糖的技术

通过制备色谱评价、模拟移动床色谱（SMB）和顺序式模拟移动床色谱（SSMB）纯化低聚半乳糖的技术研究，并通过对 SMB 与 SSMB 工艺参数的对比分析确定采用 SSMB 技术纯化低聚半乳糖。最佳技术参数为：进料浓度 60%，柱温为 60℃，进料量为 467mL/h，进水量为 722. 4mL/h，在此条件下低聚半乳糖出口浓度为 34%，纯度达到 95. 1%，收率达到 91. 3%。本研究为低聚半乳糖的工业化生产提供了一种高效、低耗、环保的纯化技术，达到了国内领先水平。

8. 模拟移动床色谱分离玉米皮渣还原糖的技术研究

本章系统地研究了玉米皮渣降解工艺，然后选取最优工艺处理后得到的糖液进行分离纯化处理，最后将精制糖液进行单糖分离，即利用玉米皮渣制备还原糖的工艺为选用超声微波协同酸解玉米皮渣后得到降解液，对降解液先经活性炭脱色和离子交换脱盐后得到净化糖液，然后对净化糖液色谱法单糖分离得到三种单糖（葡萄糖、木糖和阿拉伯糖），最后采用顺序式模拟移动床色谱对降解液进行分离纯化，得到了良好的实验结果，达到了国内领先水平。

9. 模拟移动床色谱糖酸分离的技术研究

本章研究以玉米秸秆为原料，采用单因素实验、响应面数据分析等方法，研究了微波—超声波辅助硫酸降解玉米秸秆、高温稀硫酸降解玉米秸秆及降解液中酸糖的分离的技术参数，确定了玉米秸秆高效降解和降解液中酸糖分离的工艺，最终采用顺序式模拟移动床色谱对糖酸进行了分离，得到了良好的实验结果，达到了国内领先水平。

二、本书的创新点

（1）利用自主研制的适合于实验室专用的模拟移动床色谱实验设备，进行了葡萄糖母液、果糖、木糖母液、低聚木糖、甜叶菊苷、菊芋多聚果糖、低聚半乳糖等功能性糖醇的应用实验，取得了较好的实验效果，实现了高纯度、高回收率、低成本、连续分离的工艺运行和最佳效果。

（2）利用自主研制的制备色谱、传统 SMB 以及 SSMB 的实验室、中试、产业化装置对功能性糖醇的分离纯化进行了多维多层次的应用研究，对比了工艺各自的优劣，为模拟移动床色谱技术的应用奠定了基础，并实现了产业化生产。

第二节　研究展望

模拟移动床色谱的基本功能，是把色层分离技术工业化与连续化，色层分离是利用某种吸附剂对基质吸附性能的差异，通过吸附—洗脱的过程，使性质相近的几种物质分离。色层分离在生产上使用时，由于洗脱剂用量大，产品浓度低，设备复杂，很难实现工业化。然而，采用模拟移动床色谱就可以解决这些问题，使色层分离技术实现工业化与连续化。

模拟移动床色谱作为一种新型的分离技术，对现代功能糖与功能糖醇、葡萄糖、蔗糖以及中草药的发展具有重要作用。功能糖及功能糖醇可用于食品、保健食品和医药领域，2013 年功能性低聚糖的国内市场需求量在 6 万吨左右，世界需求量高达 135 万吨。2013 年木糖的国际市场需求量超过 5 万吨，国内需求达到 1.5 万吨以上。糖醇是低热值食品甜味剂，市场上的糖醇产品有山梨醇、木糖醇、甘露醇和麦芽糖醇等。国际上糖醇年需求量为 300 多万吨，而总产量仅为 260 余万吨。其中山梨醇的市场需求量为 180 万吨，麦芽糖醇的全球总产量不足 20 万吨，而全球总需求量约 40 万吨，市场缺口近 50%。我国目前约有糖醇加工企业近百家，生产装备多为普通分离色谱，个别厂家应用进口的模拟移动床色谱。另外我国的制糖工业、制药工业等还未开始应用这一先进的模拟移动床色谱技术，其原因是进口设备极其昂贵，会使生产成本大大增加。目前国内对模拟移动床色谱装置的研究还处于起步阶段，且进展缓慢。基于我国目前生产功能糖与功能糖醇以及中草药的精细加工需求以及我国生产模拟移动床色谱装置的现状，本项目研究的模拟移动床色谱装置与应用技术具有重大意义。

目前常用的各种功能糖与功能糖醇，都存在提取与精制的问题。由于大部分功能糖与功能糖醇在精制过程中，都需要与相对分子量及结构十分相近的其他不具备功能性质的糖与糖醇分离开，此时，常规分离手段，如过滤、盐析、蒸发，甚至膜分离都很难达到目的。此外，传统的功能性因子分离纯化技术工艺多采用固定化色谱分离技术，由于固定化色谱是批处理过程，在第一批料进柱后，第二批原料必须延迟足够长的时间后才能进入，以避免第二批进料中吸附能力最弱的组分与第一批进料中吸附能力最强的组分混合，这样就降低了床层和吸附剂的利用率，降低了生产效率。因此，为满足一定的生产量，必须增加吸附剂的用量，导致固定床色谱的溶剂消耗大，产品的浓度低，回收困难，且操作不连续，原料的处理量变小。模拟移动床色谱分离技术弥补了上述缺点，实现了稳态、连续吸附分离，使操作连续化，提高了吸附剂的利用率，增加了原料的处理量，提高了产品的纯度。同时在分离热敏性物质和沸点相近、用精密蒸馏方法难以分离的同分异构体项目上该技术展现出了独特的分离特性，尤其在分离手性药物方面更显示出了超强的提纯能力，同时在中草药提取某种关键活性组分方面均得到广泛运用。

我国目前能够掌握和制造工业化模拟移动床色谱的只有两三家，且有的厂家所用核心配件都要依靠进口。而进行模拟移动床色谱的开发只有上海兆光生物工程设计研究有限公司和黑龙江八一农垦大学。黑龙江八一农垦大学的相关研究起始于 2008 年，首先进行的是模拟移动床色谱装置的研制，包括实验型小型设备，已在上海华东理工大学、上海石油研究设计院、北京工商大学、天津科技大学等科研院所进行了成功的应用。2011 年开始攻关研制顺序式模拟移动床色谱装置，并成功制造出样机两套，即实验室用微型模拟移动床色谱（SSMB-6Z6L 型）和中试型模拟移动床色谱（SSMB-6Z600L 型），并成功应用于实验室和工厂的中试。目前已能够自主设计和制造工业化放大模拟移动床色谱装置，并已成功应用于企业。

模拟移动床色谱技术的推广应用可以促进农林副产品、石油化工材料、医药材料的深度开发利用，可以大大延长农产品生产产业链，拓宽加工领域，增加产品的附加值，提高农产品质量和农业生产效益；可以改造传统分离工艺技术，显著增强制糖、保健品、医药行业产品档次和国际竞争力，促使行业的优化升级，促进国家经济与社会发展，加快节约型农业和循环型可持续发展经济的良好发展。该技术亦可用于污水处理，减少环境污染。模拟移动床色谱技术符合国家倡导的绿色环保、优质高效、安全保健、协调发展的现代农产品精深加工的产业化政策，由此，模拟移动床色谱技术的研究与发展具有极好的经济效益和社会效益，具有广阔发展的前景。